砂姜黑土改良的原理与技术

彭新华　张中彬　郭自春 等　著

科学出版社

北　京

内 容 简 介

本书共分为 11 章，基于区域调查、田间定位试验和室内模拟试验，分析了我国淮北平原典型砂姜黑土区影响作物产量的结构性障碍因子，阐明了砂姜黑土收缩特征和土壤强度特性及其影响因素，明晰了砂姜物理特征对土壤水力学性质的影响，剖析了不同耕作、培肥与秸秆还田等方式对砂姜黑土改良的效果及机制，阐明了"生物耕作"改良砂姜黑土的原理，分析了结构改良剂对砂姜黑土改良的影响，并综合评价了砂姜黑土物理质量。

本书系统地介绍了砂姜黑土改良的原理与技术，可供从事中低产田改良与耕地质量提升等领域的科研人员及一线科技工作者学习参考，也可作为土壤学、农学、生态环境等领域高校师生的补充性参考用书。

审图号：GS 京(2022)0407 号

图书在版编目(CIP)数据

砂姜黑土改良的原理与技术/彭新华等著. —北京：科学出版社，2022.12
ISBN 978-7-03-074015-1

Ⅰ. ①砂… Ⅱ. ①彭… Ⅲ. ①黑土–土壤改良–研究 Ⅳ. ①S155.2

中国版本图书馆 CIP 数据核字(2022)第 225609 号

责任编辑：周 丹 沈 旭/责任校对：杨 然
责任印制：师艳茹/封面设计：许 瑞

科学出版社 出版
北京东黄城根北街 16 号
邮政编码：100717
http://www.sciencep.com
三河市春园印刷有限公司 印刷

科学出版社发行 各地新华书店经销
*
2022 年 12 月第 一 版 开本：787×1092 1/16
2022 年 12 月第一次印刷 印张：15 1/2 插页：6
字数：385 000
定价：199.00 元
(如有印装质量问题，我社负责调换)

序

  耕地是粮食生产的命根子，而我国三分之二的耕地为中低产田。改造中低产田和提升耕地质量关系到国家粮食安全，是落实"藏粮于地、藏粮于技"国家战略的重要途径，更是我国土壤科技者的光荣使命与责任担当。

  砂姜黑土是我国典型的中低产田类型之一，主要分布于淮北平原和南阳盆地，面积达 400 万 hm^2。砂姜黑土富含膨胀性 2∶1 型蒙脱石，湿时膨胀黏闭、干时龟裂僵硬，导致难耕难耙，影响了作物正常生长与产能发挥。砂姜黑土结构性障碍问题突出，与其他土壤类型相比，研究难度大。20 世纪 80 年代，中国科学院南京土壤研究所张俊民副研究员领衔主编了《砂姜黑土综合治理研究》，此后与砂姜黑土相关的系统研究很少。时隔 30 多年，彭新华研究员带领团队以砂姜黑土结构性障碍因子形成机制、障碍消减原理与耕地质量提升关键技术为主线，系统分析了砂姜黑土收缩与土壤强度特征及驱动因素，阐明了砂姜物理特征对土壤收缩的影响规律，构建了砂姜-细土双介质收缩模型，提出了"生物耕作"新概念和"涝渍时间占比"土壤物理质量新指标，全面阐述了不同耕作方式和培肥措施改良砂姜黑土的原理与技术，为砂姜黑土改良提供了基础理论与技术支撑。

  该专著共计 11 章，系统介绍了砂姜黑土改良的原理与关键技术，提高了我们对砂姜黑土结构性障碍的新认知，丰富了我国中低产田改良的科学理论与技术体系，为从事相关工作的科研工作者提供了有益参考。

张佳宝

2022 年 10 月 10 日

前　言

　　耕地是粮食生产的命根子。中央文件多次明文指出"加大中低产田改造力度，提升耕地质量"。砂姜黑土是我国典型的中低产田土壤类型之一，主要分布在我国淮北平原的安徽、河南、山东和江苏 4 个省份，面积约 400 万 hm^2。砂姜黑土黏粒含量高且富含膨胀性黏土矿物，湿时膨胀黏闭、干时龟裂僵硬，表现出高土壤容重、高土壤强度、高收缩膨胀、高砂姜含量的"四高"特征，导致透水通气性差，严重影响了作物生长。然而，砂姜黑土区域地势平坦，水热条件好，机械化水平高，增产潜力大。因此，改良砂姜黑土，提高耕地质量，对保障我国粮食安全、促进农业可持续发展具有重要意义。

　　砂姜黑土作为非刚性土壤，研究难度较大，加上缺少国家级野外台站支撑，研究工作比较薄弱。它似乎是我国农田土壤研究的"处女地"，有许多未知的秘密亟待揭开。我一直关注砂姜黑土的研究进展，并于 2014 年 9 月下旬与助手张中彬博士一起考察了淮北平原砂姜黑土物理状况和耕作制度，次年与安徽农垦集团龙亢农场签订合作协议，着手建立砂姜黑土改良定位试验基地，启动了我团队开展砂姜黑土的研究。

　　日月如梭，我团队开展砂姜黑土研究至今已有八年，取得了一些阶段性进展，特此总结这些年的研究成果形成本书。本书以我国淮北平原典型砂姜黑土结构性障碍消减与耕地质量提升为目标，以砂姜黑土结构性障碍形成过程与驱动因素研究、消减的原理与关键技术研发为主线，以期比较全面系统地向读者介绍我团队在砂姜黑土改良领域的研究进展。全书共计 11 章，第 1 章为砂姜黑土概况与障碍因子分析，由熊鹏完成；第 2 章为砂姜黑土收缩特征及其影响因素，由陈月明完成；第 3 章为砂姜黑土土壤强度及其影响因素，由张红霞完成；第 4 章为砂姜物理特征及对土壤水力性质的影响，由陈月明完成；第 5 章为不同耕作方式对砂姜黑土改良的影响，由王玥凯、钱泳其、陆海飞等完成；第 6 章为"旋松一体"耕作对砂姜黑土改良的影响，由蒋发辉完成；第 7 章为不同生物耕作对砂姜黑土改良的影响，由张中彬、熊鹏、严磊等完成；第 8 章为不同培肥措施对砂姜黑土改良的影响，由郭自春、周虎等完成；第 9 章为不同施氮水平下秸秆还田对砂姜黑土改良的影响，由郭自春完成；第 10 章为不同结构改良剂对砂姜黑土改良的影响，由张红霞、Rahman M. T.等完成；第 11 章为砂姜黑土物理质量的评价及应用，由王玥凯、阮仁杰等完成。全书由我本人设计、统稿和审定。

　　本书的研究工作得到国家自然科学基金（项目编号：41930753、41725004、41771264）、国家重点研发计划课题（项目编号：2016YFD0300809）和农业农村部公益性行业（农业）科研专项课题（项目编号：201503116）的资助。本书中的定位试验工作主要依托我们在安徽省龙亢农场建立的试验基地和安徽省农业科学院在蒙城县建立的定位试验基地开展，得到了安徽省农业科学院土壤肥料研究所李录久研究员和王道中研究员、安徽省农业科学院作物研究所曹承富研究员和李玮副研究员、安徽农垦集团龙亢农场马振辉场长和邵芳荣高级农艺师、安徽皖垦种业股份有限公司王永玖副总经理、安徽省怀远县农业技术推广中心陈道群主任和房运喜站长等专家与领导的大力支持，在此一并表示衷心感谢！

　　由于作者水平有限，书中难免有疏漏和不足之处，敬请广大读者批评指正！

彭新华

2022 年 8 月于南京

目　　录

第 1 章　砂姜黑土概况与障碍因子分析

　　砂姜黑土是发育于河湖相沉积物、低洼潮湿和排水不良环境，经前期的草甸潜育化过程和后期以脱潜育化为特点的旱耕熟化过程，所形成的一种古老耕作土壤(熊毅和李庆逵，1990；Liu，1991；马丽和张民，1993；李德成等，2011)，主要分布在我国的淮北平原和南阳盆地。砂姜黑土质地黏重，黏土矿物多以蒙脱石为主，湿时膨胀泥泞、干时龟裂僵硬，难耕难耙，有机质含量低，严重制约着当地农作物的生长，是我国典型的中低产田土壤类型之一(曾希柏等，2014)。同时，砂姜黑土区地势平坦，集中连片，水热条件好，光照充足，机械化程度高，已成为我国粮食生产的重要基地(陈丽等，2015)。因此，明确砂姜黑土的分布区域、气候特征、种植制度和障碍因子，对于砂姜黑土改良并充分挖掘其生产潜力和维护我国的粮食安全具有非常重要的理论与现实意义。

1.1　砂姜黑土的概念

　　1978 年，全国土壤分类学术交流会上通过了《中国土壤分类暂行草案》，将以往的"砂姜土"、"潜育褐土"和"青黑土"整合作为一个土类，正式命名为"砂姜黑土"(中国土壤学会，1978)。砂姜黑土，顾名思义，在土体构型上有黑土层和砂姜层，前者上覆后者，黑土层颜色深，但有机质含量低(< 1%)；砂姜层一般位于 20 cm 以下深度，由粒径大小不一的碳酸钙结核形成，这些结核的形状类似生姜一样，质地坚硬(图 1-1)。一般而言，黑色的土壤通常有机质含量较高，然而砂姜黑土并非如此。郭成士等(2020)的研究认为，这主要是砂姜黑土中蒙皂石吸附有机质中含有生色团的羧基/氨基碳、烷氧/烷基碳形成了有机-无机复合体，导致砂姜黑土呈现黑色。砂姜黑土的母质由老的河湖相沉积物和近代河流沉积物组成，其中石灰性的母质占绝大多数，且黏粒含量大于30%，黏土矿物以膨胀性 2∶1 型蒙脱石为主，导致砂姜黑土具有强烈的胀缩性特征，湿润时易膨胀，堵塞毛管孔隙，影响水分的下渗(詹其厚和顾国安，1996；徐盛荣和吴珊眉，2007；李德成等，2011；宗玉统，2013)。另外，砂姜黑土在干燥时也容易开裂，形成较大的裂缝。郭自春(2019)在安徽省怀远县对砂姜黑土考察时发现，田间这些裂缝的宽度可达 5 cm，深度可达 60 cm，长度更是可达到 10 m。这些裂隙的存在增大了空气和土壤内部的接触面积，进一步加剧了土壤水分尤其是深层土壤水的蒸发(张义丰等，2001)。

　　在过去，砂姜黑土常常被划分为变性土，然而熊毅和李庆逵(1990)指出，砂姜黑土并不一定都是变性土，例如一些砂姜黑土因为较低的黏粒含量导致变性特征不太明显，如果将其划分为变性土则不太准确(徐礼煜和张俊民，1988)。李德成等(2011)在淮北平原砂姜黑土主要分布区安徽、河南、江苏和山东等地调查了 54 个土种，根据土种的系统分类归属的诊断结果，有 33 个可以划归为变性土，其中安徽、河南、江苏和山东分别为

7 个、16 个、5 个和 5 个，合计面积 228 万 hm², 占 4 省砂姜黑土总面积的 68%；依据《中国土壤系统分类(第三版)》(中国科学院南京土壤研究所土壤系统分类课题组和中国土壤系统分类课题研究协作组，2001)，对属于变性土的砂姜黑土土种进一步系统分类，发现 26 个土种为砂姜钙积潮湿变性土(shajiang calci-aquic vertosols)。因此，并不是所有的砂姜黑土都可以划分为变性土。

图 1-1　砂姜(白色)在砂姜黑土剖面的分布(左)和土壤表层的砂姜(右)(书后见彩图)

1.2　砂姜黑土分布区域

根据我国第二次土壤普查的数据，我国砂姜黑土总面积约为 513 万 hm², 主要分布在安徽、河南、山东和江苏等省份，其中淮河干流以北到沙颍河以南的淮北平原地区砂姜黑土分布面积最大，达到 391 万 hm², 占砂姜黑土总面积的 76%；而以河南省西南部南阳市周围为主体的、包括湖北省西北部(襄阳市北部等)的南阳盆地的砂姜黑土面积为 49 万 hm², 占砂姜黑土总面积的 10%, 其他地区如河北、天津和山东胶东半岛等则占 14%(图 1-2)。淮北平原的砂姜黑土以亳州市、阜阳市、蚌埠市和淮北市最为典型，主要集中在蒙城、利辛、涡阳、临泉、太和、阜南、怀远、濉溪等县，各县面积均在 11 万 hm² 以上；南阳盆地的砂姜黑土主要分布在南阳市的市区、邓州市及唐河县等。

1.3　砂姜黑土区气候特征

砂姜黑土主要分布在淮北平原，海拔 15~45 m, 地势自西北向东南逐渐降低，属于暖温带半湿润性季风气候，光照充足，年太阳辐射量为 523~544 kJ/cm², 常年平均气温为 14~15℃, 大于 10℃的年积温在 4600~4800℃, 无霜期 200~220 d, 且该区降雨适中，年平均降水量为 850~1000 mm(张俊民，1988；曹承富等，2016)。另外，淮北平原砂姜黑土区年内降水变幅大。以安徽省怀远县龙亢农场为例，对 2014~2021 年的气象数据

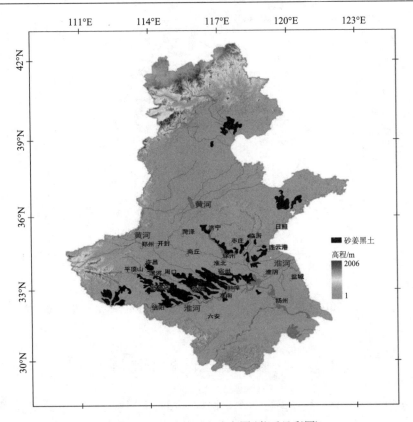

图 1-2　我国砂姜黑土分布图(书后见彩图)

进行分析，发现该地降水主要集中在 6～8 月，占全年总降水的 53%，11 月～次年 2 月降水量则较少，仅占全年降水量的 13%；同时 6～8 月气温也最高，平均气温达到 25℃以上(图 1-3)。砂姜黑土质地黏重，渗水性差，当夏季(6～8 月)暴雨来临时易造成涝渍灾害。杨青华等(2000)在砂姜黑土区的试验结果显示，涝渍减少了玉米的根干重，不利于玉米产量的提高。除对粮食生产造成损失外，通过查证历史资料也发现涝害直接导致了中国历史上第一次大规模的农民起义——大泽乡起义的发生。大泽乡位于今天的安徽省宿州市，同时也是砂姜黑土的典型分布区域。秦二世元年(公元前 209 年)，陈胜和吴广等被征发前往渔阳戍边，7 月在大泽乡突遇大雨，道路泥泞不堪，无法按期到达目的地，眼看误期被杀，情急之下，二人便领导众人杀死了押解他们的军官，发动了农民起义。这起典型的历史事件也充分说明了当时砂姜黑土涝渍、泥泞等障碍性结构特征。此外，由于淮北平原砂姜黑土区浅层地下水位的逐渐降低导致表层土壤水分的补给减少，当降水量较少时也容易发生旱灾(曹承富等，2016)。

南阳盆地的中部海拔为 80～120 m，属典型的湿润性季风气候，年平均气温为 14～16℃，年降水量为 704～1173 mm，且自东南向西北降水量逐渐递减，无霜期 220～245 d。

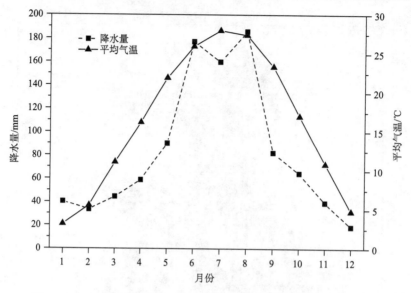

图 1-3　2014～2021 年安徽省怀远县龙亢农场平均降水量和平均气温

1.4　砂姜黑土区种植制度

2000 年以来，淮北平原典型砂姜黑土区粮食播种面积由 205 万 hm² 提高到 2020 年的 262 万 hm²，粮食总产量由 2000 年的 858 万 t 增加到 2020 年的 1452 万 t[图 1-4(a)和 (b)]。淮北平原砂姜黑土区粮食作物包括小麦、玉米、豆类、水稻和薯类。2000 年时，淮北平原砂姜黑土区小麦的播种面积最大，占粮食播种总面积的 50%；豆类播种面积占粮食播种总面积的 17%；其次为薯类和玉米，分别占粮食播种总面积的 13% 和 12%，水稻播种面积占粮食播种总面积的比例仅为 8%[图 1-4(a)]。到 2020 年，小麦仍是淮北平原砂姜黑土区第一粮食作物，占粮食播种总面积的比例没有发生变化(50%)；安徽省玉米振兴计划的实施导致玉米播种面积迅速增加，占粮食播种总面积的比例达到 29%；豆类播种面积占粮食播种总面积的 13%；水稻播种面积变化幅度不大，占粮食播种总面积的 7%；受玉米播种面积增加的影响，薯类播种面积急剧减少，占粮食播种总面积的比例仅为 1%[图 1-4(a)]。目前，淮北平原砂姜黑土区形成了小麦占比最大、玉米逐渐增长、豆类和水稻缓慢降低、薯类全面缩减的作物种植结构。

南阳盆地典型砂姜黑土区粮食播种面积由 2000 年的 96 万 hm² 增加到 2020 年的 126 万 hm²，粮食总产量由 2000 年的 372 万 t 提高到 2020 年的 688 万 t[图 1-4(c)和(d)]。南阳盆地砂姜黑土区粮食作物主要以小麦和玉米为主，豆类、水稻和薯类种植较少。2000 年时，南阳盆地砂姜黑土区小麦播种面积占粮食播种总面积的 61%，成为当地最大的粮食作物；玉米播种面积占粮食播种总面积的 15%；其次为薯类，占粮食播种总面积的 12%；豆类和水稻播种面积占粮食播种总面积的比例最小，均为 6%[图 1-4(c)]。到 2020 年，该地区的粮食作物种植结构经历了较大调整，小麦的播种面积略微降低，占粮食播种总面积的 58%；玉米的大规模种植，导致播种面积达到粮食播种总面积的 36%；豆类和水稻的播种面积同比例减少，占粮食播种总面积的比例均为 3%；薯类则没有种植 [图 1-4（c）]。因此，南阳盆地砂姜黑土区的粮食种植结构主要以小麦和玉米为主。

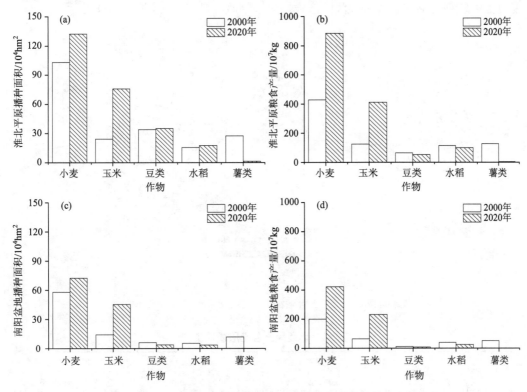

图 1-4　2000～2020 年淮北平原和南阳盆地作物种植结构和产量变化

淮北平原采用亳州市、淮北市、蚌埠市和阜阳市的数据，南阳盆地采用南阳市的数据；

数据来源：安徽省和河南省的统计年鉴

1.5　砂姜黑土理化性质与作物产量的空间分布特征

　　本节以淮北平原典型的砂姜黑土为研究对象，对砂姜黑土区涡阳（33°27′～33°47′N、115°53′～116°33′E）、蒙城（32°56′～33°29′N、116°15′～116°49′E）和怀远（32°43′～33°19′N、116°45′～117°09′E）3 个典型县的 48 个采样点的玉米产量及 0～20 cm 深度耕层的土壤性质进行全面的区域调查分析（图 1-5），拟筛选出影响淮北平原砂姜黑土作物产量的关键因子，以期为淮北平原砂姜黑土结构改良和粮食丰产增效提供理论依据。

1.5.1　土壤质地

　　通过对安徽省怀远县 17 个采样点的土壤质地进行分析，发现砂姜黑土 0～20 cm 深度土层的黏粒含量为 38%，粉粒含量为 52%，砂粒含量为 10%；20～40 cm 和 40～60 cm 深度土层的土壤质地和耕层（0～20 cm）几乎一样（表 1-1），各土层按照美国农业部制定的土壤质地分类可划分为粉黏壤土。粉黏壤土的土质一般较为细密，颗粒之间孔隙小，导致通气性和透水性差,耕作较为困难。许多研究也曾报道砂姜黑土的黑土层质地黏重,黏粒含量一般在 30% 左右(熊毅和李庆逵,1990;Liu,1991;张凤荣,2002)。因此,砂姜黑土中较高的黏粒含量为裂隙的形成提供了物质基础(李德成等,2011)。

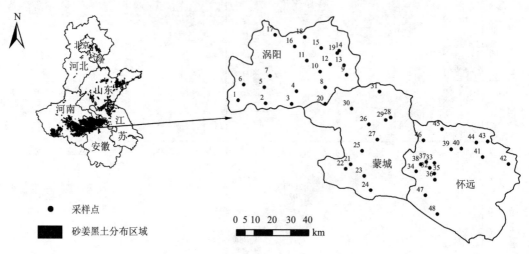

图 1-5　研究区位置及采样点分布

该区除怀远县东南部为小麦-水稻轮作外,其他地区主要为小麦-玉米轮作制

表 1-1　砂姜黑土各土层质地类型

土层 /cm		黏粒 (< 0.002 mm)/%	粉粒 (0.002~0.02 mm)/%	砂粒 (0.02~2 mm)/%
0~20	平均值	38	52	10
	最大值	46	60	14
	最小值	32	45	6
	标准差	4	5	2
20~40	平均值	38	52	10
	最大值	47	59	15
	最小值	32	45	5
	标准差	4	5	3
40~60	平均值	39	51	10
	最大值	46	62	15
	最小值	33	43	4
	标准差	4	5	3

1.5.2　黏土矿物组成

对安徽省怀远县 17 个采样点的砂姜黑土黏土矿物组成进行分析,发现砂姜黑土 0~20 cm 深度土层的黏土矿物以蒙脱石为主,占比达到 41.53%,其次为绿泥石和高岭石,含量分别为 22.82% 和 19.82%,水云母的占比为 10% 左右,蛭石和石英的含量最少,不

超过 3%。与 0～20 cm 深度土层相比，20～40 cm、40～60 cm 深度土层的黏土矿物中蒙脱石含量有所降低，但各土层黏土矿物组成的比例基本一致，仍以蒙脱石的含量最高（表 1-2）。李德成等（2011）报道，较高含量的蒙脱石和黏粒在干湿交替的作用下容易使砂姜黑土开裂，这是变性土的一个重要成土过程。另外，膨胀性的 2∶1 型蒙脱石还会导致砂姜黑土遇水膨胀。因此，砂姜黑土因富含黏粒和较高的蒙脱石含量而具有强胀缩性。

表 1-2　砂姜黑土黏土矿物组成

土层/cm		蒙脱石/%	蛭石/%	水云母/%	高岭石/%	绿泥石/%	石英/%
0～20	平均值	41.53	2.59	10.24	19.82	22.82	3.00
	最大值	56	5	22	28	29	4
	最小值	20	1	6	13	18	2
	标准差	9.94	1.18	4.04	3.94	3.57	0.71
20～40	平均值	32.71	4.00	10.18	25.76	24.88	2.47
	最大值	57	9	16	64	35	4
	最小值	15	0	3	12	8	1
	标准差	13.37	2.45	3.54	11.39	6.84	0.87
40～60	平均值	39.06	3.35	11.06	20.18	23.82	2.53
	最大值	59	6	22	30	37	4
	最小值	11	1	7	2	14	1
	标准差	13.79	1.84	4.39	6.92	5.69	0.72

1.5.3　调查区玉米产量

图 1-6 为淮北平原涡阳、蒙城和怀远 3 个县 48 个调查采样点玉米产量的基本情况。涡阳县所有采样点中玉米产量在 5.28～11.7 t/hm²，平均产量为 8.55 t/hm²，较怀远县增加了 4%，较蒙城县增加了 14%。按照区域玉米产量的平均值（8.25 t/hm²）上下浮动 20% 作为高中低产田的划分阈值，即以< 6.6 t/hm²、6.6～9.9 t/hm² 和> 9.9 t/hm² 为标准划分为低产田、中产田和高产田 3 个等级，其中产量< 6.6 t/hm² 的田块占所有采样点总数的 21%，产量在 6.6～9.9 t/hm² 的田块占采样点总数的 60%，产量> 9.9 t/hm² 的田块占采样点总数的 19%。由此可见，目前淮北平原砂姜黑土区中低产田的比例仍然占绝大多数（81%）。

1.5.4　玉米产量和土壤理化性质的空间分布

从图 1-7(a) 中发现，玉米产量在每个县都有高值分布，如涡阳县东部和西部、蒙城县南部和怀远县北部，这些地区的玉米产量多在 8.7 t/hm² 以上，低值主要分布在蒙城县北部，玉米产量多在 7 t/hm² 以下。从土壤容重的空间分布图[图 1-7(b)]可以看出，蒙城县北部的土壤容重最大，平均达到 1.6 g/cm³ 以上；而涡阳县东部的土壤容重最小，平均值为 1.3 g/cm³ 左右。有研究表明，当土壤容重大于 1.4 g/cm³ 时，作物总根长、根体积和根表面积等根系性状显著减小；当土壤容重大于 1.6 g/cm³ 时，这种影响会进一步加剧（Tracy et al., 2015）。通过分析玉米产量与土壤容重的空间分布可以看出，玉米产量高的

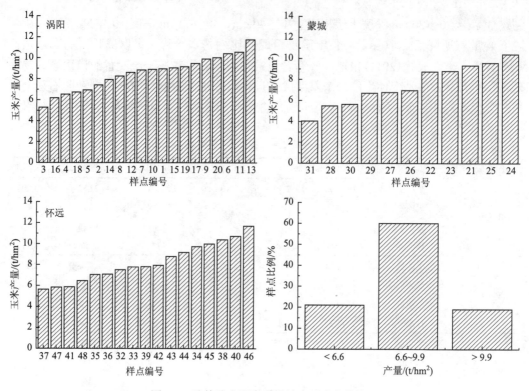

图 1-6　砂姜黑土调查采样地点玉米产量情况

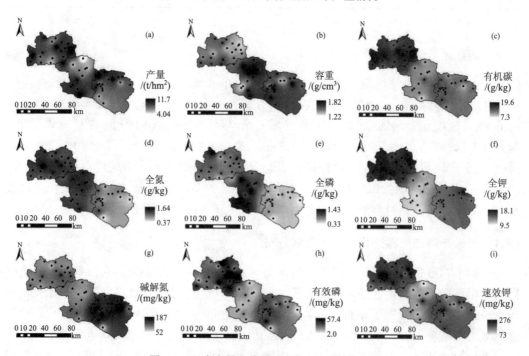

图 1-7　玉米产量和土壤理化性质的空间分布

区域, 土壤容重较小; 而玉米产量较低的区域, 土壤容重则很大(图 1-7), 这充分说明, 土壤容重的增加会阻碍根系的生长, 减少玉米的产量。李汝莘等(2002)发现, 机械压实会使耕层土壤容重超过作物的适宜范围, 同时也会降低耕层土壤的入渗速率和土壤总孔隙度, 将对旱地作物生长发育带来不利影响。关劼兮等(2019)的研究结果也表明, 土壤紧实度和容重的降低会促进作物根系生长, 提高作物产量。土壤有机碳的空间变化趋势则与土壤容重相反, 涡阳县的土壤有机碳含量较高, 介于 11.3~19.6 g/kg, 平均值为 15.4 g/kg, 较怀远县增加了 28.3%, 较蒙城县增加了 55.9%[图 1-7(c)]。土壤全氮含量在涡阳县和蒙城县之间的差异不大, 但往东到怀远县时, 下降明显, 平均值仅为 0.77 g/kg [图 1-7(d)]。土壤全磷含量则呈现出由中心(蒙城)向两侧(涡阳、怀远)逐渐降低的趋势, 其中涡阳县的全磷含量要大于怀远县, 其平均值分别为 0.73 g/kg 和 0.47 g/kg[图 1-7(e)]。土壤全钾和速效钾含量的变化趋势相似, 由西向中逐渐降低, 由中向东逐渐增加, 表现为涡阳 > 怀远 > 蒙城[图 1-7(f)和(i)]。土壤碱解氮含量在涡阳县和蒙城县之间的差异不大, 但怀远县的碱解氮含量上升明显, 平均值达到 134 mg/kg[图 1-7(g)]。土壤有效磷含量在涡阳县最高, 达到了 29.6 mg/kg; 在蒙城县最低, 平均值仅为 8.4 mg/kg [图 1-7(h)]。

对玉米产量和土壤理化性质进行综合分析, 可以看出: 玉米产量分布较高的区域, 土壤容重普遍较小。此外, 涡阳县东部玉米产量较高, 同时该区有机碳、全氮、全钾、有效磷和速效钾含量也较高; 蒙城县北部玉米产量较低, 有机碳、全钾、碱解氮、有效磷和速效钾的含量也较低, 但该区土壤容重较高。

1.6 砂姜黑土作物产量的关键影响因子分析

1.6.1 玉米产量和土壤穿透阻力的关系

利用 SC-900 型土壤紧实度仪测定了不同深度土壤的穿透阻力, 结果如图 1-8 所示, 不同产量等级的土壤穿透阻力均随深度的增加而增大。高产田 0~20 cm 深度土层穿透阻力在 447~923 kPa, 平均值为 633 kPa; 中产田 0~20 cm 深度土层穿透阻力在 276~1356 kPa, 平均值为 794 kPa, 较高产田增加了 25%; 低产田 0~20 cm 深度土层穿透阻力在 635~1584 kPa, 平均值为 961 kPa, 较高产田增加了 52%。作物的生长需要适宜的土壤物理状况。土壤容重高, 导致土壤紧实度大。一般认为, 土壤穿透阻力超过 1 MPa 时, 植物根系生长速度变得缓慢; 当土壤穿透阻力超过 2 MPa 时, 会严重限制作物根系生长(Martino and Shaykewich, 1994)。低产田的土壤穿透阻力接近 1 MPa, 土壤强度较大, 这将影响根系对土壤水分、养分的吸收, 不利于作物生长甚至会造成作物减产(Colombi et al., 2018)。另外, 15~45 cm 深度的土壤穿透阻力多处于 1~2 MPa, 限制了作物根系生长, 这与前人的研究结果(王玥凯等, 2019)一致。造成砂姜黑土区土壤穿透阻力过大的原因可能有两个: 一是砂姜黑土黏粒含量高, 富含膨胀性黏土矿物, 脱水时土壤收缩显著增加土壤容重, 从而导致土壤强度大; 二是该区域普遍采用的是小麦季浅旋耕、玉米季免耕直播为主的耕作方式, 这种连年浅旋耕作业导致耕层变浅、犁底层增厚而土壤坚硬。谢迎新等(2015)的研究同样发现，在砂姜黑土小麦区，多年旋耕会导致农田耕层变薄、犁底层变厚、变硬，使得作物产量难以提高。然而，韩上等(2018)发现，耕层增加5 cm虽然能够改善土壤养分状况，如提高土壤有机质含量，但由于砂姜黑土仍然存在结构障碍，致使作物难以增产。因此，土壤穿透阻力过大是砂姜黑土结构的主要障碍因子。很多研究表明，耕层内的土壤压实可以通过合理的耕作措施来消除。深松作为一种有效的耕作方式，在一定程度上可以打破坚硬的犁底层，降低土壤容重和紧实度，提高深层土壤含水量，促进作物根系生长，进而提高作物产量(程思贤等，2018；He et al., 2019)。考虑到砂姜黑土耕层浅薄、犁底层厚而硬的问题，从深松对耕层土壤物理性质的改善、作物产量提升的效果来看，砂姜黑土区适宜的深松深度为30~40 cm(程思贤等，2018)，适宜的耕作方式为冬小麦深松-夏玉米免耕(靳海洋等，2016)和冬小麦深耕-夏玉米侧位深松(刘卫玲等，2018)。

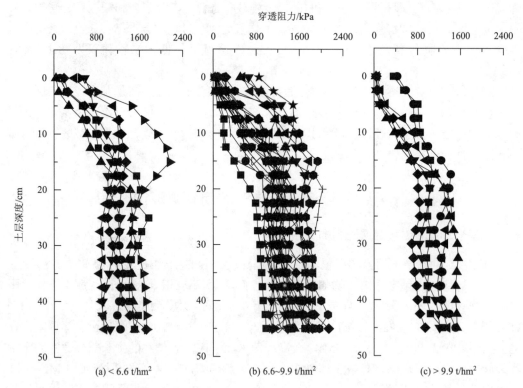

图 1-8　砂姜黑土不同产量等级土壤穿透阻力变化特征
图中每条曲线代表一个采样点的土壤穿透阻力变化

1.6.2　影响玉米产量的关键因子

由表 1-3 可知，不同产量等级土壤容重和有机碳差异明显($P < 0.05$)，其他性质之间差异不明显。低产田(产量< 6.6 t/hm²)的土壤容重介于1.35~1.64 g/cm³，平均值为1.53 g/cm³，其值远高于 1.4 g/cm³，这将极大地增加土壤的机械阻力，致使产量下降；中、高

产田(产量为 6.6~9.9 t/hm^2 和> 9.9 t/hm^2)的土壤容重较低产田分别减少了 5.9%和 9.2%。低产田的土壤有机碳含量平均值为 11.1 g/kg，中、高产田有机碳含量较低产田分别增加了 17.1%和 30.6%。因此，土壤容重和有机碳含量对玉米产量具有显著影响。这充分说明，增加土壤有机碳含量是改善砂姜黑土结构和提高玉米产量的主要措施。土壤有机质是团粒结构形成的主要胶结物质，许多报道表明，增施有机肥或者秸秆还田有利于降低土壤容重(Guo et al.，2018；李玮等，2014)。王擎运等(2019)研究发现，小麦秸秆长期还田能有效提升土壤有机质、养分含量，但对土壤容重影响较小，而小麦、玉米秸秆双季还田能够明显降低土壤容重。此外，在土壤中添加有机物还可以缓解机械压实，增加土壤小孔隙(< 6 μm)的比例，提高干旱期的保水性能，为植物和微生物的生长提供更好的土壤物理状况(Zhang et al.，2005)。砂姜黑土 32 年长期定位不同施肥试验的结果也表明，有机肥的施用能够改善土壤结构，提高土壤质量(李玮等，2015)。目前，在农事活动中当地农民偏向施用化学肥料，农家肥、绿肥和商品有机肥的投入严重不足。从 3 个县的施肥量情况来看，基肥主要以复合肥为主且施用量在 0.6~1.2 t/(hm^2·a)，秸秆还田率达到了 80%左右，但是有机肥投入率不到 4%。尽管有很多研究已经表明，秸秆还田可以有效地增加砂姜黑土的有机碳含量(王晓波等，2015)和促进作物产量的提高，但大量的秸秆进入土壤后也会引起碳氮比失调，从而导致全量秸秆还田的效果不明显(马超等，2013)。因此，可以通过添加秸秆腐解剂和配施一定量的氮肥还田，加快秸秆在土壤中的腐解和养分释放，从而提高秸秆资源的利用效率和土地生产力(李玮等，2014；马超等，2013)。田间试验的结果表明，在淮北平原砂姜黑土地区要实现作物高产，玉米秸秆适宜的还田量为 3 t/hm^2(李录久等，2017)，但如果要实现玉米干秸秆全量粉碎还田，还需要配施氮肥 0.7 t/hm^2(李玮等，2014)。另外，砂姜黑土长期定位试验的结果表明，相对于秸秆还田而言，施用绿色有机肥是提高土壤有机质的主要途径，也是实现作物持续高产的有效措施(王道中等，2015；Guo et al.，2019)。

表 1-3　砂姜黑土不同产量等级土壤基本性质

产量 /(t/hm^2)	容重 /(g/cm^3)	有机碳 /(g/kg)	全氮 /(g/kg)	全磷 /(g/kg)	全钾 /(g/kg)	碱解氮 /(mg/kg)	有效磷 /(mg/kg)	速效钾 /(mg/kg)
< 6.6	1.53a	11.1b	1.01a	0.65a	13.3a	103a	15.3a	139a
6.6~9.9	1.44ab	13.0ab	1.05a	0.77a	14.2a	104a	22.2a	160a
> 9.9	1.39b	14.5a	1.04a	0.64a	14.4a	114a	27.3a	155a

注：表中同列小写字母不同表示不同产量等级之间差异显著($P < 0.05$)。

将土壤理化性质指标与玉米产量进行相关性分析。结果(表1-4)表明，玉米产量与耕层土壤穿透阻力呈显著负相关关系($r = -0.348$，$P < 0.05$)，与耕层土壤容重呈极显著负相关关系($r = -0.484$，$P < 0.01$)，与耕层土壤有机碳呈极显著正相关关系($r = 0.421$，$P < 0.01$)。全氮、全磷、全钾、碱解氮、有效磷和速效钾等指标与玉米产量的相关性均没有达到显著水平。因此，在所测定的土壤理化性质指标中，砂姜黑土耕层土壤穿透阻力、土壤容重和有机碳含量是影响玉米产量的 3 个关键因子。

表 1-4 玉米产量与土壤理化性质的相关性

	产量	穿透阻力	容重	有机碳	全氮	全磷	全钾	碱解氮	有效磷	速效钾
产量	1									
穿透阻力	−0.348*	1								
容重	−0.484**	0.444**	1							
有机碳	0.421**	−0.668**	−0.522**	1						
全氮	0.025	−0.526**	−0.073	0.269	1					
全磷	0.022	−0.468**	−0.008	−0.080	0.637**	1				
全钾	0.219	−0.369*	−0.404**	0.688**	−0.020	−0.321*	1			
碱解氮	0.151	0.489**	−0.082	0.056	−0.273	−0.378**	−0.010	1		
有效磷	0.267	−0.369*	−0.199	0.562**	0.146	−0.134	0.367*	0.315*	1	
速效钾	0.218	−0.285	−0.308*	0.614**	0.072	−0.173	0.672**	0.005	0.233	1

**表示相关性达 $P < 0.01$ 显著水平，* 表示相关性达 $P < 0.05$ 显著水平。

1.7 小 结

我国砂姜黑土主要分布在淮北平原和南阳盆地，其中淮北平原砂姜黑土面积最大，达到 391 万 hm^2，占砂姜黑土总面积的 76%。淮北平原属暖温带半湿润性季风气候，年平均气温 14~15℃，年平均降水量为 850~1000 mm，且降水不均，致使砂姜黑土易旱易涝。2000 年以来，淮北平原典型砂姜黑土区粮食总产量由 858 万 t 增加到 2020 年的 1452 万 t；粮食种植结构以小麦-玉米轮作为主。

淮北平原砂姜黑土中低产田仍然占绝大多数。砂姜黑土理化性质与玉米产量的相关分析表明，土壤容重、穿透阻力和土壤有机碳含量是影响玉米产量的 3 个关键因子。其中，玉米产量与耕层土壤穿透阻力、土壤容重呈负相关关系，而与土壤有机碳含量呈正相关关系。由此可知，实现砂姜黑土粮食丰产增效不仅需要改善土壤物理结构，如降低耕层的土壤容重，让土壤穿透阻力处于适宜作物生长的范围内，而且还需要提高土壤有机质含量。

参 考 文 献

曹承富, 等. 2016. 砂姜黑土培肥与小麦高产栽培. 北京: 中国农业出版社: 1-15.

陈丽, 郝晋珉, 艾东, 等. 2015. 黄淮海平原粮食均衡增产潜力及空间分异. 农业工程学报, 31(2): 288-297.

程思贤, 刘卫玲, 靳英杰, 等. 2018. 深松深度对砂姜黑土耕层特性、作物产量和水分利用效率的影响. 中国生态农业学报, 26(9): 1355-1365.

关劼兮, 陈素英, 邵立威, 等. 2019. 华北典型区域土壤耕作方式对土壤特性和作物产量的影响. 中国生态农业学报(中英文), 27(11): 1663-1672.

郭成士, 马东豪, 张丛志, 等. 2020. 砂姜黑土有机无机复合体结构特征及其对土壤颜色的影响机制. 光谱学与光谱分析, 40(8): 2434-2439.

郭自春. 2019. 不同培肥措施对砂姜黑土团聚体形成稳定的影响机制. 南京: 中国科学院南京土壤研究所.

韩上, 武际, 夏伟光, 等. 2018. 耕层增减对作物产量、养分吸收和土壤养分状况的影响. 土壤, 50(5): 881-887.

靳海洋, 谢迎新, 李梦达, 等. 2016. 连续周年耕作对砂姜黑土农田蓄水保墒及作物产量的影响. 中国农业科学, 49(16): 3239-3250.

李德成, 张甘霖, 龚子同. 2011. 我国砂姜黑土土种的系统分类归属研究. 土壤, 43(4): 623-629.

李录久, 吴萍萍, 蒋友坤, 等. 2017. 玉米秸秆还田对小麦生长和土壤水分含量的影响. 安徽农业科学, 45(24): 112-117.

李汝莘, 林成厚, 高焕文, 等. 2002. 小四轮拖拉机土壤压实的研究. 农业机械学报, 1: 126-129.

李玮, 孔令聪, 张存岭, 等. 2015. 长期不同施肥模式下砂姜黑土的固碳效应分析. 土壤学报, 52(4): 943-949.

李玮, 乔玉强, 陈欢等. 2014. 秸秆还田和施肥对砂姜黑土理化性质及小麦-玉米产量的影响. 生态学报, 34(17): 5052-5061.

刘卫玲, 程思贤, 周金龙, 等. 2018. 深松(耕)时机与方式对土壤物理性状和玉米产量的影响. 河南农业科学, 47(3): 7-13.

马超, 周静, 刘满强, 等. 2013. 秸秆促腐还田对土壤养分及活性有机碳的影响. 土壤学报, 50(5): 915-921.

马丽, 张民. 1993. 砂姜黑土的发生过程与成土特征. 土壤通报, 24(1): 1-4.

王道中, 花可可, 郭志彬. 2015. 长期施肥对砂姜黑土作物产量及土壤物理性质的影响. 中国农业科学, 48(23): 4781-4789.

王擎运, 陈景, 杨远照, 等. 2019. 长期秸秆还田对典型砂姜黑土胀缩特性的影响机制. 农业工程学报, 35(14): 119-124.

王晓波, 车威, 纪荣婷, 等. 2015. 秸秆还田和保护性耕作对砂姜黑土有机质和氮素养分的影响. 土壤, 47(3): 483-489.

王玥凯, 郭自春, 张中彬, 等. 2019. 不同耕作方式对砂姜黑土物理性质和玉米生长的影响. 土壤学报, 56(6): 1370-1380.

谢迎新, 靳海洋, 孟庆阳, 等. 2015. 深耕改善砂姜黑土理化性状提高小麦产量. 农业工程学报, 31(10): 167-173.

熊毅, 李庆逵. 1990. 中国土壤. 2 版. 北京: 科学出版社.

徐盛荣, 吴珊眉. 2007. 土壤科学研究五十年(变性土、人为土、盐成土、淋溶土、老成土). 北京: 中国农业出版社.

徐礼煜, 张俊民. 1988. 变性土的形态特征与分类//砂姜黑土综合治理研究编委会. 砂姜黑土综合治理研究. 合肥: 安徽科学出版社: 324-332.

杨青华, 高尔明, 马新明. 2000. 干旱与渍涝对砂姜黑土玉米根系干重变化及其分布的影响. 生态学杂志, (3): 28-31.

詹其厚, 顾国安. 1996. 淮北砂姜黑土的母质特性对其生产性能的影响. 安徽农业科学, (3): 251-255.

曾希柏, 张佳宝, 魏朝富, 等. 2014. 中国低产田状况与改良策略. 土壤学报, 51(4): 675-682.

张凤荣. 2002. 土壤地理学. 北京: 中国农业出版社.

张俊民. 1988. 砂姜黑土综合治理研究. 合肥: 安徽科学技术出版社: 2-11.

张义丰, 王又丰, 刘录祥. 2001. 淮北平原砂姜黑土旱涝(渍)害与水土关系及作用机理. 地理科学进展, 2: 169-176.

中国科学院南京土壤研究所土壤系统分类课题组, 中国土壤系统分类课题研究协作组. 2001. 中国土壤系统分类检索. 合肥: 中国科学技术大学出版社.

中国土壤学会. 1978. 中国土壤分类暂行草案//土壤分类及土壤地理论文集. 杭州: 浙江人民出版社.

宗玉统. 2013. 砂姜黑土的物理障碍因子及其改良. 杭州: 浙江大学.

Colombi T, Torres L C, Walter A, et al. 2018. Feedbacks between soil penetration resistance, root architecture and water uptake limit water accessibility and crop growth – A vicious circle. Science of the Total Environment, 626: 1026-1035.

Guo Z C, Zhang Z B, Zhou H, et al. 2018. Long-term animal manure application promoted biological binding agents but not soil aggregation in a Vertisol. Soil and Tillage Research, 180: 232-237.

Guo Z C, Zhang Z B, Zhou H, et al. 2019. The effect of 34-year continuous fertilization on the SOC physical fractions and its chemical composition in a Vertisol. Scientific Reports, 9(1): 2505.

He J, Shi Y, Yu Z. 2019. Subsoiling improves soil physical and microbial properties, and increases yield of winter wheat in the Huang-Huai-Hai Plain of China. Soil and Tillage Research, 187: 182-193.

Liu L W. 1991. Formation and evolution of vertisols in the Huaibei Plain. Pedosphere, 1(1): 3-15.

Martino D L, Shaykewich C F. 1994. Root penetration profiles of wheat and barley as affected by soil penetration resistance in field conditions. Canadian Journal of Soil Science, 74(2): 193-200.

Tracy S R, Black C R, Roberts J A, et al. 2015. Using X-ray computed tomography to explore the role of abscisic acid in moderating the impact of soil compaction on root system architecture. Environment and Experimental Botany, 110: 11-18.

Zhang B, Horn R, Hallett P D. 2005. Mechanical resilience of degraded soil amended with organic matter. Soil Science Society of America Journal, 69(3): 864-871.

第 2 章　砂姜黑土收缩特征及其影响因素

砂姜黑土质地黏重，且富含膨胀性黏土矿物，使得其土壤结构障碍问题突出，其中土壤湿胀干缩是典型特征之一。砂姜黑土分布于干湿季节交替明显的暖温带气候区，在失水过程中可在宏观上产生大量裂隙(史福刚, 2017; 王文艳等, 2012)，裂隙面积比例可达 16%(魏翠兰, 2017)。土壤裂隙在干旱季节促使水分迅速蒸发，加剧干旱危害；而在降雨时可作为优先流路径(Luo et al., 2021; 张中彬和彭新华, 2015)，加速水分入渗，降低水肥的利用效率。土壤结构及水分状况的改变，还可能影响植物根系的分布和吸水过程，甚至造成根系生理损伤(da Silva et al., 2017; 田洪艳等, 2003)。在区域尺度下系统了解土壤的收缩特征，明确主控因素，这对农业土壤的有效管理是重要的，可为砂姜黑土物理性障碍的改良提供基础理论指导。

2.1　砂姜黑土收缩特征

土壤收缩行为反映了土壤结构随土壤含水量变化的动态过程。针对砂姜黑土存在湿胀干缩的结构障碍问题，选取淮北平原南北和东西两条典型样带进行研究，其中南北样带北起河南省鹿邑县，南至安徽省怀远县，全长 195 km，以约 6.5 km 为间隔设置 29 个采样点；东西样带西起河南省上蔡县，东到安徽省泗县，全长 360 km，以约 10 km 为间隔设置 35 个采样点，如图 2-1 所示。采样点的母质主要是河流冲积物和湖泊沉积物，采用地统计学和经典统计学方法，分析了 0～20 cm 深度土层土壤收缩能力的空间分布特征，以期摸清淮北平原砂姜黑土收缩障碍特征及其驱动因素。

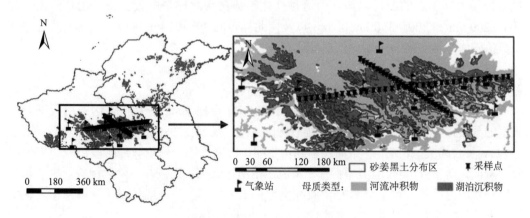

图 2-1　淮北平原采样点分布图

2.1.1　淮北平原砂姜黑土收缩能力空间分布特征

图 2-2 展示了东西和南北样带土壤的线性伸展系数。在东西样带内，线性伸展系数的变化在 0.022~0.094，平均值为 0.051；在南北样带内，线性伸展系数的变化在 0.025~0.064，平均值为 0.041[图 2-2]。根据 Grossman 等(1968)对线性伸展系数的分级，研究的 64 个采样点中，强收缩幅度(线性伸展系数≥0.06)的样点比例为 17%，中等收缩幅度(线性伸展系数在 0.03~0.06)的样点比例为 69%，弱收缩幅度(线性伸展系数≤0.03)的样点比例为 14%。

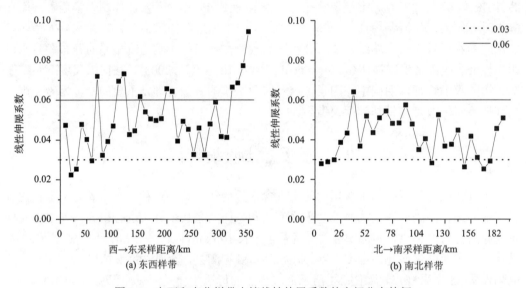

(a) 东西样带　　　　　　　　(b) 南北样带

图 2-2　东西和南北样带土壤线性伸展系数的空间分布特征

从空间分布来看，总的来说，东西样带从西到东，南北样带从北到南，土壤线性伸展系数呈波动增大的变化趋势，但这种变化趋势在南北样带中较平稳。在东西样带的 100~200 km 和 300~350 km 区域，以及南北样带的 39~91 km 区域，土壤的线性伸展系数值较大，这可能与土壤的性质变化有关。

2.1.2　砂姜黑土收缩特征曲线

在所得到的 64 条收缩曲线(表 2-1，图 2-3)中，根据 Peng 和 Horn(2013)对收缩曲线类型的分类，有 17 条曲线由结构收缩、比例收缩、残余收缩和零收缩阶段组成，可以划分为 A 类收缩类型；有 45 条曲线由结构收缩、比例收缩、残余收缩阶段组成，缺少零收缩阶段，属于 B 类收缩类型；有 2 条曲线由结构收缩、比例收缩阶段组成，缺少残余收缩和零收缩阶段，可划分为 C 类收缩类型。土壤收缩类型一般依赖于土壤结构，缺少零收缩段对于变性土是非常常见的(Peng and Horn, 2013)。

表 2-1　东西和南北两条样带不同收缩能力土壤的收缩曲线统计特征

样带	收缩等级	收缩类型	数量	收缩特征						
				e_s /(cm³/cm³)	e_r /(cm³/cm³)	Slope$_{inflection}$	e_{ss}/%	e_{ps}/%	e_{rs}/%	e_{zs}/%
东西	低	B	3	0.886	0.840	0.071	7.8	78.3	13.8	—
	中	A	6	0.938	0.861	0.162	15.5	47.4	29.4	7.7
		B	15	0.955	0.873	0.116	11.8	77.3	10.9	—
		C	1	1.164	1.063	—	0	100	—	—
	高	A	1	0.903	0.767	0.282	21	57.6	19	2.4
		B	9	1.025	0.893	0.198	19	72.2	8.8	—
南北	低	A	2	0.849	0.801	0.096	16.1	43.5	33.3	7.1
		B	4	0.959	0.907	0.074	8.4	77.9	13.7	—
	中	A	8	1.007	0.917	0.181	27.2	48.8	19	2.9
		B	13	0.943	0.871	0.119	13.0	74.5	12.5	—
		C	1	1.31	1.20	—	1.1	98.9	—	—
	高	B	1	1.050	0.942	0.161	12.2	77.7	10.1	—

注：e_s 和 e_r 分别为饱和及残余孔隙比；Slope$_{inflection}$ 为收缩曲线转折点处的斜率；e_{ss}、e_{ps}、e_{rs}、e_{zs} 分别为结构收缩、比例收缩、比例收缩、零收缩阶段土壤孔隙比变化；下同。

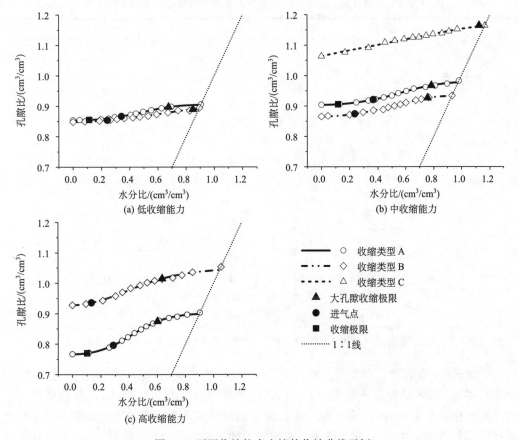

图 2-3　不同收缩能力土壤的收缩曲线示例

总的来说，土壤收缩曲线的转折点斜率随着土壤收缩能力的增大而增加(表 2-1、图 2-3)。在相同的收缩类型下，中高收缩能力的土壤比低收缩能力的土壤有更大的饱和孔隙比和残余孔隙比。此外，具有中高收缩能力的土壤在收缩过程中结构收缩阶段发生的体积损失更大，在残余收缩阶段的体积变化更小，而这些在具有轻微收缩能力的土壤中则相反。收缩阶段的分配比例依赖于土壤孔隙结构等土壤性质。

2.2　砂姜黑土收缩特征的影响因素

土壤收缩行为过程复杂，不仅受内在土壤性质的影响，也受外界环境因素的制约(Peng and Horn, 2013; Zolfaghari et al., 2016)。在前期区域调查的基础上分析了土壤收缩能力与土壤性质之间的关系，明确主控因素，可为土壤收缩障碍的改良指明方向。

2.2.1　东西和南北样带的土壤性质及环境特征

由表 2-2 可知，所研究的两条样带，土壤的黏粒含量较高，平均值达 36%。在黏土矿物中，膨胀性的蒙脱石具有一定的组成优势，变化范围在 16%~57%，平均值为 41%。

表 2-2　东西及南北样带不同收缩能力土壤的性质及环境因子特征

土壤性质 及环境因素	东西样带			南北样带		
	低 ($N=3$)	中 ($N=22$)	高 ($N=10$)	低 ($N=6$)	中 ($N=22$)	高 ($N=1$)
黏粒/%	29	34	47	30	36	50
蒙脱石/%	39	43	43	42	40	22
蛭石/%	4	4	4	4	5	3
CEC/(cmol/kg)	20.2	25.1	28.3	22	25.3	29.7
全钙/(g/kg)	3.8	9.4	18	14.6	13.1	25.2
全镁/(g/kg)	6.7	8.5	10.8	8.8	9.7	13.9
SOC/(g/kg)	9.6	12.8	13.4	10.6	10.7	8.7
土壤 pH	6	7.5	8	7	7.7	8.4
容重*/(g/cm³)	1.41	1.36	1.33	1.39	1.33	1.3
高程/m	47	32	29	31	31	37
年均蒸发量/mm	1544	1508	1498	1513	1510	1530
年均降水量/mm	813	861	865	856	847	779
年均气温/℃	15.0	15.0	15.0	15.0	15.0	15.0

*指土壤饱和状态时的容重；CEC 为阳离子交换量；SOC 为土壤有机碳含量；下同。

平均来看，在东西和南北两条样带中，高收缩能力土壤的黏粒含量具有绝对的优势，分别为 47% 和 50%，中度收缩能力土壤的黏粒含量分别为 34% 和 36%，而低收缩能力土壤的黏粒含量不大于 30%。黏土组分中的蒙脱石组成比例在具有不同收缩能力的土壤之间差异不大(39%~43%)，南北样带高收缩能力的土壤样品(22%)除外。此外，具有高收缩能力的土壤的阳离子交换量、土壤有机碳、全钙和全镁含量也相对较高,而容重较低,其次是具有中等收缩能力的土壤(表 2-2)。另一种膨胀性黏土矿物蛭石在所有土壤样品中的含量都很低(≤5%)。表 2-2 还给出了作为辅助环境变量的一些气象和地形因素的统计特征。

淮北平原砂姜黑土多分布在古河湖积平原、湖泊洼地等地貌单元,其特点是地势低平。土壤的形成演化经历了 3 次沉积-形成循环过程。在晚更新世,黄土性古河流冲积物堆积,形成了砂姜黑土发育的第一层母质。在全新世中期,湖泊分布广泛,在河间平原接受了广泛的亚黏土质的河湖相沉积物,且以静水沉淀的湖泊沉积物最为黏重,这构成了砂姜黑土发育的第二层母质。全新世晚期以来,以亚砂或粉质土为主的近代黄泛物质覆盖于全新世中期沉积层之上,分布于现代河流两侧的泛滥带,在淮北平原北部最为发达(Liu, 1991)。土壤母质类型的不同,加之微区域的地形和气候等成土因素的差异,使得砂姜黑土的性质发生了很大的分异。

2.2.2 砂姜黑土收缩能力与土壤性质的关系

表 2-3 为采用皮尔逊(Pearson)相关分析方法得出的土壤性质与土壤收缩能力之间的相关系数。从分析结果可知,土壤的线性伸展系数受黏粒含量的影响程度最大($R = 0.788$,$P < 0.001$),其次为阳离子交换量($R = 0.649$,$P < 0.001$)。线性伸展系数还与土壤全钙含量之间具有显著正相关性($P < 0.05$),与全镁、有机碳、土壤 pH 之间具有极显著的正相关性($P < 0.01$),与容重之间的关系不显著($P > 0.05$)。土壤的膨胀和收缩程度取决于土壤颗粒吸附和解吸的水量,这取决于在这些过程中可用的表面积。土壤中的黏粒,尤其是细黏粒,则具有巨大的表面积 (陈冲,2015;钟敏等,2016)。土壤颗粒的表面性质、电荷密度、交换性离子也会影响土壤水的吸附与解吸,而这些性质又受土壤阳离子及 pH 的影响。阳离子交换量作为土壤中黏粒的数量和活性的综合体现,已被很多学者证实可显著影响土壤的收缩能力(Gray and Allbrook, 2002; Zolfaghari et al., 2016)。土壤有机质因自身具有收缩特性(王擎运等,2019),同时具有很大的比表面积,是产生阳离子交换量的重要来源(Singh et al., 2017)。此外,它可以促进土壤团聚,改善土壤结构稳定性,增加土壤的水养库容,消减砂姜黑土胀缩性障碍的负面影响(王擎运等,2019)。土壤收缩能力受土壤容重影响较小,是因为一方面土壤容重过大可以降低土壤的收缩空间,但另一方面也增加了单位体积的土壤质量(史福刚,2017)。这对结构性较差的砂姜黑土来说,意味着增加了可收缩的物质基础。

表 2-3 土壤收缩能力与土壤性质间的相关系数($N = 64$)

性质	COLE	e_{ss}×COLE	e_{ps}×COLE	e_{rs}×COLE	e_{zs}×COLE
黏粒	0.788***	0.389**	0.737***	0.064	−0.580*
CEC	0.649***	0.515***	0.580***	−0.107	−0.755**
全钙	0.271*	−0.009	0.301*	0.086	0.203
全镁	0.320**	0.055	0.372**	−0.032	−0.111

续表

性质	COLE	e_{ss} ×COLE	e_{ps} ×COLE	e_{rs} ×COLE	e_{zs} ×COLE
SOC	0.377**	0.177	0.426***	−0.038	−0.003
土壤 pH	0.418**	0.251*	0.388**	−0.024	−0.575*
蒙脱石组成比例	0.047	0.126	0.02	−0.012	−0.182
蛭石组成比例	−0.066	0.217	−0.081	−0.356**	−0.633**
膨胀性黏土矿物含量 [a]	0.476***	0.359**	0.410**	0.019	−0.376
容重	−0.226	−0.230	−0.249*	0.168	0.122

注：COLE 为土壤线性伸展系数；a 指膨胀性黏土矿物含量=(蒙脱石组成比例+蛭石组成比例)×黏粒含量/%；下同。*、**和***表示显著水平分别为 $P < 0.05$、$P < 0.01$ 和 $P < 0.001$。

　　虽然，土壤线性伸展系数与 2∶1 膨胀型矿物蒙脱石和蛭石组成比例间的关系微弱，但该类矿物以整个土壤为基础表示[(蒙脱石组成比例+蛭石组成比例)×黏粒含量]时，即膨胀性黏土矿物的真实含量，则展现出正相关性($R = 0.476$，$P < 0.001$)。由此可见，土壤的收缩能力不仅依赖于黏土颗粒类型，更依赖于其数量，而这又与黏粒含量息息相关。一般来说，土壤的收缩膨胀潜力随着黏粒含量的增加而增加(Vaught et al., 2006)。本书中，土壤收缩能力与膨胀型黏土矿物组成比例之间关系微弱可能与不同样点黏粒含量的变化有关(表 2-2)。目前，用 X 射线衍射(XRD)法进行土壤黏土矿物分析只能获得定性或半定量的结果。Lin 和 Cerato(2012)建立了蒙脱石含量与膨胀率的关系模型，但是相关系数较小，可能与蒙脱石含量的获取来源于半定量的 XRD 分析结果有关。

　　为了进一步量化各影响因素对土壤收缩能力(线性伸展系数)的影响程度，确定主控因素，根据表 2-3 的结果，对土壤主要性质(黏粒含量、阳离子交换量、膨胀性黏土矿物含量、土壤有机碳、全钙、全镁、土壤 pH)做主成分分析后计算出各因素对线性伸展系数的影响权重(表 2-4)。结果表明，黏粒含量的影响权重最大(22%)，其次为阳离子交换量(18%)，而其他因素(膨胀性黏土矿物含量、土壤有机碳、土壤 pH、全钙和全镁含量)的权重(11%~13%)变化不大。

表 2-4　土壤主要性质对线性伸展系数的影响权重

项目	主要土壤性质						
	黏粒	CEC	膨胀性黏土矿物含量	SOC	全钙	全镁	土壤 pH
权重/%	22	18	12	13	11	13	11

　　土壤传递函数是从更易测量和易获取的土壤性质来预测难测量和获取的土壤性质(Tian et al., 2021)。根据相关分析结果(表 2-3)，对主要的土壤性质(黏粒含量、阳离子交换量)和线性伸展系数进行了回归分析。结果表明(表 2-5)，单独包含黏粒含量的回归方程可以解释 62%的线性伸展系数变异，引入阳离子交换量变量后，解释度增加了 4.9%。由表 2-4 和表 2-5 可知，黏粒含量是影响砂姜黑土收缩能力的主要因素，可作为预测淮

北平原砂姜黑土区土壤收缩潜力的有用的土壤特性。

表 2-5　预测土壤收缩能力的回归方程及其决定系数和标准误差（$N = 64$）

预测指标	土壤性质	参数估计	参数的标准误差	决定系数	标准误差
COLE	常量	−0.005	0.005		
	黏粒	0.001[***]	0.000	0.620[***]	0.009
COLE	常量	−0.02	0.007		
	黏粒	0.001[***]	0.000		
	CEC	0.001[**]	0.000	0.669[***]	0.008

、*表示显著水平分别为 $P < 0.01$ 和 $P < 0.001$。

2.2.3　膨胀性黏土矿物蒙脱石与土壤收缩的关系

目前，2∶1 型黏土矿物层间失水被认为是引起土壤胀缩的重要原因（史福刚, 2017; 叶加兵, 2019）。早期有学者报道，蒙脱石层间厚度在水吸力 pF 0～pF 4（10^4 hPa）之间保持恒定（Greenekelly, 1974）。因此，进一步探讨了黏土矿物蒙脱石含量与不同吸力下土壤收缩量之间的关系。

基于实测的各样点土壤样品的颗粒组成及容重，用 RETC 软件，预测其 van Genuchten 模型的水力参数。将 van Genuchten 模型（1980）与 Peng-Horn（2005）收缩模型联合使用，即可计算出不同水吸力下的收缩量，结果如图 2-4 所示。从两条样带的收缩数据统计结果来看，土壤在 $0～10^4$ hPa 水吸力下的收缩量大于 $10^4～10^7$ hPa 水吸力下的收缩量，平均倍数达 16 倍。总体来说，不同水吸力下（$0～10^4$ hPa 和 $10^4～10^7$ hPa）土壤收缩量的空间分布与土壤从饱和到烘干状态下全含水量范围内的收缩能力空间分布（图 2-2）相似，即东西样带从西向东，南北样带从北至南，土壤的收缩能力呈波动增大的变化趋势。

表 2-6 为采用 Pearson 相关分析方法得出的蒙脱石含量与不同水吸力下土壤收缩能力之间的相关性。结果表明，黏土矿物蒙脱石的含量与土壤在 $0～10^4$ hPa 水吸力之间的收缩量关系更显著（$R = 0.427$，$P < 0.001$），与 $10^4～10^7$ hPa 水吸力下土壤的收缩量之间也呈现出极显著的正相关性（$R = 0.368$，$P < 0.01$）。黏粒含量与各水吸力下的收缩量均具有强烈的显著正相关性（$P < 0.001$），其中与高吸力下（$10^4～10^7$ hPa）的收缩量相关系数更高（$R = 0.823$）。

如前所述，土壤的收缩潜力是由土壤在低吸力下所吸收的水量决定的。膨胀型的黏土矿物在饱和状态下可形成更多开放的结构，黏土颗粒的性状、大小及它们的结合性质可能起主要作用，但土壤经历的应力历史则会影响其吸水能力（Peng et al., 2007）。在干燥状态下，只有膨胀型黏土矿物在内应力作用下移动填充形成更紧密的土体，才能发生进一步的土壤变形（Dörner et al., 2009）。在黏土矿物组成一定的情况下，这种作用的大小又依赖于黏粒的数量。虽然黏土矿物层间空间可以收缩，但是是有限的。Fleury 等（2013）报道称含水量从相对湿度 97% 降低至干燥状态，蒙脱石的层间距离从 1.9 nm 仅降低到 0.98 nm。更重要的是，在干燥状态下，土壤颗粒形成的骨架结构可能掩盖了部分的层间收缩(Fiès and Bruand, 1998)，使其不能向土壤表面转移。通过讨论以上结果的物理意义，可以认为层间收缩并不是富含膨胀型黏土矿物的土壤收缩能力增强的主要原因。

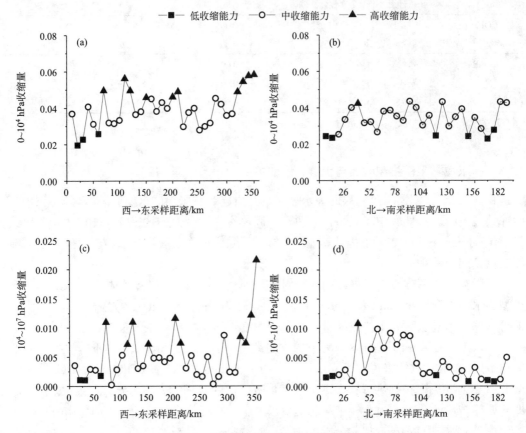

图 2-4　不同水吸力下土壤的收缩能力

表 2-6　蒙脱石含量与不同水吸力下土壤收缩能力的关系($N = 64$)

土壤性质	不同水吸力下的收缩量	
	$0\sim10^4$ hPa	$10^4\sim10^7$ hPa
蒙脱石含量	0.427***	0.368**
黏粒含量	0.624***	0.823***

、*表示显著水平分别为 $P < 0.01$ 和 $P < 0.001$。

2.3　砂姜-细土双介质的收缩模型构建

砂姜，作为土壤中碳酸盐的沉积物，是砂姜黑土的典型特征和重要组成部分(陈月明等，2022；李德成等，2011)。在土壤干湿循环过程中，砂姜-细土界面是土壤结构变化的热点区域，但因砂姜的"骨架"作用使得土壤的孔隙系统变化不能充分反映在土体形变上。因此，砂姜的存在使土壤结构与土壤水分之间的关系更加复杂。本节通过室内土柱模拟实验，将不同粒径(2～5 mm、5～10 mm、10～20 mm 和 20～30 mm，质量含量控制 10%)和含量(0、5%、10%、20%，粒径 5～10 mm)的砂姜与细土(< 2 mm)混合，探究砂姜含量与粒级对土壤收缩行为的影响，并建立包含粗介质土壤的收缩行为模拟方法。

1. 刚性介质与非刚性介质

砂姜作为一种刚性介质，在干湿循环过程中体积是保持恒定的。不包含砂姜的细土介质作为非刚性介质，体积随含水量的变化而变化。由于细土介质的非刚性，孔隙比(e)和水分比(ϑ)，分别定义为孔隙的体积(V_p)或者水的体积(V_w)与固体颗粒体积(V_s)的比值，用来描述土壤孔隙和水分的状态。

$$e = \frac{V_p}{V_s} \tag{2-1}$$

$$\vartheta = \frac{V_w}{V_s} \tag{2-2}$$

2. 土壤收缩模型

土壤收缩曲线描述了土壤体积随土壤含水量的动态变化，可以表示为 e 和 ϑ 之间的关系。在本书中，使用修改的 V-G 公式(Peng and Horn, 2005)去拟合 e 和 ϑ。

$$e(\vartheta) = e_r + \frac{e_s - e_r}{[1+(\chi\vartheta)^{-p}]^q}, \quad 0 \leqslant \vartheta \leqslant \vartheta_s \tag{2-3}$$

式中，χ、p 和 q 是无因次拟合参数；e_s、e_r 分别是饱和和残余孔隙比(cm^3/cm^3)；ϑ_s 是饱和水分比(cm^3/cm^3)。

式(2-3)可以简化为

$$e(\vartheta) = e_r + (e_s - e_r)k(\vartheta) \tag{2-4}$$

$$k(\vartheta) = \frac{1}{[1+(\chi\vartheta)^{-p}]^q} \tag{2-5}$$

式中，$k(\vartheta)$ 描述了土壤收缩曲线的基础形状，它依赖于土壤的黏粒含量和类型(Peng et al., 2012)。

3. 砂姜-细土混合土样的收缩模型构建

细土介质中包含着砂姜，组成了砂姜-细土混合土样。与不包含砂姜的细土相比，砂姜-细土混合土样的孔隙体积由两部分组成：一部分来自砂姜，另一部分来自细土。基于平均理论(Bouwer and Rice, 1984; Parajuli et al., 2017)，混合土样的孔隙系统可以表示为

$$e_{mix} = \frac{V_{sc}}{V_{sc} + V_{sf}}e_c + \frac{V_{sf}}{V_{sc} + V_{sf}}e_f \tag{2-6}$$

式中，V_{sc}、V_{sf} 分别是混合土样中砂姜和细土介质的固体颗粒体积(cm^3)；e_{mix}、e_c 和 e_f

分别为混合土样及其组分(砂姜和细土介质)的孔隙比(cm^3/cm^3)。式(2-6)可以简化为

$$e_{mix} = C_{sv}e_c + (1-C_{sv})e_f \qquad (2-7)$$

式中，C_{sv} 定义为砂姜固相体积占混合土样固相体积的比例(cm^3/cm^3)。

与不含砂姜的细土相比，刚性介质砂姜减少了可形变的细土体积，也限制了混合土样的收缩能力。然后，引进了收缩限制因子[$\omega(\vartheta,C_{sv})$]，定义为在给定水分比下，砂姜的孔隙比与混合土样中细土和砂姜孔隙比之和的比值：

$$\omega(\vartheta,C_{sv}) = \frac{C_{sv}e_c}{C_{sv}e_c + (1-C_{sv})e_f}, \quad 0 \leqslant C_{sv} \leqslant 1 \qquad (2-8)$$

式中，$\omega(\vartheta,C_{sv})$ 的取值范围为 0～1。$\omega(\vartheta,C_{sv})=0$ 表明细土中不存在砂姜，而 $\omega(\vartheta,C_{sv})=1$ 表明所有的细土介质均被砂姜所取代。细土介质的孔隙比随砂姜含量的增加而降低，因此，ω 不仅依赖于 ϑ，也随 C_{sv} 的增加而增大。收缩限制因子 $\omega(\vartheta,C_{sv})$ 可作为一个权重因子去量化砂姜对混合物收缩能力的降低程度。因此，可以从不包含砂姜的细土中评估砂姜-细土混合土样的收缩能力(记为 $e_{mix\ sh}$)：

$$e_{mix\ sh}(\vartheta,C_{sv}) = \left[1 - \omega(\vartheta,C_{sv})\right]e_f(\vartheta) \qquad (2-9)$$

式中，$e_f(\vartheta) = e_{rf} + \dfrac{e_{sf} - e_{rf}}{[1+(\chi\vartheta)^{-p}]^q}$。虽然砂姜的孔隙不具有收缩能力(记为 $e_{mix\ nsh}$)，但它们对混合土样的孔隙比始终起着补充作用。式(2-8)表明砂姜的孔隙比对混合土样孔隙比的影响权重也受混合土样收缩效应的影响：

$$e_{mix\ nsh}(\vartheta,C_{sv}) = \omega(\vartheta,C_{sv})e_c \qquad (2-10)$$

由图 2-5 可知，给定砂姜体积时，ω 随 ϑ 的增大而增大。砂姜-细土混合物的孔隙比也依赖于 $(1-\omega)$ 相应减小。另外，砂姜的孔隙也起到了补充作用。

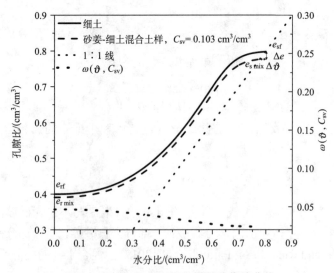

图 2-5 砂姜-细土混合土样理论收缩曲线

$C_{sv}=0.103\ cm^3/cm^3$，$e_c=0.277\ cm^3/cm^3$。式(2-3)中不包含砂姜的细土的收缩参数如下：$\chi=1.50$，$p=18.18$，$q=0.14$，$e_{sf}=0.80\ cm^3/cm^3$ 和 $e_{rf}=0.40\ cm^3/cm^3$。对于砂姜-细土混合土样的孔隙比，$e_{mix}(\vartheta,C_{sv})=(1-\omega)e_f(\vartheta)+\omega e_c$；下标 f 和 mix 分别为细土和砂姜-细土混合土样的缩写

因此，砂姜-细土混合土样的收缩曲线可以从不包含细土的收缩曲线得到。式(2-9)、式(2-10)结合式(2-3)，可以表示为双孔隙系统(Durner, 1994; Parajuli et al., 2017)的收缩曲线：

$$e_{mix}(\vartheta_{mix}, C_{sv}) = [1 - \omega(\vartheta_{mix}, C_{sv})]e_f(\vartheta_{mix}) + \omega(\vartheta_{mix}, C_{sv})e_c, \quad 0 \leqslant \vartheta_{mix} \leqslant \vartheta_{smix} \quad (2-11)$$

2.4　砂姜对砂姜黑土收缩行为的影响与模拟

2.4.1　砂姜含量和粒径对土壤收缩行为的影响

图 2-6 展示了细土及砂姜-细土混合土样的收缩曲线。砂姜-细土混合土样的收缩曲线与细土的几乎是平行的，具有成比例减小的关系。饱和孔隙比(e_s)和残余孔隙比(e_r)随着砂姜含量的增加而降低($P < 0.05$)，随着粒径的增加，则没有这种变化(表 2-7)。

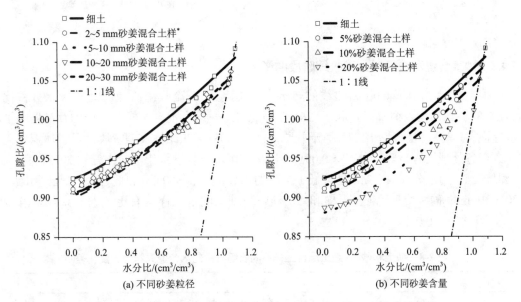

图 2-6　细土和不同砂姜粒径、含量的砂姜-细土混合土样的收缩曲线

散点为实测值，实线曲线由式(2-3)拟合，虚线曲线由式(2-11)结合收缩限制因子预测；*为砂姜-细土混合土样的简写；下同

在给定的砂姜含量下，砂姜-细土混合土样的线性伸展系数(0.068～0.076)显著小于细土的线性伸展系数(0.092)($P < 0.05$)，但是砂姜粒径处理间差异不显著(表 2-7)。在给定的砂姜粒径下，当砂姜含量从 5%增加到 20%时，线性伸展系数从 0.084 降至 0.066($P < 0.05$)。表 2-7 也展示了砂姜含量和粒径没有影响收缩曲线的转折点斜率($P > 0.05$)。可以认为，因刚性砂姜对多孔细土的取代作用，砂姜-细土混合土样孔隙度和收缩能力的降低是砂姜体积的函数。砂姜的存在，也没有改变多孔细土介质的黏粒性质。

表 2-7　细土和砂姜-细土混合物的收缩曲线特征

项目	处理	e_s/(cm³/cm³)	e_r/(cm³/cm³)	COLE	Slope$_{inflection}$
	细土	1.09±0.022 a	0.925±0.025 a	0.092±0.012 a	0.182±0.021 ab
	2～5 mm 砂姜混合土样	1.05±0.015 b	0.916±0.012 a	0.068±0.007 b	0.149±0.017 b
砂姜粒径	5～10 mm 砂姜混合土样	1.05±0.012 b	0.908±0.007 a	0.076±0.009 b	0.162±0.025 ab
	10～20 mm 砂姜混合土样	1.05±0.009 b	0.914±0.01 a	0.069±0.006 b	0.168±0.03 ab
	20～30 mm 砂姜混合土样	1.06±0.01 b	0.924±0.006 a	0.071±0.006 b	0.200±0.037 a
	LSD$_{0.05}$	0.236	0.118	0.385	0.085
	细土	1.09±0.022 a	0.925±0.025 a	0.092±0.012 a	0.182±0.021 a
	5% 砂姜混合土样	1.07±0.011 b	0.909±0.010 ab	0.084±0.009 ab	0.185±0.044 a
砂姜含量	10% 砂姜混合土样	1.05±0.012 b	0.908±0.007 ab	0.076±0.009 bc	0.162±0.025 a
	20% 砂姜混合土样	1.01±0.005 c	0.887±0.015 b	0.066±0.007 c	0.183±0.019 a
	LSD$_{0.05}$	0.000	0.015	0.015	0.473

注：Slope$_{inflection}$为由式(2-3)拟合的收缩曲线转折点斜率。不同小写字母表示在 $P < 0.05$ 水平下，砂姜含量或者粒径处理下的差异显著。

2.4.2　砂姜含量和粒径对土壤收缩阶段的影响

根据式(2-3)计算的收缩曲线的转折点，确定了 4 个收缩阶段的孔隙和水分占比（表 2-8）。在结构收缩阶段，除了 20～30 mm 砂姜-细土混合土样，砂姜的存在增加了水分损失(ϑ_{ss})，且与细土之间差异不显著($P > 0.05$)。在比例收缩阶段，尽管体积变化(e_{ps})在各处理没有显著差异($P > 0.05$)，但 20～30 mm 砂姜-细土混合土样和 20%砂姜-细土混合土样的水分损失(ϑ_{ps})显著低于细土的水分损失($P < 0.05$)。此外，与细土相比，20～30 mm 砂姜-细土混合土样和 20%砂姜-细土混合土样具有更大的残余收缩阶段(e_{rs}, ϑ_{rs})($P < 0.05$)。

表 2-8　细土和砂姜-细土混合土样不同收缩阶段的水分流失和体积变化差

项目	处理	e_{ss}/%	e_{ps}/%	e_{rs}/%	ϑ_{ss}/%	ϑ_{ps}/%	ϑ_{rs}/%
	细土	6.93±1.16 a	77.6±2.15 a	15.5±1.26 b	0.00±0.00 a	74.3±5.14 a	25.7±5.14 b
	2～5 mm 砂姜混合土样	7.41±5.13 a	77.8±4.46 a	14.8±1.38 b	0.31±0.70 a	75.1±3.2 a	24.6±3.25 b
砂姜粒径	5～10 mm 砂姜混合土样	7.69±3.97 a	77.4±5.31 a	14.9±1.45 b	0.13±0.30 a	75.4±6.07 a	24.4±6.36 b
	10～20 mm 砂姜混合土样	7.21±4.09 a	76.6±3.14 a	16.3±1.73 b	0.76±1.71 a	69.5±4.88 a	29.7±4.97 ab
	20～30 mm 砂姜混合土样	5.22±3.55 a	76±5.57 a	18.8±3.39 a	0.00±0.00 a	62.2±12.4 b	37.8±12.42 a
	细土	6.52±0.83 ab	78.4±1.58 a	15.1±1.17 b	0.00±0.00 a	75.8±4.51 a	24.2±4.51 b
	5% 砂姜混合土样	6.02±4.43 ab	79.5±3.93 a	14.5±1.57 b	0.72±1.37 a	76.4±6.32 a	22.9±5.26 b
砂姜含量	10% 砂姜混合土样	7.69±3.97 a	77.4±5.31 a	14.9±1.45 b	0.14±0.30 a	75.4±6.07 a	24.4±6.36 b
	20% 砂姜混合土样	3.12±0.77 b	79.2±2.15 a	17.7±1.55 a	1.52±1.96 a	65.2±4.46 b	33.3±6.01 a

注：不同小写字母表示在 $P < 0.05$ 水平下，砂姜含量或者粒径处理下的差异显著。

　　砂姜-细土混合土样收缩阶段分配比例的变化可归因于砂姜改变了土壤孔隙的分布。结构收缩阶段体积变化主要贡献来源于大孔隙体积的减小,残余收缩主要由细孔隙引起(Peng and Horn, 2005; Peng et al., 2007),比例收缩则是中孔和细孔效应的结果(Shi et al., 2012)。砂姜显著增强了大孔隙(图 2-7),而大孔隙的失水并不会带来较大的体积损失(Peng et al., 2007)。土壤的中小孔隙与团聚体直接相关(Braudeau et al., 2004; Fang et al., 2019),但筛分的土壤样品(< 2 mm)破坏了大团聚体的孔隙结构(图 2-7)。进气点(ϑ_{ae}, e_{ae})是比例收缩和残余收缩区分点(Peng and Horn, 2005)。进气点的水吸力随砂姜含量和粒径的增加而减小(Gu et al., 2017),这导致比例收缩阶段水分范围的缩小,进而使下一个收缩阶段比例增加。

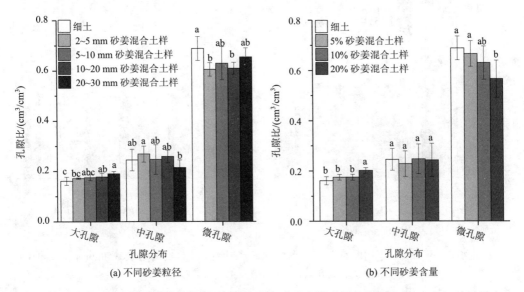

图 2-7　饱和状态下细土和不同砂姜粒径、含量的砂姜-细土混合土样的大孔隙(> 50 μm)、中孔隙(0.6~50 μm)、微孔隙(< 0.6 μm)分布

柱状图上不同的小写字母表示在 $P < 0.05$ 水平下处理间差异显著

2.4.3　砂姜含量和粒径对孔隙及其收缩能力的影响

　　根据不同水吸力下的土壤含水量,计算了细土和砂姜-细土混合土样的孔隙分布(Reynolds et al., 2009),结果如图 2-7。相对于细土(大孔隙体积 0.161 cm³/cm³,微孔隙体积 0.669 cm³/cm³),砂姜-细土混合土样具有更高的大孔隙体积(0.172~0.202 cm³/cm³)和更低的微孔隙体积(0.566~0.666 cm³/cm³)。大孔隙体积随着砂姜含量和粒径的增大而增加,而微孔隙体积只随砂姜含量的增大而降低。除了 20~30 mm 砂姜-细土混合土样,细土和砂姜-细土混合土样的中孔隙的变化没有显著差异($P > 0.05$)。砂姜-细土混合土样大孔隙度的增加,一方面源自土石界面的空隙,另一方面是砂姜自身的孔隙,团聚体的破坏消除了不同处理间中孔隙结构的差异,而微孔隙度的减少依赖于砂姜体积效应。

　　土壤的形变可以用孔隙收缩指数来评估,同样也受砂姜含量和粒径的影响(图 2-8)。

相对于细土，砂姜粒径使大孔隙、微孔隙和总孔隙的收缩指数分别降低了 19%～29%、28%～40%和 15%～22%，而使中等孔隙的收缩指数增加了 7%～50%。砂姜含量使得大孔隙、微孔隙和总孔隙的收缩指数分别降低了 22%～48%、12%～41%和 6%～22%，同样使中孔隙的收缩指数增加 38%～79%。在给定的砂姜含量下，不同砂姜尺寸处理间没有影响大孔隙和总孔隙的收缩指数($P > 0.05$)，但是影响了中孔隙和微孔隙的收缩指数。在给定的砂姜粒径下，大孔隙、微孔隙和总孔隙的收缩指数随砂姜含量的增加而降低，中孔隙则相反。

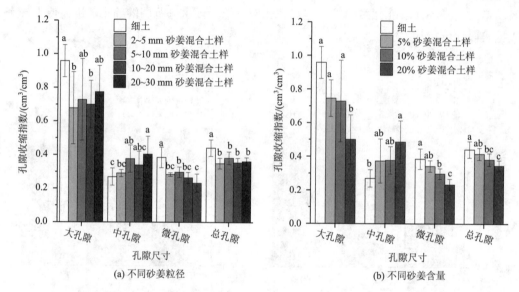

(a) 不同砂姜粒径   (b) 不同砂姜含量

图 2-8 饱和状态下细土和不同砂姜粒径、含量的砂姜-细土混合土样的大孔隙($> 50\mu m$)、中孔隙($0.6\sim 50\mu m$)、微孔隙($< 0.6\ \mu m$)及总孔隙的收缩指数

柱状图上不同的小写字母表示在 $P < 0.05$ 水平下处理间差异显著

孔隙收缩能力同时受孔隙刚度和内应力的影响，包括毛管应力(Peng et al.，2007)。砂姜-细土混合土样大孔隙收缩能力的降低可归因于砂姜自身的刚性大孔隙失水。由于砂姜和细土基质的收缩特性不同，在非均匀内应力的作用下砂姜-细土界面促进了土壤孔隙的失水。在土壤逐渐干燥时，只有土壤颗粒的层间失水才能发生进一步的收缩(Dörner et al., 2009)。在这一过程中，土体中砂姜之间的距离进一步缩小，因其骨架作用，可能掩盖了部分的细土收缩。同样，砂姜中刚性微孔隙的水分释放也不会引起收缩。总孔隙的收缩能力是各级孔隙综合作用的结果，但由微孔隙的收缩能力决定(图 2-8)。这与 Peng 等(2007)的研究一致，他们发现微孔隙的收缩量占了总收缩量的 50%以上。

2.4.4 砂姜-细土混合土样收缩行为的模拟分析

在给定的砂姜含量[图 2-9(a)]和粒径[图 2-9(b)]下，收缩限制因子(ω)随水率的增加而略有降低。结合刚性介质收缩限制因子(ω)，使用与细土收缩曲线相同的收缩参数($\chi, p, q, e_{sf}, e_{rf}$)，根据式(2-11)可以预测砂姜-细土混合土样的收缩曲线。图 2-6 中实线曲线为式(2-3)拟合的细土收缩曲线，拟合参数 χ、p、q、e_{sf}、e_{rf} 分别为 0.868、51.617、

0.025、1.091 cm³/cm³ 和 0.925 cm³/cm³。使用这些参数，并结合收缩限制因子，用式(2-11)预测了混合土样的收缩曲线(图 2-6)，预测结果列于表 2-9。较高的相关系数($R^2 > 0.95$)和较低的均方根误差(RMSE < 0.01)表明式(2-11)具有良好的预测能力。图 2-10(a)和(b)进一步展示了预测孔隙比与实测孔隙比具有良好的 1∶1 线性关系。然而，提出的砂姜-细土收缩模型[式(2-11)]高估了湿侧的收缩曲线[图 2-10(c)和(d)]而低估了干侧的收缩曲线[图 2-10(c)]。

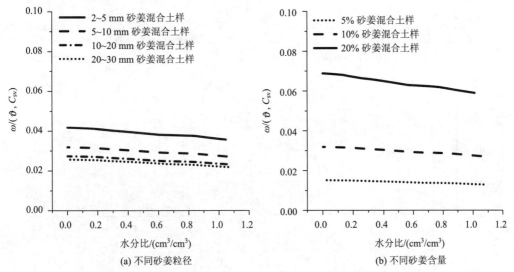

图 2-9　由式(2-8)计算的不同砂姜粒径、含量的砂姜-细土混合土样的收缩限制因子(ω)

表 2-9　式(2-3)对细土收缩曲线的拟合精度及式(2-11)对砂姜-细土混合土样收缩曲线的预测精度

处理	R^2	RMSE
细土	0.988	0.006
2~5 mm 砂姜混合土样	0.954	0.008
5~10 mm 砂姜混合土样	0.972	0.007
10~20 mm 砂姜混合土样	0.975	0.007
20~30 mm 砂姜混合土样	0.969	0.008
5% 砂姜混合土样	0.981	0.007
10% 砂姜混合土样	0.972	0.008
20% 砂姜混合土样	0.977	0.006

注：式(2-3)的拟合参数如下：$\chi = 0.868$，$p = 51.617$，$q = 0.025$，$e_{sf} = 1.091$ cm³/cm³ 和 $e_{rf} = 0.925$ cm³/cm³，式(2-11)的参数与之相同；R^2 为决定系数，RMSE 为均方根误差。

对收缩曲线湿侧的高估，可能是由于土壤的大孔隙并不能完全被水分充满，对于黏性的变性土来说，达到完全饱和是困难的。对收缩曲线干侧的低估，一方面是因如前所述的骨架效应对细土体积变化的隐藏作用，式(2-11)并不能描述这一过程；另一方面是因土壤收缩的各向异性，垂直收缩在收缩曲线的湿侧大于水平收缩，但在干侧较小(Peng and Horn, 2007)。在整个收缩过程中，我们假设了土体收缩是各向同性的，用垂直变化代表了土壤的体积变化。

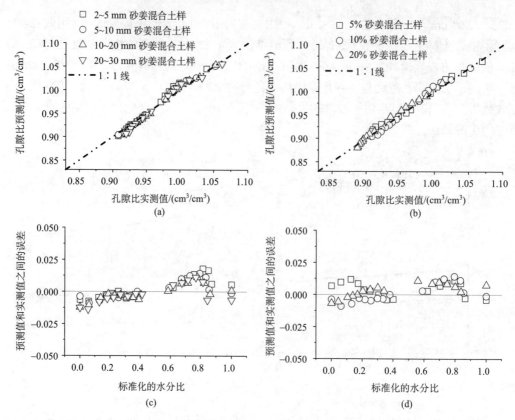

图 2-10　砂姜-细土混合物的预测和实测孔隙比之间的关系及误差沿土壤饱和度的分布(归一化的水分比=任意水分比/饱和水分比)

综上所述，砂姜对土壤收缩行为的影响机制如下：砂姜是一种刚性介质，存在于土体中则降低了多孔细土的体积，因而降低了砂姜-细土混合土样的收缩能力。另外，每一个砂姜都可以作为触发点和骨架，促进土壤结构的演变，土壤收缩阶段的分配比例因此而改变。

一般而言，所有的土壤中都可能出现粗颗粒刚性介质(Poesen and Lavee, 1994)。我们提出的模型[式(2-11)]特别考虑了粗颗粒刚性介质的物理特性，如体积含量和粒径效应。式(2-11)提供了一个简便而有效的方法快速预测含砂姜变性土的收缩行为。同样，该模型也可用于研究其他类型的含粗颗粒刚性介质的土的收缩特性。需要注意的是，式(2-11)难以捕捉如前所述的因粗颗粒刚性介质引起的土体结构的动态变化，这也是预测模型出现误差的部分原因。关于包含粗颗粒刚性介质的土壤结构的动态变化，未来仍需要更多的研究。

2.5　小　　结

基于淮北平原砂姜黑土区东西和南北两条样带，通过分析土壤收缩特征及其影响因素可知，砂姜黑土的收缩能力在空间上存在由西北向东南波动增大的分布格局，这主要归因于土壤性质在空间上的高度异质性。土壤发育对母质属性的继承性，加上微区域环境因素的作用，使得土壤性质出现分异，特别是黏粒含量的差异，是砂姜黑土收缩能力空间分布格局形成的重要驱动力。因此，黏粒含量可作为预测砂姜黑土收缩能力的有效土壤属性。

膨胀性黏土矿物在土壤中的真实含量，比在黏粒组分中的相对组成比例更能反映出土壤的收缩能力，这可能与土壤中黏粒含量的变异有关。蒙脱石含量虽然是影响土壤收缩潜力的重要因素，但主要是通过影响低水吸力下的土壤形变能力实现的，层间收缩并不是土壤体积收缩的主要部分。

室内模拟实验结果表明，砂姜的存在不仅降低了土壤总孔隙度，而且改变了孔隙分布及其收缩能力，导致土壤形变能力的降低。因为砂姜减少了砂姜-细土混合土样的孔隙度，导致含砂姜的土壤收缩曲线与不含砂姜的细土收缩曲线具有平行的关系。将砂姜作为刚性介质、细土作为非刚性介质，在此基础上提出了一个使用细土的收缩参数并结合砂姜体积效应预测砂姜-细土混合土样收缩曲线的模型，该模型具备很好的预测效果，其预测误差主要来源于收缩过程中由砂姜形成的骨架效应。本章为预测包含粗颗粒刚性介质的土壤收缩行为提供了一个有用且便捷的方法。

参 考 文 献

陈冲. 2015. 土壤水分特征曲线的预测及土壤属性三维空间制图. 北京: 中国农业大学: 35-45.

陈月明, 高磊, 张中彬, 等. 2022. 淮北平原砂姜黑土区砂姜的空间分布及其驱动因素. 土壤学报, 59(1): 148-160.

李德成, 张甘霖, 龚子同. 2011. 我国砂姜黑土土种的系统分类归属研究. 土壤, 43(4): 623-629.

史福刚. 2017. 砂姜黑土主要障碍因子性状特征解析与修复途径探索. 南京: 中国科学院南京土壤研究所: 43-54.

田洪艳, 周道玮, 李质馨, 等. 2003. 土壤胀缩运动对草原土壤的干扰作用. 草地学报, (3): 261-268.

王擎运, 陈景, 杨远照, 等. 2019. 长期秸秆还田对典型砂姜黑土胀缩特性的影响机制. 农业工程学报, 35(14): 119-124.

王文艳, 张丽萍, 刘俏. 2012. 黄土高原小流域土壤阳离子交换量分布特征及影响因子. 水土保持学报, 26(5): 123-127.

魏翠兰. 2017. 砂姜黑土收缩开裂特征及生物质炭改良效应. 北京: 中国农业大学: 75-88.

叶加兵. 2019. 蒙脱石与 NaCl 溶液对膨胀土残余膨胀特性和土水特性影响的研究. 武汉: 武汉大学: 15-38.

张中彬, 彭新华. 2015. 土壤裂隙及其优先流研究进展. 土壤学报, 52(3): 477-488.

钟敏, 林艳霞, 黄娅等. 2016. 几种土壤黏粒对铅的吸附特性研究. 湖北理工学院学报, 32(3): 10-15.

Bouwer H, Rice R C. 1984. Hydraulic properties of stony vadose zones. Ground Water, 22(6): 696-705.

Braudeau E, Frangi J P, Mohtar R H. 2004. Characterizing nonrigid aggregated soil-water medium using its shrinkage curve. Soil Science Society of America Journal, 68(2): 359-370.

da Silva L, Sequinatto L, Almeida J A, et al. 2017. Methods for quantifying shrinkage in Latossolos (Ferralsols) and Nitossolos (Nitisols) in Southern Brazil. Revista Brasileira de Ciência do Solo, 41: 1-13.

Dörner J, Dec D, Peng X H, et al. 2009. Change of shrinkage behavior of an Andisol in southern Chile: Effects of land use and wetting/drying cycles. Soil and Tillage Research, 106 (1): 45-53.

Durner W. 1994. Hydraulic conductivity estimation for soils with heterogeneous pore structure. Water Resources Research, 30 (2): 211-223.

Fang H, Zhang Z B, Li D M, et al. 2019. Temporal dynamics of paddy soil structure as affected by different fertilization strategies investigated with soil shrinkage curve. Soil and Tillage Research, 187: 102-109.

Fiès J C, Bruand A. 1998. Particle packing and organization of the textural porosity in clay-silt-sand mixtures. European Journal of Soil Science, 49 (4): 557-567.

Fleury M, Kohler E, Norrant F, et al. 2013. Characterization and quantification of water in smectites with low-field NMR. The Journal of Physical Chemistry C, 117: 4551-4560.

Gray C W, Allbrook R. 2002. Relationships between shrinkage indices and soil properties in some New Zealand soils. Geoderma, 108: 287-299.

Greenekelly R. 1974. Shrinkage of clay soils: A statistical correlation with other soil properties. Geoderma, 11 (4): 243-257.

Grossman R B, Brasher B R, Franzmei D P, et al. 1968. Linear extensibility as calculated from natural-clod bulk density measurements. Soil Science Society of America Proceedings, 32 (4): 570-574.

Gu F, Ren T S, Li B G, et al. 2017. Accounting for calcareous concretions in calcic vertisols improves the accuracy of soil hydraulic property estimations. Soil Science Society of America Journal, 81 (6): 1296-1302.

Lin B, Cerato A B. 2012. Prediction of expansive soil swelling based on four micro-scale properties. Bulletin of Engineering Geology and the Environment, 71 (1): 71-78.

Liu L W. 1991. Formation and evolution of vertisols in Huaibei plain. Pedosphere, 1 (1): 3-15.

Luo Y, Zhang J M, Zhou Z, et al. 2021. Investigation and prediction of water infiltration process in cracked soils based on a full-scale model test. Geoderma, 400: 115111.

Parajuli K, Sadeghi M, Jones S B. 2017. A binary mixing model for characterizing stony-soil water retention. Agricultural and Forest Meteorology, 244-245: 1-8.

Peng X H, Horn R. 2005. Modeling soil shrinkage curve across a wide range of soil types. Soil Science Society of America Journal, 69 (3): 584-592.

Peng X H, Horn R. 2007. Anisotropic shrinkage and swelling of some organic and inorganic soils. European Journal of Soil Science, 58 (1): 98-107.

Peng X H, Horn R. 2013. Identifying six types of soil shrinkage curves from a large set of experimental data. Soil Science Society of America Journal, 77: 372-381.

Peng X H, Horn R, Smucker A. 2007. Pore shrinkage dependency of inorganic and organic soils on wetting and drying cycles. Soil Science Society of America Journal, 71 (4): 1095-1104.

Peng X H, Zhang Z B, Wang L L, et al. 2012. Does soil compaction change soil shrinkage behaviour? Soil and Tillage Research, 125: 89-95.

Poesen J, Lavee H. 1994. Rock fragments in top soils: Significance and processes. CATENA, 23 (1-2): 1-28.

Reynolds W D, Drury F C, Tan C S, et al. 2009. Use of indicators and pore volume-function characteristics to quantify soil physical quality. Geoderma, 152: 252-263.

Shi Z J, Xu L H, Wang Y H, et al. 2012. Effect of rock fragments on macropores and water effluent in a forest soil in the stony mountains of the Loess Plateau, China. African Journal of Biotechnology, 11(39): 9350-9361.

Singh M, Sarkar B, Hussain S, et al. 2017. Influence of physico-chemical properties of soil clay fractions on the retention of dissolved organic carbon. Environmental Geochemistry and Health, 39: 1335-1350.

Tian Z C, Chen J Z, Cai C F, et al. 2021. New pedotransfer functions for soil water retention curves that better account for bulk density effects. Soil and Tillage Research, 205: 104812.

van Genuchten M T. 1980. A closed-form equation for predicting the hydraulic conductivity of unsaturated soils. Soil Science Society of America Journal, 44(5): 892-898.

Vaught R, Brye K R, Miller D M. 2006. Relationships among coefficient of linear extensibility and clay fractions in expansive, stoney soils. Soil Science Society of America Journal, 70(6): 1983-1990.

Zolfaghari Z, Mosaddeghi M R, Ayoubi S. 2016. Relationships of soil shrinkage parameters and indices with intrinsic soil properties and environmental variables in calcareous soils. Geoderma, 277: 23-34.

第 3 章　砂姜黑土土壤强度及其影响因素

土壤强度通常是指在外力作用下,土壤达到屈服或者破坏之前可以承受的最大应力,主要组成部分包括抗剪强度、抗压强度和穿透阻力(Topp et al., 1997)。当耕耘机械加工土壤时,对土壤进行切削、翻转、破碎和平整等,土壤发生体积变化、结构被破坏及压实等,在这些土壤加工过程中,土壤所表现的种种力学性质主要取决于土壤强度。无论土壤类型、结构和水分状况如何,土壤强度都能很好地预测作物产量(Whalley et al., 2008),是决定农业产出的一个重要因素(Brune et al., 2018),一方面它与土壤结构破坏密切相关,包括耕作引起的粉碎或重塑、田间交通导致的压实及降雨或灌溉引起的团聚体分解;另一方面它能够抵抗作物根系和土壤动物的穿透。随着农业机械化水平的提高,农用机具的使用频率和重量不断增加(Sivarajan et al., 2018),当外界作用力超过土壤自身所能承载的最大应力时,土壤结构将发生不可逆转的破坏(Silva et al., 2018),孔隙连通性恶化,紧实度增加,土层内水、气、热的传输和根系下扎受阻,不利于农田质量提升与作物产量的稳定(Coelho et al., 2000; Fasinmirin et al., 2018; Berisso et al., 2013)。此外,土壤强度增大导致耕作能耗增加,农田工作效率降低,进而造成土壤管理成本上升(Wuddivira et al., 2013)。适宜的土壤强度有利于田间机械作业和作物生长。影响耕层土壤强度的因素众多,含水量被认为是影响土壤强度的最主要因素,其次是土壤容重(García et al., 2012)。含水量会直接影响土壤颗粒间的连接方式和胶结作用,随着含水量的升高,土壤颗粒表面水膜厚度增加,润滑作用增强,土壤颗粒相对滑动的阻力减小(陈红星等,2007;王恩姐等,2009)。容重反映了耕层土壤的紧实程度,随着容重的增大,土壤颗粒间接触更加紧密,土壤骨架更加稳固,颗粒间摩擦、咬合关系更加密切,颗粒间的黏聚作用也增强(朱志坤,2018;Wei et al., 2018)。砂姜黑土湿时泥泞,干时僵硬,难耕难耙,适耕期短,研究砂姜黑土土壤强度对于确定土壤适耕性具有重要意义。

3.1　砂姜黑土抗剪强度及其影响因素

土壤抗剪强度是维护耕层土壤结构稳定、反映土壤耕作性能的重要力学指标(张健乐等,2020),直接反映了土体在外力作用下发生剪切变形的难易程度(郑子成等,2014),也被用作抵抗幼苗出苗和根系生长的量度(Hemmat et al., 2010)。定量认识抗剪强度对于解释农业土壤的力学行为和结构可持续性至关重要。土壤抗剪切强度参数采用应变控制式四联直剪仪(南京土壤仪器厂有限公司,ZJ 型号)进行测定[图 3-1(a)]。试验时将制备好的土样小心压入剪切盒中,分别施加 50 kPa、100 kPa、200 kPa、400 kPa 的法向应力,剪切速率控制在 0.8 mm/min,剪切位移 5 mm。试验按照《土工试验方法标准》(GB/T 50123—2019)中规定的步骤进行。对每一组土样进行剪切试验后,可以得到 4 个不同法向应力下的最大剪应力,做出抗剪强度与法向应力的关系图,即得到莫尔-库仑(Mohr-Coulomb)强度包线[图 3-1(b)],黏聚力为莫尔-库仑强度包线的截距,内摩擦角为莫尔-库仑强度包线的斜率。由莫尔-库仑公式可知,在外应力(σ)作用下,土壤抗剪强度(τ)由黏聚力(c)和内摩擦角(φ)描述,公式如下:

$$\tau = c - \sigma \tan \varphi \tag{3-1}$$

式中,τ 为土壤抗剪强度(kPa);σ 为作用在剪切面上的法向应力(kPa);φ 为土壤内摩擦角(°);c 为土壤黏聚力(kPa)。即土壤抗剪强度由黏聚强度(c)和摩擦强度($\sigma\tan\varphi$)两部分组成。

　　因此,本节主要探讨含水量和容重对砂姜黑土抗剪强度及其两个参数的影响。

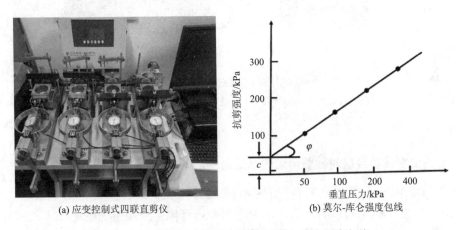

(a) 应变控制式四联直剪仪　　　　　(b) 莫尔-库仑强度包线

图 3-1　应变控制式四联直剪仪和莫尔-库仑强度包线

3.1.1　土壤含水量和容重对砂姜黑土黏聚力的影响

　　如图 3-2 所示,砂姜黑土黏聚力(c)随土壤容重的增加呈增加趋势($P < 0.05$),随土壤含水量的增加呈下降趋势($P < 0.05$)。土壤含水量越低,容重对于黏聚力的影响越明显。比如在 40% FC 的土壤含水量下,当容重从 1.2 g/cm³ 变化至 1.4 g/cm³ 和从 1.4 g/cm³ 变化至 1.6 g/cm³ 时,土壤黏聚力分别增大 7.07 kPa 和 5.61 kPa;而在高土壤含水量(100% FC)条件下,相邻容重间黏聚力的差异仅为 0.99 kPa 和 3.42 kPa。换言之,土壤含水量的增加削弱了黏聚力对于容重变化的响应。此外,随着容重的增加,黏聚力随土壤含水量变化的范围逐渐增大,敏感性增强,具体表现为土壤容重由 1.2 g/cm³ 增至 1.4 g/cm³ 再至 1.6 g/cm³ 时,黏聚力由湿到干的变化区间依次为 13.05 kPa、19.13 kPa、21.33 kPa。耕层黏聚力总体上随土壤含水量增加而下降,且越密实的土壤对含水量变化越敏感,这可能是因为高容重(1.6 g/cm³)砂姜黑土的孔隙度较低,颗粒的间距小,当含水量从 40% FC(质量含水率为 12.7%)上升至 70% FC(质量含水率为 22.2%)时,颗粒表面水膜逐渐增厚,润滑作用增强,导致黏聚力随含水量的增加而减小。

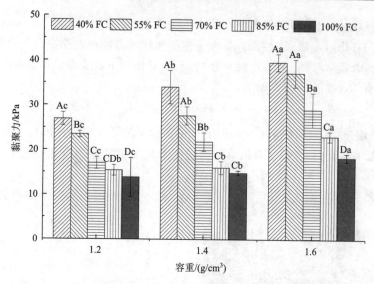

图 3-2　土壤含水量和容重对砂姜黑土黏聚力的影响

FC 指田间持水量；不同小写字母代表相同土壤含水量下不同容重处理之间差异显著($P < 0.05$)；不同大写字母代表相同
容重下不同土壤含水量之间差异显著($P < 0.05$)，下同

3.1.2　土壤含水量和容重对砂姜黑土内摩擦角的影响

砂姜黑土耕层土壤内摩擦角(φ)对不同土壤含水量和容重变化的响应存在差异（图 3-3）。与黏聚力不同，随土壤含水量增加，内摩擦角呈现出先迅速降低之后趋于稳定的变化趋势，且不同容重条件下降低的趋势相似。当水分由 40% FC 增加至 55% FC 时，内摩擦角迅速减小，土壤容重从 1.2 g/cm³ 变化至 1.4 g/cm³ 再至 1.6 g/cm³ 时，内摩

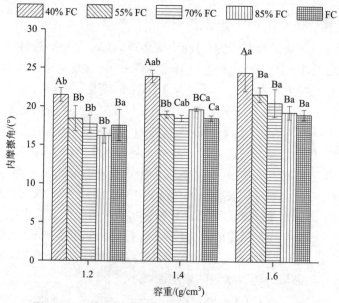

图 3-3　土壤含水量和容重对砂姜黑土内摩擦角的影响

擦角分别降低 14.2%、20.5% 和 11.5%；此后，当土壤含水量高于 55% FC 时，内摩擦角对于土壤含水量增加的响应没有显著差异（$P > 0.05$），同一容重条件下，相邻含水量间内摩擦角的差异最大仅为 1.51°。容重在一定程度上影响砂姜黑土内摩擦角的变化，当容重从 1.2 g/cm³ 变化至 1.4 g/cm³ 和从 1.4 g/cm³ 变化至 1.6 g/cm³ 时，含水量为 40% FC 的土壤内摩擦角分别增加 11.36% 和 2.23%，而含水量为 100% FC 的土壤内摩擦角增幅不大，分别为 5.46% 和 2.76%。土壤含水量对内摩擦角的影响范围较小，主要局限于低土壤含水量区域。在低含水量时，砂姜黑土的摩擦系数远大于运动黏滞系数，颗粒间紧密接触，内摩擦角达到最大值。随着自由水含量增加，砂姜黑土矿物层间水在土壤颗粒表面充当润滑剂的作用，在高含水量时，超过一半的水分保持在膨胀性黏土矿物层间，尤其是容重大的土壤，咬合摩擦与滑动摩擦相应减小。

3.1.3 土壤含水量和容重对砂姜黑土抗剪强度的影响

图 3-4 表明，砂姜黑土抗剪强度（τ）与黏聚力变化相似，即随土壤容重的增加呈增加趋势（$P < 0.05$），随土壤含水量的增加而减小。土壤湿度增加使土体内部软化，抗剪强度急剧下降。相比于容重，土壤含水量对最大剪应力的影响更为突出。本书中，黏聚力和抗剪强度的最小值出现在同一土壤物理条件下，且二者与土壤含水量、容重的响应曲面相似，因此，抗剪强度变化主要取决于土壤黏聚力，作为参数之一的内摩擦角的贡献则较小。由图 3-4 可知，砂姜黑土含水量为 40% FC 且容重为 1.6 g/cm³ 时，抗剪强度达到最大值，此时土壤结构更加稳定，机械承载能力更强，比较适合收获类的农业机械作业；对于种子出苗和作物生长来说，为了营造疏松多孔的根系穿透条件，保持一定的土壤含水量及适宜的土块松散度是非常必要的，在这样的情况下耕层土壤也容易受到剪切力的作用，耕作能耗最小。由于抗剪强度在密实且干燥的土壤上最大，在严重压实的土壤上种植作物时应该增加土壤湿度和灌水频率，以减小抗剪强度对于作物生长的阻抗。

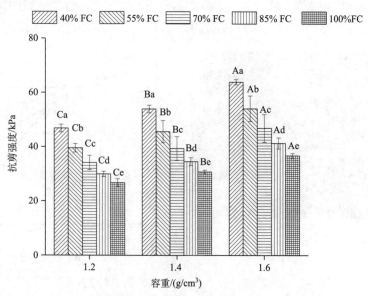

图 3-4 土壤含水量和容重对砂姜黑土抗剪强度的影响

3.2　砂姜黑土抗压强度及其影响因素

土壤抗压强度是土壤可承载能力的量度，能够反映土壤对机械耕作、动物踩踏、植物根系穿插等外力作用下的土壤结构变化情况，进而评价土壤适耕性(Reichert et al., 2016; Keller et al., 2011)。当外界作用力限制在抗压强度以下，就可将土壤压实发生弹性变形，土壤结构破坏的风险降至最低，但是如果外界作用力超过土壤的内部强度时，土壤结构会发生塑性变形，作用力撤除后土壤结构难以恢复(Alakukku et al., 2003; Horn and Fleige, 2009)。因此，土壤抗压强度是农业土壤管理的一个重要参考因素，据此可以预测出土壤能够承受的最大压应力，防止田间交通对土体结构的破坏。土壤压实曲线显示了土壤结构与应力之间的关系，通常用土壤孔隙比(e)和应力(σ)的对数的关系来表征。利用土壤压实曲线，根据 Casagrande 的方法，确定土壤抗压强度，也称为土壤预压应力(soil pre-compress stress)(Keller et al., 2007)。

根据 Baumgartl 和 Koeck(2004)的研究，土壤压实曲线可以用 van Genuchten 模型进行拟合：

$$e = (e_0 - e_r)\left[1 + (\alpha\sigma)^n\right]^{-m} + e_r \tag{3-2}$$

式中，e 为实际孔隙比；e_0 和 e_r 分别为初始土壤孔隙比和残余孔隙比，理论上，e_0 为土壤未受任何压力的孔隙比，e_r 是土体在受到极大压力时颗粒之间的孔隙比；σ 为外加应力；α、n、m 为描述土体变形的量纲为一的参数，其中 $m=1-1/n$。

Casagrande 方法确定土壤抗压强度如下。如图 3-5 所示，第一步：过土壤压实曲线最大曲率点做出该点平行线、切线及二者的角平分线；第二步：过土壤压实曲线的拐点作切线；第三步：最大曲率点的角平分线与拐点的切线的交点所对应的施加荷载即为抗压强度。土壤压实曲线的二阶导数为 0 点即为拐点，过该点做压实曲线的切线，即一阶导数为 0 点，得到的直线即为拐点切线。最大曲率点是土壤压实曲线由"弹性可逆"

(a) 土壤固结仪　　　　　　　　　　(b) 土壤抗压强度

图 3-5　土壤固结仪和 Casagrande 方法确定土壤抗压强度

向"塑性不可恢复"阶段过渡部分的斜率,其数值大小代表着土壤在外力作用下失去弹性的快慢。通过最大曲率公式可准确计算出曲线的最小曲率半径:

$$k=\frac{d^2e/d(\lg\sigma)^2}{[1+de/d(\lg\sigma)^2]^{2/3}} \quad (3-3)$$

式中,k 为最大曲率点,即这点上有最小曲率半径。

由于获取土壤压实参数的力学试验耗时较长,获得这些信息的一种简单可靠的方法是将预测模型作为现成土壤性质的函数(Obour et al., 2018)。本小节针对砂姜黑土难耕难耙且土壤压实基础研究相对薄弱的情况,分析含水量和容重对土壤压实曲线及压实特性的影响,将有助于深入了解土壤抗压强度随土壤基本物理性质的变化,研究结果将用于农业机械作业引起的压实破坏的量化和对土壤压实风险的评估。

3.2.1 土壤压实曲线的拟合

利用 van Genuchten 方程拟合单轴压实试验的原始数据点,得到砂姜黑土的压实曲线(图 3-6),压实曲线的陡缓变化反映了土壤被压实的性能。由图 3-6 可知,当土壤容重为 1.2 g/cm³ 时,土壤压实曲线在施加压力小于 10 kPa 时近似直线,即弹性回弹线,砂姜黑土在该压力范围内为弹性变形;当加载力处于 10~40 kPa 时,压实曲线出现明显的最大曲率点;当加载力大于 40 kPa 时,压实曲线近似为直线,即原始压实线,此时砂姜黑土为塑性变形。随着容重的增加,孔隙比减小,最大曲率点出现在更大的垂直荷载下,容重为 1.4 g/cm³ 和 1.6 g/cm³ 的土壤压实曲线最大曲率点分别在 60 kPa 和 100 kPa 左右时才出现。在同一容重条件下,随着含水量的增加,土壤孔隙比减小量增大。

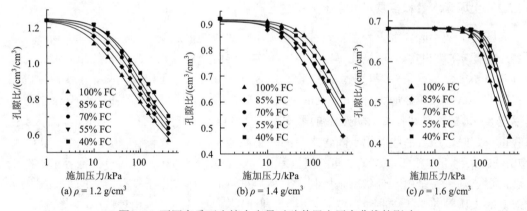

图 3-6 不同容重下土壤含水量对砂姜黑土压实曲线的影响

由表 3-1 可知,不同含水量及容重条件下的压实曲线拟合 R^2 均在 0.99 以上,均方根误差(RMSE)在 0.001~0.008,平均值为 0.004,表明该方程能很好地拟合砂姜黑土压实曲线,拟合方法正确。砂姜黑土的残余孔隙比变化在 0~0.442 cm³/cm³,变幅较大;而初始孔隙比变化在 0.680~1.249 cm³/cm³,且同一容重条件下相对较集中,容重由 1.2 g/cm³ 变化至 1.6 g/cm³ 时 e_0 平均值分别为 1.245 cm³/cm³、0.914 cm³/cm³、0.682 cm³/cm³,砂姜黑土初始孔隙比随容重增加而减小,与土壤含水量之间无明显关系。

表 3-1　土壤压实曲线的 van Genuchten 方程拟合参数

参数	容重/(g/cm³)	100%FC	85%FC	70%FC	55%FC	40%FC
e_0/(cm³/cm³)	1.2	1.243	1.245	1.249	1.247	1.243
	1.4	0.917	0.913	0.913	0.911	0.916
	1.6	0.680	0.683	0.682	0.681	0.681
e_r/(cm³/cm³)	1.2	0.000	0.000	0.077	0.284	0.365
	1.4	0.025	0.133	0.002	0.000	0.001
	1.6	0.363	0.379	0.357	0.415	0.442
α	1.2	0.061	0.058	0.033	0.024	0.023
	1.4	0.028	0.021	0.017	0.015	0.011
	1.6	0.007	0.006	0.005	0.005	0.005
n	1.2	1.223	1.223	1.270	1.396	1.385
	1.4	1.320	1.390	1.246	1.286	1.279
	1.6	2.638	2.714	2.370	3.253	3.302
R^2	1.2	0.999	1.000	0.999	0.999	1.000
	1.4	0.998	0.998	0.997	0.996	0.998
	1.6	1.000	0.999	0.999	1.000	1.000
RMSE	1.2	0.006	0.004	0.004	0.005	0.002
	1.4	0.004	0.007	0.007	0.008	0.004
	1.6	0.002	0.002	0.002	0.001	0.001

3.2.2　土壤含水量和容重对土壤压实特性的影响

图 3-7 是不同含水量和容重条件下土壤压实曲线的拐点变化图。拐点处的切线代表着原始压实曲线的斜率，据此可以计算土壤抗压强度。单因素方差分析结果表明，土壤容重在 5 个含水量条件下对拐点的影响均显著（$P < 0.05$）。由图 3-7 可知，压实曲线的拐点随着容重增加明显增大，由 1.2 g/cm³ 的平均拐点 32.4 kPa 变化至容重 1.4 g/cm³ 的平均拐点 85.6 kPa，再到容重 1.6 g/cm³ 的平均拐点 219 kPa，高容重时的拐点值明显增大。在容重一定时，压实曲线的拐点随含水量的减小而增大，且含水量在 40%FC、55%FC 和 70%FC 条件下，相邻含水量之间的拐点差异均达到显著水平（$P < 0.05$）。低容重下的土壤，拐点几乎完全由水分状态来控制，而高容重下的土壤，由于没有足够的空间提供给形变的土壤颗粒，压实曲线拐点显著增大，此时，含水量的影响相对较小。

不同含水量及容重变化对土壤抗压强度的影响显著（图 3-8），本章针对填充砂姜黑土的实际压力，测到在 10～400 kPa 荷载下土壤的抗压强度范围在 63.4～298 kPa。在 40%FC 条件下，容重为 1.2 g/cm³ 时抗压强度最小，容重为 1.6 g/cm³ 时抗压强度最大。在容重一定时，抗压强度随含水量的减小而增大；在田间持水量条件下，容重由 1.2 g/cm³ 增加至 1.6 g/cm³ 时，抗压强度增加 208 kPa，当土壤失水至 40%FC 时，容重由 1.2 g/cm³ 变化至 1.6 g/cm³ 的抗压强度增加 205 kPa。方差分析结果也表明，容重和含水量对抗压强度的影响均达到显著（$P < 0.05$），且二者交互作用对抗压强度也产生显著影响（$P < 0.05$）。随

着土壤含水量的增加，抗压强度呈现出指数降低的趋势，水分增加使颗粒之间的胶结作用力减小，土壤的机械承载能力下降，因此在低土壤含水量的情况下，土壤的紧实度容易增加，进而造成抗压强度增大。

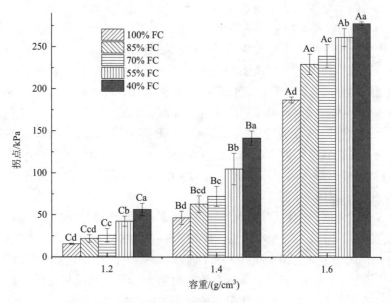

图 3-7　土壤含水量和容重对压实曲线拐点的影响

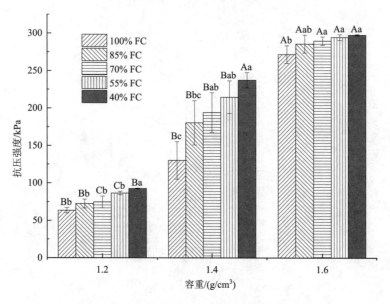

图 3-8　土壤含水量和容重对抗压强度的影响

3.3　砂姜黑土穿透阻力及其影响因素

穿透阻力也叫土壤硬度或土壤紧实度，一般用土壤硬度计进行原位表征，这种方法简便、快速，因而是农业上最常用的土壤强度测量方法(Dexter et al., 2007)。穿透阻力是根系在土壤中生长和变粗时所需要克服的外在机械阻力(高冰可, 2013)。长期单一的土壤耕作制度或不合理耕作会引起穿透阻力增加，作物根系的穿插和生长受到抑制，水分的入渗速率和肥料的利用效率下降，进而影响作物生长(Bécel et al., 2011)。基于此，本节着重探讨砂姜黑土区不同含水量和容重条件下穿透阻力的响应特征。

砂姜黑土穿透阻力对含水量及容重的响应见图 3-9。穿透阻力随着土壤含水量的增加呈减小趋势。在土壤容重为 1.2 g/cm³、1.4 g/cm³ 和 1.6 g/cm³ 的条件下，当含水量从 100% FC 至 85% FC 时穿透阻力增幅分别为 115.42%、55.16% 和 110%，当含水量从 55% FC 至 40% FC 时穿透阻力增幅分别为 32.1%、43.0% 和 20.8%，说明当含水量较高时，土壤干燥过程对穿透阻力的影响程度更大。穿透阻力最大值出现在容重为 1.6 g/cm³ 而含水量为 40% FC 的条件下。当土壤含水量为 40% FC 和 100% FC 时，容重从 1.2 g/cm³ 增加至 1.4 g/cm³，穿透阻力分别增加 0.68 kPa 和 0.13 kPa，而当容重从 1.4 g/cm³ 增加至 1.6 g/cm³，穿透阻力分别增加 1.06 kPa 和 0.18 kPa，这说明当含水量相同或相近时，较大容重土壤进一步增加或降低土壤容重，其穿透阻力的增幅或降幅更大。

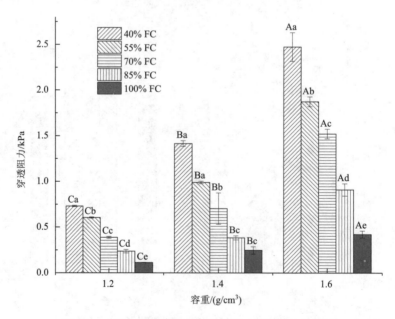

图 3-9　土壤含水量和容重对砂姜黑土穿透阻力的影响

砂姜黑土的干旱伴随着较大的土壤穿透阻力，且对容重的变化具有强烈的敏感性，随着土壤含水量降低，穿透阻力显著增大。因此，在砂姜黑土地区研究旱涝(渍)危害和其防御措施时不能忽略土壤穿透阻力的影响。本章内容对进一步揭示砂姜黑土地区土壤强度的致灾机制具有重要的指导意义。

3.4　砂姜黑土土壤强度传递函数构建

由于获取土壤强度参数的力学试验耗时较长，获得这些信息的一种简单可靠的方法是利用预测模型作为现成土壤性质的函数(Schjønning and Lamandé, 2018)。土壤传递函数(pedo-transfer functions，PTFs)是利用容易测得的基本土壤理化性质数据来预测难以通过试验大量获取的土壤参数的一种统计模型，具有非常广阔的应用空间(黄元仿和李韵珠, 2002)。利用土壤传递函数可以节省测量土壤力学参数的大量时间和精力，只要构建的土壤传递函数估算精度满足要求，对于大数据及大尺度上的研究是一条很好的便捷途径。土壤强度的测定费时耗力，可用间接方法即土壤传递函数进行评估(Amiri et al., 2018; de Lima et al., 2018)。为了研究砂姜黑土强度对不同含水量和容重的响应规律及作用机理，并指导适时开展农田机械作业，迫切需要对土壤强度的定量认识。本节采用多元回归分析方法，建立高精度、适用于砂姜黑土区的土壤强度传递函数，将为合理地获取该区域土壤强度参数提供依据。

3.4.1　抗剪强度传递函数的构建与验证

抗剪强度参数受到土壤含水量和容重的显著影响，且符合一定的函数关系，将不同容重条件下的黏聚力与土壤含水量进行最优拟合可得到二者的指数关系式：

$$c = a\,e^{b\theta} \tag{3-4}$$

式中，c 为黏聚力(kPa)；θ 为土壤含水量(%)；a、b 是经验常数。

考虑到砂姜黑土吸水和失水过程中的体积变化，在此利用与土壤含水量一一对应的湿容重建立 τ-θ-ρ' 传递函数，运用 Matlab R2017b 软件进行多元回归拟合，得到黏聚力预测公式：

$$c = a_1 e^{b_1\rho' - c_1\theta} \tag{3-5}$$

式中，ρ' 为土壤湿容重(g/cm^3)；a_1、b_1、c_1 是经验常数；$R^2 = 0.972$，RMSE=1.505。

随后用同样方法拟合得到以土壤含水量、湿容重为自变量，内摩擦角为因变量的预测公式：

$$\varphi = a_2 e^{b_2\rho'/\theta} \tag{3-6}$$

式中，φ 为土壤内摩擦角(°)；a_2、b_2 是经验常数；$R^2 = 0.852$，RMSE=0.92。

两个预测公式均能很好地表征土壤含水量和湿容重对抗剪强度参数的影响，其 R^2 均在 0.85 以上。运用 Matlab R2017b 软件绘制含水量-湿容重-抗剪强度的三维曲面图，由图 3-10 可知，黏聚力和内摩擦角原始数据紧密围绕在拟合曲面附近，黏聚力和内摩擦角随土壤含水量增加均呈现出指数降低的趋势，且相较于内摩擦角前期的急剧减小，黏聚力变化相对缓慢；当土壤含水量越来越大时，黏聚力和内摩擦角均有趋于稳定的态势，且后者更加明显。将三维图旋转来看，黏聚力和内摩擦角均随湿容重增加而线性增大。黏聚力和内摩擦角既受到含水量和湿容重的单一因素效应影响，同时也受到两者的交互影响，且均在土壤含水量为 100% FC、容重为 1.2 g/cm^3 时达到最小值。

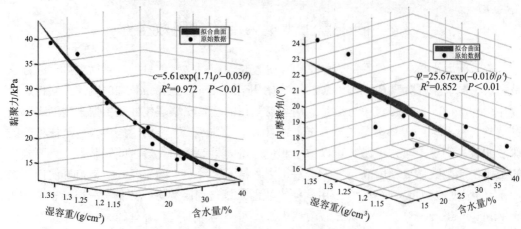

图 3-10　抗剪强度参数响应曲面的侧面图

将式(3-5)和式(3-6)代入莫尔-库仑强度公式，即可得到以土壤含水量、湿容重为自变量的砂姜黑土抗剪强度传递函数：

$$\tau = a_1 e^{b_1\rho' + c_1\theta} + \sigma \tan(a_2 e^{b_2\rho'/\theta}) \tag{3-7}$$

为检验本章建立的砂姜黑土抗剪强度土壤传递函数的预测能力，使传递函数能够广泛应用于生产实践过程中，设置不同的处理进行试验，选择 1.2～1.6 g/cm^3 等间距的 3 个容重，并随机测定不同含水量条件下的抗剪强度值，得到共计 33 组数据。以 50 kPa 为例，运用式(3-7)计算土壤抗剪强度，然后将实测值与预测值进行线性回归分析。由图 3-11 可知，砂姜黑土抗剪强度土壤传递函数的决定系数 R^2 达到 0.942，预测值与实测值

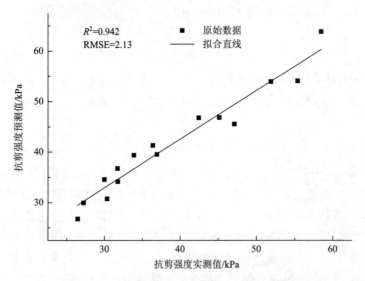

图 3-11　土壤抗剪强度预测值与实测值的比较

原始数据为同一条件下抗剪强度实测值与预测值的对应关系，下同

均匀分布在 1:1 线周围（$P < 0.05$），说明所建立的抗剪强度土壤传递函数预测精度良好，具有较强的适用性。由此，在田间已知湿容重和土壤含水量的情况下，可以较快地应用该公式实现不同机械载荷条件下抗剪强度的野外预测。

3.4.2　抗压强度传递函数的构建与验证

图 3-12 以容重和含水量为因变量来拟合砂姜黑土抗压强度，用 Matlab R2017b 软件进行多元回归拟合指数函数拟合，该三维曲面又称为抗压强度的包络面。抗压强度表现出随容重的增加而呈近似线性增加，随含水量的增大呈非线性降低的态势。当砂姜黑土样品某一点的应力位于空间强度包络面以下时，表明该处土样处于安全的状态，土体未遭到破坏，该处每个点的应力都处于平衡状态。当该土样由于外界的原因含水量减小或者容重水平提高时，使该处土体某点抗压强度位于强度包络面上，那么此处土体的应力就将达到极限平衡状态。土体的应力水平一旦超过空间强度包络面，表明土样已经不能再承受外界压力的作用，土样将被损坏。由此可知，该强度包络面表明了砂姜黑土处于任意的含水量和容重作用下抗压强度的极限状态。

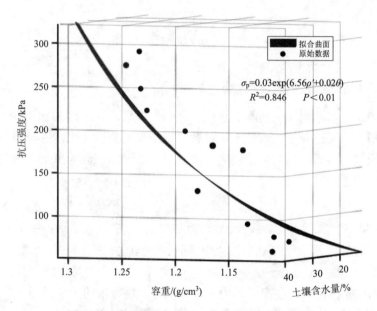

图 3-12　抗压强度与容重、含水量的三维曲面图

该包络面也可以用回归方程进行表示：

$$\sigma_p = a_2 e^{b_2 \rho' + c_2 \theta} \tag{3-8}$$

式中，ρ' 为土壤湿容重；a_2、b_2、c_2 是经验常数；$R^2 = 0.846$。根据土壤含水量和容重数据，利用此公式计算不同初始条件下的土壤抗压强度，可判断土体是否已经遭到破坏。

为检验试验所得抗压强度公式的预测能力，设置不同于本节中的处理进行试验，选择 1.2～1.6 g/cm³ 等间距的 5 个容重，并随机测定不同含水量条件下的抗压强度值。运用式 (3-8) 预测土壤抗压强度，由图 3-13 可知，砂姜黑土抗压强度的决定系数 R^2 达到 0.914，预测值与实测值都比较吻合 ($P < 0.01$)。因此，式(3-8)能够合理表达抗压强度与土壤基本属性(即容重和含水量)之间的关系，从而达到预测土壤压实情况的目的。

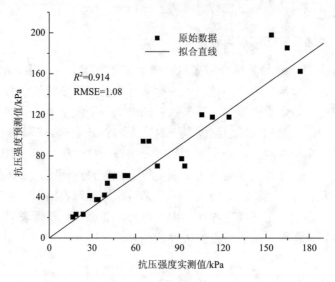

图 3-13　土壤抗压强度预测值与实测值的比较

3.4.3　穿透阻力传递函数的构建与验证

　　分析砂姜黑土基本物理性质与穿透阻力之间的关系，并通过 Matlab R2017b 软件进行多元回归拟合，通过对所选取的不同函数模拟结果的分析对比，进一步得出较优的穿透阻力预测模型，从而达到对穿透阻力的准确预测，以探讨砂姜黑土穿透阻力在季节性干旱形成中的作用。

$$\sigma_p = a_3 e^{b_3\rho' + c_3\theta} \tag{3-9}$$

式中，ρ'为土壤湿容重；a_3、b_3、c_3 是经验常数。

　　回归模型方程(3-9)的 $P < 0.01$，决定系数 R^2 为 0.926，表明该模型的回归方程拟合程度均较好，能较好地表示土壤穿透阻力与土壤容重和含水量之间的关系，同时通过 Matlab R2017b 软件生成耕层穿透阻力、含水量与土壤容重的响应曲面(图 3-14)。响应曲面越陡峭表示其影响越显著。穿透阻力最大值出现在容重 1.6 g/cm³、含水量 12.7% 水平下，表明在此初始水平下，砂姜黑土抵抗径流冲刷、减少土壤侵蚀的能力最强，但由于土体较硬，根系在穿透土壤时的阻力增大，为了保证作物正常生长，可采取合理的耕作及浇水方式，以改善耕层土壤物理性能。

　　制备不同容重和含水量水平的土壤样品，利用样品的测定结果，验证穿透阻力传递函数在含水量和容重条件下的模型表现。将实际测定的土壤含水量和容重代入式(3-9)，得到穿透阻力的预测值，并和实测值做对比(图 3-15)。可以看出，在本节的土壤含水量和容重范围内，穿透阻力传递函数预测值与实测值均匀分布在 1∶1 线周围，显示二者的一致性较好。预测值的 RMSE 为 1.08，表明只要得到土壤含水量和容重变化的动态信息，传递函数模型便可以准确地预测土壤穿透阻力的变化特征。

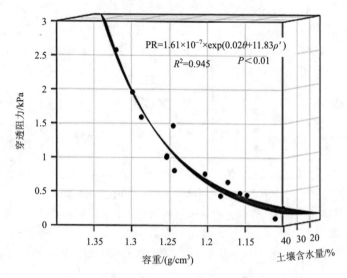

图 3-14　穿透阻力(PR)与容重、含水量的三维曲面图

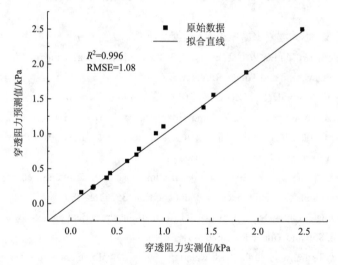

图 3-15　土壤穿透阻力预测值与实测值的比较

3.5　小　　结

砂姜黑土耕层土壤黏聚力和内摩擦角在同一含水量水平下均随容重增加而增大。在同一容重水平下土壤黏聚力随含水量增加而减小,内摩擦角则呈显著减小趋势。抗剪强度变化趋势与黏聚力相似,不仅受到含水量、容重单一因素的影响,还受到二者交互作用的影响。

van Genuchten 方程对砂姜黑土土壤压实曲线拟合效果很好,决定系数在 0.99 以上。

基于 Casagrande 方法，分析了不同含水量和容重条件下砂姜黑土抗压强度的变化规律。抗压强度与容重呈正相关关系，与含水量呈负相关关系。

　　根据土壤抗剪强度、抗压强度与土壤水分、容重的关系，分别构建了土壤抗剪强度和抗压强度的传递函数，实测值与预测值间的决定系数 R^2 在 0.9 以上，达到极显著水平，说明构建的传递函数可靠。

参 考 文 献

陈红星, 李法虎, 郝仕玲, 等. 2007. 土壤含水率与土壤碱度对土壤抗剪强度的影响. 农业工程学报, 23(2): 21-25.

黄元仿, 李韵珠. 2002. 土壤水力性质的估算——土壤转换函数. 土壤学报, 4: 517-523.

高冰可. 2013. 红壤穿透阻力的影响因素与预测模型. 武汉: 华中农业大学: 1-5.

王恩姮, 赵雨森, 陈祥伟. 2009. 前期含水量对机械压实后黑土团聚体特征的影响. 土壤学报, 46: 242-247.

张健乐, 史东梅, 刘义, 等. 2020. 土壤容重和含水率对紫色土坡耕地耕层抗剪强度的影响. 水土保持学报, 34: 162-167.

郑子成, 张锡洲, 李廷轩, 等. 2014. 玉米生长期土壤抗剪强度变化特征及其影响因素. 农业机械学报, 45: 125-130.

朱志坤. 2018. 干密度和含水量对太原重塑黄土强度及强度参数影响的研究. 太原: 太原理工大学.

Alakukku L, Weisskopf P, Chamen W C T, et al. 2003. Prevention strategies for field traffic-induced subsoil compaction: A review. Soil and Tillage Research, 73: 145-160.

Amiri K E, Emami H, Mosaddeghi M R, et al. 2018. Estimation of unsaturated shear strength parameters using easily-available soil properties. Soil and Tillage Research, 184: 118-127.

Baumgartl T, Koeck B. 2004. Modeling volume change and mechanical properties with hydraulic models. Soil Science Society of America Journal, 68: 57-65.

Bécel C, Vercambre G, Pagès L, et al. 2011. Soil penetration resistance, a suitable soil property to account for variations in root elongation and branching. Plant and Soil, 353: 169-180.

Berisso F E, Schjønning P, Lamandé M, et al. 2013. Effects of the stress field induced by a running tyre on the soil pore system. Soil and Tillage Research, 131: 36-46.

Brune P F, Ryan B J, Technow F, et al. 2018. Relating planter downforce and soil strength. Soil and Tillage Research, 184: 243-252.

Coelho M B, Mateos L, Villalobos F J. 2000. Influence of a compacted loam subsoil layer on growth and yield of irrigated cotton in Southern Spain. Soil and Tillage Research, 57(3): 129-142.

de Lima R P, da Silva A P, Giarola N F B, et al. 2018. Impact of initial bulk density and matric suction on compressive properties of two Oxisols under no-till. Soil and Tillage Research, 175: 168-177.

Dexter A R, Czyż E A, Gaţe O P, et al. 2007. A method for prediction of soil penetration resistance. Soil and Tillage Research, 93: 412-419.

Fasinmirin J T, Olorunfemi I E, Olakuleyin F. 2018. Strength and hydraulics characteristics variations within a tropical Alfisol in Southwestern Nigeria under different land use management. Soil and Tillage Research, 182: 45-56.

García A, Jaime Y N M, Contreras Á M Z, et al. 2012. Savanna soil water content effect on its shear strength-compaction relationship. UDO Agrícola, 12: 324-337

Hemmat A, Aghilinategh N, Sadeghi M, et al. 2010. Shear strength of repacked remoulded samples of a calcareous soil as affected by long-term incorporation of three organic manures in central Iran. Biosystems Engineering, 107: 251-261.

Horn R, Fleige H. 2009. Risk assessment of subsoil compaction for arable soils in Northwest Germany at farm scale. Soil and Tillage Research, 102(2): 201-208.

Keller T, Défossez P, Weisskopf P, et al. 2007. SoilFlex: A model for prediction of soil stresses and soil compaction due to agricultural field traffic including a synthesis of analytical approaches. Soil and Tillage Research, 93(2): 391-411.

Keller T, Lamandé M, Schjønning P, et al. 2011. Analysis of soil compression curves from uniaxial confined compression tests. Geoderma, 163: 13-23.

Obour P B, Jensen J L, Lamandé M, et al. 2018. Soil organic matter widens the range of water contents for tillage. Soil and Tillage Research, 182: 57-65.

Reichert J M, Da Rosa V T, Vogelmann E S, et al. 2016. Conceptual framework for capacity and intensity physical soil properties affected by short and long-term (14 years) continuous no-tillage and controlled traffic. Soil and Tillage Research, 158: 123-136.

Schjønning P, Lamandé M. 2018. Models for prediction of soil precompression stress from readily available soil properties. Geoderma, 320: 115-125.

Silva R P, Rolim M M, Gomes I F, et al. 2018. Numerical modeling of soil compaction in a sugarcane crop using the finite element method. Soil and Tillage Research, 181: 1-10.

Sivarajan S, Maharlooei M, Bajwa S G, et al. 2018. Impact of soil compaction due to wheel traffic on corn and soybean growth, development and yield. Soil and Tillage Research, 175: 234-243.

Topp G C, Reynolds W D, Cook F J, et al. 1997. Chapter 2 Physical attributes of soil quality//Soil Quality for Crop Production and Ecosystem Health, 25: 21-58.

Wei J, Shi B, Li J, et al. 2018. Shear strength of purple soil bunds under different soil water contents and dry densities: A case study in the Three Gorges Reservoir Area, China. CATENA, 166: 124-133.

Whalley W R, Watts C W, Gregory A S, et al. 2008. The effect of soil strength on the yield of wheat. Plant and Soil, 306: 237-247.

Wuddivira M N, Stone R J, Ekwue E I. 2013. Influence of cohesive and disruptive forces on strength and erodibility of tropical soils. Soil and Tillage Research, 133: 40-48.

第 4 章　砂姜物理特征及对土壤水力性质的影响

在干湿交替的自然环境下，砂姜黑土中的碳酸盐在土壤颗粒表面沉淀，并逐渐发育为钙质结核(李德成等, 2011)。钙质结核是砂姜黑土的典型特征和重要组成部分，因状似姜形，也被称为"砂姜"。砂姜的存在导致了土壤的非均质性(谷丰, 2018)。这些粗颗粒介质在土壤中可起到"骨架"作用，是决定土壤孔隙结构特征的重要因素，例如大孔隙度、孔隙网络宽度和孔隙垂直分布等(Gargiulo et al., 2015)。粗介质与细土界面也存在明显的优先流特征(Urbanek and Shakesby, 2009)，Lv 等(2019)报道称土壤的累积入渗量随着粗介质含量的增加而增加。砂姜也具有一定的孔隙结构，忽略其孔隙结构可导致对砂姜-细土混合土样有效水分库容的低估，低估程度可高达 17%(Gu et al., 2017)。此外，砂姜的透水性能较细土介质更弱，可减少土壤的过水断面，增加孔隙的弯曲度(马东豪, 2008; Zhou et al., 2009)，Novák 等(2011)发现，土壤饱和导水率随着粗介质含量的增加而降低。因此，粗颗粒介质对土壤水分运动的影响存在促进与降低两个相反的作用，导致砂姜-细土混合介质的水分运动比单一的细土介质更加复杂。明确砂姜的空间分布规律，阐明含砂姜土壤的水分运动规律，对砂姜黑土区的水分管理非常重要。

4.1　砂姜黑土砂姜含量空间分布特征

砂姜是成土过程中外部环境和内部土壤性质的共同产物。从区域尺度上研究砂姜的空间分布与土壤性质和环境因素的关系，有助于把握砂姜形成与发展的规律与方向。本节基于经典统计学和地统计学空间变异方法，分析淮北平原砂姜黑土区东西(河南上蔡到安徽泗县，全长 360 km)及南北(河南鹿邑到安徽怀远，全长 195 km)两条典型样带 0～100 cm 深度土层内砂姜含量的空间异质性与分布特征(采样点分布详见图 2-1)，研究气象因子、地形因子、土壤性质与砂姜空间分布的关系，明确影响砂姜空间分布的驱动因素，以期为砂姜黑土结构改良提供基础数据支持。

4.1.1　不同土壤深度砂姜含量和粒级分布特征

表 4-1 显示了东西和南北两条样带砂姜含量的统计结果。砂姜在这两条样带 0～100 cm 深度土层中，0～30 cm 深度土层砂姜平均含量较少，均低于 10 g/kg，随土层深度增加砂姜含量呈增加趋势；东西和南北样带的砂姜平均含量分别为 14.3 g/kg 和 18.3 g/kg，但是极大值分别达到 56.5 g/kg 和 49.9 g/kg。从各土层的极大值来看，东西向样带从 20 cm 深度土层开始显著增加(155 g/kg)，而南北向样带则从 40 cm 深度土层开始显著增加(89 g/kg)，可以说明砂姜层出现的深度。

表 4-1　东西和南北两条样带中砂姜含量

土壤深度/cm	东西向样带($N=35$)			南北向样带($N=29$)		
	平均值 /(g/kg)	极大值 /(g/kg)	变异系数 /%	平均值 /(g/kg)	极大值 /(g/kg)	变异系数 /%
0~20	7.01	22.9	79	8.35	46.0	144
20~30	9.50	155	275	5.89	43.9	138
30~40	11.7	189	274	7.65	43.7	132
40~50	11.2	157	234	11.8	89	181
50~60	10.9	60.2	106	23.5	107.7	132.
60~70	12.4	57.1	101	24.5	95.3	114
70~80	18.5	96.3	118	21.9	77.9	112
80~90	23.8	115.1	111	31.4	98.3	89
90~100	24	131.7	127	30.1	96.8	92
0~100	14.3	56.5	82	18.3	49.9	76

表 4-2 为东西及南北两条样带中不同粒径砂姜组成比例的统计结果。可以看出两条样带 0~100 cm 深度土层内均以 2~5 mm 粒级的砂姜组成比例最大，分别为 39.8% 和 45.6%，10~20 mm 粒径砂姜的占比其次，大于 20 mm 粒级的占比最小，两条样带的占比均低于 10%。在各个土层中，除东西样带 20~40 cm 深度土层外，其他均以 2~5 mm 粒径的砂姜含量占比最大（33.8%~58%），因此，2~5 mm 粒径颗粒是该地区砂姜的主要组成部分。

表 4-2　东西和南北两条样带中不同粒径的砂姜组成比例

土壤深度 /cm	东西样带($N=35$)/%				南北样带($N=29$)/%			
	2~5 mm	5~10 mm	10~20 mm	>20 mm	2~5 mm	5~10 mm	10~20 mm	>20 mm
0~20	34.9	23.7	33.8	8.3	36.2	17.3	23	31
20~30	24.5	24.1	41.1	10.4	58	25.3	18.2	0
30~40	25.7	23.6	48.1	2.7	43.9	19	13.2	0
40~50	33.8	16.5	23.7	26.3	43.4	14.4	25.6	10.7
50~60	57.8	26.1	13.6	3.15	36.7	23.2	24.7	11.1
60~70	53.7	23.8	23.4	0.00	32.8	17	26.7	17.9
70~80	41.7	18.2	31.4	8.39	46.9	20.5	20.9	8.68
80~90	39.2	24.2	33.1	12.4	56.3	25.2	15.5	7.75
90~100	40.3	27.5	26.7	3.57	54.6	20.6	17.9	0.87
0~100	39.8	23.4	30.3	8.20	45.6	20.6	20.8	9.65

土体中砂姜的形成源于过去和现在一直进行的成土地球化学过程（马丽和张民，1993）。砂姜含量和粒级存在着土壤深度依赖性。大粒径砂姜的形成对土壤环境条件要求苛刻，且需长时间的积累，即使环境发生微小的变化，土壤中碳酸钙（$CaCO_3$）的浓度也

会在临界饱和度附近波动，砂姜随之长长停停，有时甚至会重新溶解(施国军等, 2010)，随着土层深度的增加，砂姜形成条件逐渐稳定。在工程地质中的研究也表明，土壤剖面 1 m 内多是粉碎的钙质结核，在下部粒径较大而质地硬，在 3 m 以下则形成钙质硬磐层(曹亚娟, 2009)。此外，砂姜在表层中含量低，也有可能与当地农民在长期耕作过程中将大粒级的砂姜清理出去有关。

4.1.2　东西和南北两条样带砂姜含量的空间分布

图 4-1 为采用普通克里金插值法得到的砂姜含量空间分布图。两条样带中砂姜含量空间分布规律相似：东西样带从西向东、南北样带从北到南，水平方向上砂姜含量逐渐增多，垂直方向上砂姜含量也明显增加，埋藏深度逐渐变浅。

从局部来看，两条样带的砂姜含量呈现出小区域聚集分布的特点。东西样带砂姜主要集中分布在样带的 3 个区域：西部 60～120 km 区域，砂姜层埋深在 70 cm 深度土层以下；中部 150～200 km 区域，从表层到底层均有砂姜出现，但 60 cm 深度土层以下含量较多；东部 230～350 km 区域，此区域内砂姜埋深变化范围大，从表层至 60 cm 深度土层不等，20～40 cm 深度土层砂姜分布最为集中。南北样带中砂姜同样集中分布于 3 个区域：北部 13～52 km 区域，砂姜层埋深在 50～70 cm 土层；中部 65～130 km 及南部 130～188.5 km 区域，砂姜多分布于 40 cm 或 50 cm 深度土层以下，浅处在地表附近也有大量砂姜分布。

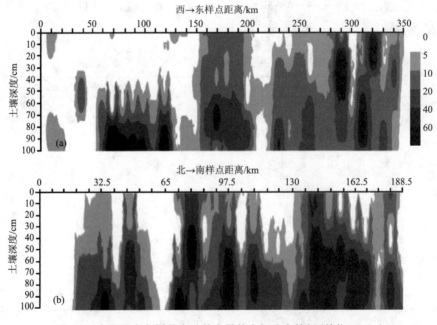

图 4-1　东西及南北样带中砂姜含量的空间分布特征(单位：g/kg)

4.1.3 东西和南北两条样带土壤性质与环境因素的空间特征

从图 4-2 可以看出，东西样带从西到东，土壤 pH 无明显变化规律，阳离子交换量有增大的趋势，全钙及全镁含量除了在样带 100 km 附近及 350 km 处明显升高外，其他区域变化平稳；对于南北样带而言，从北向南，土壤 pH 有减小的趋势，全钙及全镁含量明显降低，阳离子交换量表现出增大的趋势。对于颗粒组成(图 4-3)而言，两条样带均以粉粒含量最多，砂粒最少。东西样带从西向东和南北样带从北向南，黏粒含量呈波动增加的趋势，粉粒则呈降低的趋势，且在东西样带 60～200 km 区域内(22%～50%)和 350 km 附近(66%)、南北样带 26～52 km(33%～52%)区域内和 195 km 附近(44%)，黏粒含量较高。

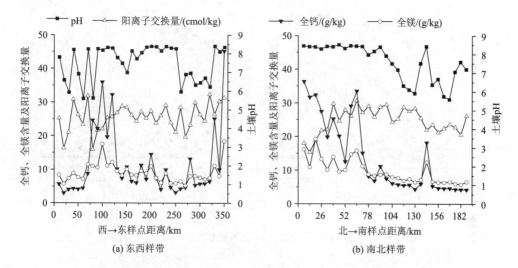

图 4-2 东西及南北样带土壤 pH、阳离子变换量、全钙及全镁含量空间分布特征

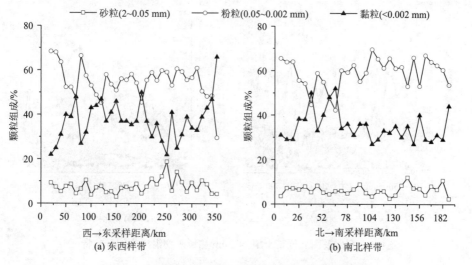

图 4-3 东西及南北样带土壤颗粒组成空间分布特征

由图4-4可知，在粗粒矿物组成中，两条样带均以石英组成比例最大，其次为长石。东西样带从西向东，石英组成比例呈轻微的增加趋势，水云母则波动变化，其他矿物变化规律不明显；南北样带从北向南，石英组成比例同样表现出逐渐增多的规律，水云母、绿泥石、闪石及长石比例逐渐降低。对于黏粒矿物组成的空间分布(图 4-5)，东西和南北样带均以蒙脱石组成比例最大(均值分别为38%和39%)，石英最少(2%)。东西样带内黏粒矿物变化趋势不明显，但总体来看，东部蒙脱石组成比例较西部高，其他矿物组成比例差异不大；南北样带中从北向南蒙脱石组成比例呈增加趋势，绿泥石、高岭石和水云母呈减少趋势，蛭石和石英组成比例变化不明显。

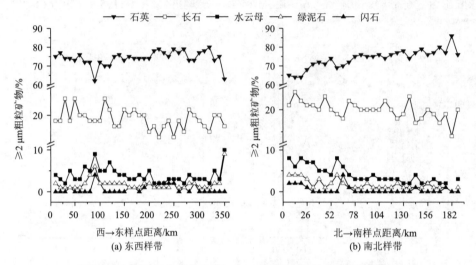

图4-4　东西及南北样带土壤≥2 μm 粗粒矿物组成空间分布特征

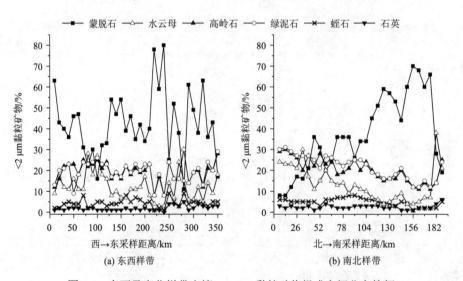

图4-5　东西及南北样带土壤 <2 μm 黏粒矿物组成空间分布特征

图 4-6 为两条样带中地形因子和气象因子的空间分布图。两条样带的地形及气象因子均存在明显的梯度变化：东西样带从西向东，年均蒸发量(1471～1559 mm)、高程(19～60 m)逐渐减小，年均降水量(806～918 mm)逐渐增大，而年均气温(14.9～15.1℃)呈先升高后降低的趋势，但降低幅度小，不足 0.1℃。南北样带由北到南，气象因子(年均蒸发量 1494～1544 mm、年均降水量 750～924 mm)和地形因子(高程 21～41 m)的变化趋势与东西样带相似，不同的是年均气温(14.9～15.2℃)呈逐渐增大的变化规律。

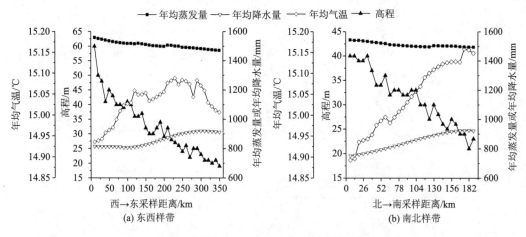

图 4-6　东西及南北样带地形及气象因子空间分布特征

4.2　砂姜含量空间分布的影响因素

表 4-3 为采用 Pearson 相关分析方法得出的土壤性质、地形及气象因素与砂姜含量之间的相关系数。从分析结果可以看出，土壤矿质元素可影响砂姜含量，全钙含量与20～80 cm 深度土层的砂姜含量之间具有显著负相关性($P<0.05$)，而土壤 pH、阳离子交换量、颗粒组成与砂姜含量之间的相关性均未达到显著水平。淮北平原土壤的母质来自于黄土或黄土类物质，富含碳酸钙，这为砂姜的形成提供了物质基础(李德成等, 2011)。砂姜是成土过程中钙元素迁移和富集的结果。因此，砂姜中富集的钙元素正是土壤中相对亏缺的钙元素(刘良梧和张民, 1995)。本节土壤样品取自耕作层(0～20 cm)，长期施用化肥及土壤培肥可能改变土壤相关性质(王玥凯等, 2019)，掩盖了自然成土过程中土壤 pH 等对砂姜形成的影响。

表 4-3　土壤性质、地形及气象因素与不同土层砂姜含量之间的相关性($N=64$)

项目	影响因素	砂姜含量			
		0～100 cm	0～20 cm	20～80 cm	80～100 cm
土壤理化性质	全钙	−0.217	−0.084	−0.279[*]	0.023
	全镁	−0.178	−0.031	−0.24	0.031
	CEC	0.103	0.046	0.123	0.005
	土壤 pH	−0.143	0.159	−0.207	0.019

续表

项目	影响因素	砂姜含量			
		0~100 cm	0~20 cm	20~80 cm	80~100 cm
土壤理化性质	砂粒 (2~0.05 mm)	0.039	0.204	0.002	0.055
	粉粒 (0.05~0.002 mm)	−0.099	−0.162	−0.166	0.109
	黏粒 (<0.002 mm)	0.073	0.074	0.143	−0.113
>2 μm 粗粒 矿物组成	石英	0.270*	0.254*	0.298*	0.033
	水云母	−0.214	−0.092	−0.317*	0.100
	闪石	−0.097	−0.129	−0.052	−0.102
	绿泥石	−0.247	−0.114	−0.260*	−0.071
	长石	−0.124	−0.216	−0.124	−0.022
<2μm 黏粒 矿物组成	蒙脱石	0.231	−0.046	0.321**	−0.043
	高岭石	−0.293*	−0.092	−0.341**	−0.036
	绿泥石	−0.179	0.003	−0.260*	0.060
	水云母	−0.185	0.111	−0.297*	0.092
	蛭石	0.018	0.223	−0.004	0.009
	石英	−0.097	0.034	−0.087	−0.069
环境因素	高程	−0.334**	−0.213	−0.387**	−0.024
	年均蒸发量	−0.349**	−0.24	−0.392**	−0.046
	年均降水量	0.361**	0.180	0.416**	0.039
	年均气温	0.397**	0.187	0.369**	0.200

*、**分别表示显著水平 $P < 0.05$ 和 $P < 0.01$。

　　土壤矿物种类不同对砂姜含量的影响程度不同,粗粒矿物石英与 0~100 cm 深度土层内砂姜含量之间具有显著正相关性($P < 0.05$),而黏粒矿物高岭石与 0~100 cm 深度土层内砂姜含量之间具有显著负相关性($P < 0.05$)。同时,土壤矿物对不同土层砂姜含量的影响程度也不同,除上述的石英和高岭石外,黏粒矿物蒙脱石也与 20~80 cm 深度土层的砂姜含量间具有极显著正相关性($P < 0.01$),而粗粒及黏粒矿物水云母、绿泥石与砂姜含量之间具有显著的负相关性($P < 0.05$)。此外,只有粗粒矿物石英与 0~20 cm 深度土层的砂姜含量之间呈显著正相关关系($P < 0.05$)。

　　砂姜形成时,土壤溶液中的碳酸钙多以石英等碎屑为沉淀中心(李长安等,1995)。黏粒矿物显著影响土壤水分运动。蒙脱石具有强胀缩性,富含蒙脱石的土壤在含水量降低时即可急剧收缩而产生大量裂缝,为含重碳酸钙的地下水蒸发提供了通道(张义丰等,2001),促进了土体内碳酸钙的沉淀。而在土壤湿时,黏粒吸水膨胀,裂隙闭合,使水分渗流异常缓慢,由于底层土壤二氧化碳(CO_2)含量少,也可造成碳酸钙的沉淀(曹亚娟,2009)。淮北平原季节性的干湿交替,有利于蒙脱石的形成,且水云母、绿泥石、高岭石等矿物在此环境条件下易于向蒙脱石转变(何帅等,2019)。淮北平原从西北到东南,因砂姜发育对钙等元素的富集,使得土壤中的钙元素逐渐减少,而石英、蒙脱石含量逐渐增加,这为碳酸钙的持续沉淀提供了物质基础与前提条件。

　　地形与气象因子显著影响砂姜含量,高程、年均蒸发量与 0~100 cm 深度土层砂姜含量之间具有极显著的负相关性($P < 0.01$)，而年均降水量、年均气温与 0～100 cm 深度土层砂姜含量之间有极显著的正相关性($P < 0.01$)。同样，地形及气象因子对不同土层砂姜含量的影响程度不同，地形及气象因子只与 20～80 cm 深度土层的砂姜含量之间具有极显著的相关性($P < 0.01$)，而与 0～20 cm 及 80～100 cm 深度土层的砂姜含量之间的相关性未达到显著水平。由此可以认为，地形和气象因子对砂姜的形成影响显著，且对 20～80 cm 深度土层的影响程度最大。

土壤水是重碳酸钙运动的载体，水分运动受地下水位、降水和蒸散发等影响。砂姜黑土中钙离子含量少，主要原因是受雨水淋洗作用。而砂姜的形成除了雨水淋洗所带来的钙离子外，还有地下水上升所带来的钙离子。但是，砂姜中钙离子主要来源于富含 HCO_3^--Ca^{2+} 的浅层地下水(刘良梧和张民, 1995)。因此，高程越大，越不利于砂姜的形成。淮北平原从北到南、从西到东，高程逐渐降低，地下水位则可能逐渐变浅(陈玺等, 2016; 朱奎等, 2004)，这为砂姜的分布提供了地下水环境。现有研究也表明，砂姜的分布规律与地面高程的变化情况一致，在古河道高地、泛滥微高地少见有砂姜分布(曹亚娟, 2009)。

淮北平原降水集中且多暴雨，是地下水补给的主要来源(张晓萌, 2019)，雨季和旱季地下水位变动在 0.5～1 m，有时可达地表(马丽和张民, 1993)。此外，土壤淋溶强度受降雨强度的影响，淋溶作用越强，土壤溶液中易溶性重碳酸钙含量越高。降水过后土壤逐渐变干，在蒸发量大于降水量的前提下，若蒸发速率过快，含重碳酸钙的土壤水上行过程中在土体中停留时间过短，不利于碳酸钙的沉淀(吴道祥等, 2009)。更重要的是，蒸发速率的大小对地下水位保持也有不可忽视的影响，两者具有负相关性(胡巍魏等, 2009)，而地下水在这一层位保持时间的长短是影响砂姜进一步发育的重要因素(Liu, 1991)。土壤水分蒸发需要驱动力，而温度是极其重要的影响因素之一(郝振纯等, 2011)，且温度与降水之间关系显著。此外，温度的升高可显著提高土壤中二氧化碳的溶解度(高东等, 2011)，促进难溶性碳酸钙的淋溶。因此，温度主要是通过影响蒸散发作用来影响砂姜的形成。研究区从西北到东南，年均降水量逐渐增加、年均气温升高，而年均蒸发量逐渐减小，砂姜形成与发育的结晶动力不同，导致了砂姜含量空间分布的差异。

土壤性质、地形及气象因素对 20～80 cm 深度土层内砂姜含量的影响程度更大，主要是因为 20～80 cm 深度土层受降水入渗及蒸发影响大(郝振纯等, 2011; 张晓萌, 2019)，地下水位多在此范围变动(马丽和张民, 1993)，淋溶淀积作用及水分蒸发过程中碳酸盐沉淀作用强烈。砂姜的分布规律在大区域下与土壤性质、气象及地形因子变化规律吻合的同时，也出现了小区域聚集分布的特点，且砂姜的埋藏深度不一，在 20～80 cm 深度之间(图 4-1)，有些地区在地表处即有出现，造成这种现象的主要原因与微地形变化(图 4-6)有关。另外，土壤侵蚀和人为活动也会改变砂姜的垂直分布，表层土壤的流失和翻耕使得砂姜出露于地表。

为了进一步量化各影响因素对砂姜含量的影响程度，确定影响砂姜含量的主控因素，根据表 4-3 的相关性分析结果，对土壤性质(土壤矿物组成及全钙含量)、地形因子(高程)及气候条件(年均蒸发量、年均降水量、年均气温)做主成分分析后，计算出各指标对砂姜含量的影响权重(表 4-4)。从表 4-4 中可以看出，研究区的地形及气候条件对砂姜含量的影响权重(分别为 37.47% 和 38.41%)较土壤性质的影响权重(24.12%)更大。在单个指标对砂姜含量的影响中，以年均降水量的影响权重(11.76%)最大，其次为年均蒸发量、高程和年均气温(10.87%～10.71%)。在土壤性质中，黏粒矿物蒙脱石对砂姜含量的影响权重也较大，为 9.34%。可以认为，研究区的地形及气候条件是影响砂姜含量的主控因素。这可能与地形因子、降水及蒸散发可显著影响碳酸钙沉淀结晶强度有关。

表 4-4　单个因素对砂姜含量影响的权重　　　　　　(单位：%)

影响因素	权重	影响因素	权重
土壤性质	24.12	黏粒矿物水云母	8.22
地形因子	37.47	黏粒矿物高岭石	8.66
气候条件	38.41	黏粒矿物绿泥石	8.28
全钙含量	5.77	高程	10.84
粗粒矿物石英	6.71	年均气温	10.71
粗粒矿物水云母	6.37	年均蒸发量	10.87
粗粒矿物绿泥石	2.48	年均降水量	11.76
黏粒矿物蒙脱石	9.34		

综上所述，河湖相沉积物及地形条件为砂姜的形成提供了物质基础，地下水环境和适宜的气候条件则为碳酸钙的沉淀结晶提供了动力，在年复一年的土体干湿交替作用下，砂姜逐渐形成。也正是淮北平原地形、气候条件及土壤性质在空间分布上存在不均匀和差异性，导致砂姜形成与发育的条件不同，促使淮北平原砂姜空间分布格局的形成。其中，地形及气候条件是砂姜空间格局形成的主要驱动力。

4.3　砂姜物理特征

本节利用 X 射线计算机断层扫描技术(CT)和水分特征曲线(WRC)，研究不同粒径(2～5 mm、5～10 mm、10～20 mm 和 20～30 mm)的砂姜孔隙结构。

4.3.1　砂姜容重

砂姜容重随粒径增大而增大(表 4-5)。2～5 mm、5～10 mm、10～20 mm 和 20～30 mm 砂姜粒径的容重依次为 2.00 g/cm^3、2.13 g/cm^3、2.20 g/cm^3 和 2.23 g/cm^3。但是不同粒径的砂姜颗粒密度差异很小，在 2.72～2.73 g/cm^3。

表 4-5　不同粒径砂姜的 van Genuchten 模型的拟合参数及容重

参数	砂姜粒径			
	2～5 mm	5～10 mm	10～20 mm	20～30 mm
θ_s/(cm^3/cm^3)	0.269	0.204	0.173	0.167
θ_r/(cm^3/cm^3)	0.000	0.000	0.000	0.000
α/hPa^{-1}	0.030	0.001	0.136	0.001
n	1.168	1.496	1.082	1.313
容重/(g/cm^3)	2.00	2.13	2.20	2.23

注：θ_s 为饱和含水量；θ_r 为残余含水量；α 为与土壤进气吸力有关的参数，为进气吸力的倒数；n 为曲线的形状系数，是与土壤水分释放有关的参数。

4.3.2 砂姜孔隙结构特征

图 4-7 为不同粒径砂姜的水分特征曲线，表 4-5 为 van Genuchten 模型的拟合参数。砂姜饱和含水量均随粒径的增大而降低。2～5 mm 和 10～20 mm 粒径的砂姜在维持近饱和状态时的水吸力范围(< 10 hPa)远小于 5～10 mm 和 20～30 mm 粒径的砂姜(< 100 hPa)，并且 2～5 mm 和 10～20 mm 粒径的砂姜也具有相似的水力参数 n(分别为 1.168 和 1.082)。

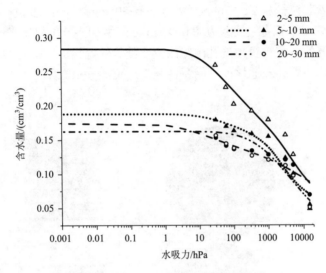

图 4-7　不同粒径砂姜的水分特征曲线

通过将水吸力转化为当量孔隙直径(Reynolds et al., 2009)，可将水分特征曲线转换为孔隙分布(表 4-6)。随着砂姜粒径从 2～5 mm 增加到 20～30 mm，总孔隙度从 0.284 cm³/cm³ 减小到 0.152 cm³/cm³。与> 5 mm 粒径的砂姜相比，2～5 mm 粒径的砂姜具有丰富的粗空隙和中小孔隙。此外，10～20 mm 粒径的砂姜也具有丰富的粗孔隙，分别是 5～10 mm 和 20～30 mm 粒径砂姜的 2.17 倍和 4.33 倍。

表 4-6　基于水分特征曲线和 CT 图像计算的不同粒径砂姜的孔隙度　　(单位：cm³/cm³)

孔隙度	van Genuchten 模型				CT 图像			
	2～5 mm	5～10 mm	10～20 mm	20～30 mm	2～5 mm	5～10 mm	10～20 mm	20～30 mm
总孔隙度	0.284	0.185	0.165	0.152	0.043	0.027	0.020	0.028
	±0.052	±0.031	±0.026	±0.025	± 0.016	± 0.003	± 0.003	± 0.004
粗孔隙度	0.062	0.012	0.026	0.006	0.009	0.002	0.015	0.026
	±0.046	±0.016	±0.022	±0.007	± 0.006	± 0.002	± 0.003	± 0.004
中小孔隙度	0.222	0.173	0.140	0.146	0.035	0.025	0.006	0.002
	±0.041	±0.039	±0.031	±0.026	±0.016	± 0.001	± 0.002	± 0.001

注：粗孔隙，> 30 μm；中小孔隙，< 30 μm。

　　利用 Image 软件，对砂姜的 CT 图像进行处理可得到二维的灰度图像和三维的孔隙结构图像(图 4-8)。从灰度图可以看出，砂姜结构致密(灰色部分为砂姜固体基质)，存在着一些大孔隙(灰色图像中的黑色部分为孔隙)，特别是大粒级的砂姜。三维图像显示了砂姜的孔隙形态十分复杂，小孔隙随着砂姜尺寸的增大而减小，大孔隙则相反。

　　基于CT图像计算的孔隙大小分布见表4-6。与水分特征曲线所驱动的孔隙分布不同，CT 图像计算的总孔隙度并没有随砂姜粒径的增大而单调递减，而是在 2～5 mm 粒径的砂姜中较大($0.043\ cm^3/cm^3$)，在> 5 mm 粒径的砂姜中差异不大($0.020～0.028\ cm^3/cm^3$)。总的来说，随着砂姜粒径从 2～5 mm 增大到 20～30 mm，中小孔隙度从 $0.035\ cm^3/cm^3$ 减小到 $0.002\ cm^3/cm^3$，而粗孔隙度从 $0.009\ cm^3/cm^3$ 增加到 $0.026\ cm^3/cm^3$。水分特征曲线和 CT 图像计算的不同粒径砂姜孔隙组成变化趋势的差异，可能与砂姜内部结构特征有关。砂姜的孔隙与外界连通性差，闭蓄性强，这可能导致孔隙吸水与排水困难。

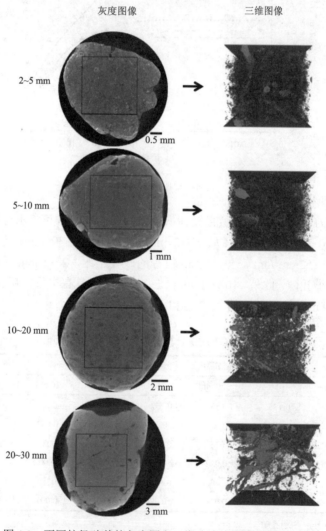

图 4-8　不同粒径砂姜的灰度图和三维孔隙结构图(书后见彩图)

4.4　砂姜物理特征对土壤水分特征曲线的影响

土壤水分特征曲线是研究和模拟土壤水分运动的一个重要水力性质，受土壤结构影响显著(Alaoui et al., 2011; Wang et al., 2013)，而砂姜又是影响土壤结构演变的重要因素(Gu et al., 2017)。通过室内土柱模拟实验，将不同粒径(2~5 mm、5~10 mm、10~20 mm 和 20~30 mm，质量含量控制 10%)和含量(0、5%、10%和20%，粒径 5~10 mm)的砂姜与细土(< 2 mm)混合，研究砂姜含量和粒径对土壤水分特征曲线的影响，明确砂姜物理特征对土壤持水能力的影响机理。

4.4.1　砂姜粒径与含量对土壤水分特征曲线的影响

考虑到砂姜黑土的收缩膨胀特性，采用两种不同的方法计算了土壤水分特征曲线。在第一种方法中，不考虑土壤收缩。假设土壤是刚性的，从饱和到干燥的过程中体积不发生变化。因此，饱和状态的土壤体积被用来计算土壤含水量。在第二种方法中，考虑土壤收缩。用游标卡尺测定了土壤样品的垂直变化，以此反映土壤的体积变化。根据各个水吸力下土壤体积的实测值计算了土壤含水量。本节使用 van Genuchten(1980) 模型拟合土壤水分特征曲线。

将两种方法得到的结果进行比较(图 4-9 和图 4-10)，可以观察到，与忽略土壤收缩效应的水分特征曲线相比，考虑土壤收缩的水分特征曲线向右偏移，这说明无体积变化

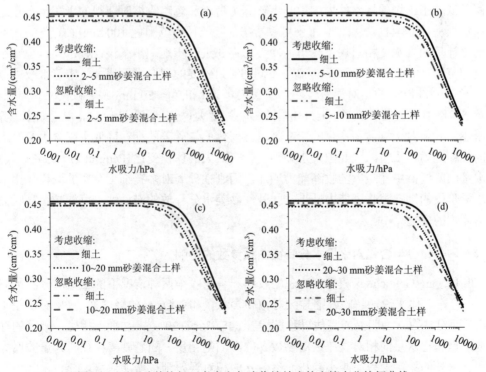

图 4-9　不同砂姜粒径下考虑和忽略收缩效应的土壤水分特征曲线

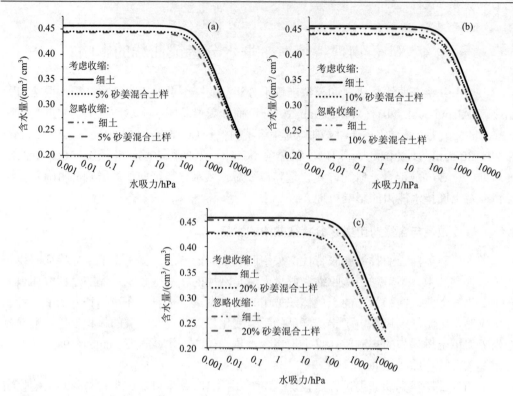

图 4-10　不同砂姜含量下考虑和忽略收缩效应的土壤水分特征曲线

的假设低估了土壤的持水能力。进一步计算了考虑和忽略收缩时获得的土壤持水量之间的相对误差(图 4-11)。从图 4-11 中可以看出,在低吸力范围(< 100 hPa)内,忽略土壤体积变化计算的含水量相对误差较小,砂姜的存在进一步地减小了该误差,同时也减小了高吸力范围(>1000 hPa)下的误差值。不同的是,砂姜的存在反而增大了中等水吸力范围内(100~1000 hPa)的相对误差,并且以 5~10 mm 和 20~30 mm 砂姜粒径[图 4-11(a)]以及 5%和 10%砂姜含量[图 4-11(b)]的影响程度大(相对误差大于 5%)。正如本书第 2章所述,砂姜对土壤体积变化的影响是动态变化的。砂姜的存在降低了高含水量时大孔隙的收缩能力,土壤的大孔隙失水并不会带来太大的体积变化(Peng et al., 2007)。随着含水量的降低,中孔隙度的收缩能力增加,因刚性砂姜对多孔细土介质的取代作用,低含水量阶段的细孔隙收缩能力减小。此外,砂姜水分释放的滞后性也可能减缓高吸力下土壤体积的变化。

4.4.2　砂姜粒径与含量对土壤水分特征曲线参数的影响

利用 van Genuchten 模型拟合忽略收缩和考虑收缩两种情况下的土壤水分特征曲线(表 4-7)。总体来说,忽略收缩导致对饱和含水量和参数 n 的轻微低估(相对误差不足2%),而对参数 α 为明显的高估(相对误差为 48.7%~120%)。与细土相比,砂姜的存在降低了饱和含水量的相对误差,对参数 α 的影响则相反。随着砂姜粒径和含量的增大,饱和含水量的相对误差呈减小趋势,参数 α 的相对误差则呈增加趋势。

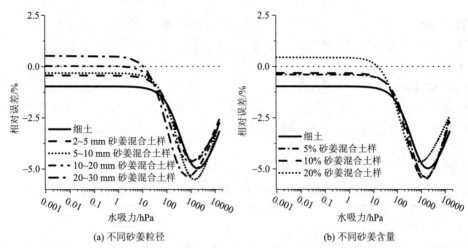

图 4-11　不同砂姜粒径和含量下考虑和忽略收缩时计算的土壤含水量的相对误差随水势的分布

相对误差 = $\dfrac{\theta_{NS} - \theta_{WS}}{\theta_{WS}} \times 100\%$ ，θ 为含水量，cm^3/cm^3；NS 和 WS 分别为忽略收缩和考虑收缩

表 4-7　考虑收缩与否对 van Genuchten 模型参数拟合的影响

	处理	θ_s			θ_r			α			n		
		NS /(cm³/cm³)	WS /(cm³/cm³)	RD/%	NS /(cm³/cm³)	WS /(cm³/cm³)		NS /hPa⁻¹	WS /hPa⁻¹	RD/%	NS	WS	RD/%
砂姜粒径	细土	0.452	0.457	−0.97	0.000	0.000		0.0024	0.0016	48.7	1.185	1.201	−1.30
	2~5 mm 砂姜混合土样	0.442	0.444	−0.43	0.000	0.000		0.004	0.0026	51.5	1.177	1.191	−1.17
	5~10 mm 砂姜混合土样	0.441	0.442	−0.32	0.000	0.000		0.004	0.0021	76.3	1.166	1.186	−1.68
	10~20 mm 砂姜混合土样	0.448	0.448	−0.03	0.000	0.000		0.008	0.0046	67.8	1.141	1.151	−0.88
	20~30 mm 砂姜混合土样	0.447	0.445	0.53	0.000	0.000		0.011	0.0051	120	1.117	1.130	−1.18
砂姜含量	细土	0.452	0.457	−0.97	0.000	0.000		0.0024	0.0016	48.7	1.185	1.201	−1.30
	5% 砂姜混合土样	0.444	0.445	−0.39	0.000	0.000		0.0029	0.0017	72.1	1.175	1.198	−1.87
	10% 砂姜混合土样	0.441	0.442	−0.32	0.000	0.000		0.0036	0.0021	76.3	1.166	1.186	−1.68
	20% 砂姜混合土样	0.428	0.426	0.46	0.000	0.000		0.0078	0.0055	71.6	1.151	1.163	−1.06

注：NS 为忽略收缩；WS 为考虑收缩；θ_s 为饱和含水量；θ_r 为残余含水量；α 为与土壤进气吸力有关的参数，为进气吸力的倒数；n 为与土壤水分释放有关的参数；RD 为相对误差，RD = $(i_{NS} - i_{WS})/i_{WS}$，式中 i 分别为 θ_s、α、n。

　　收缩效应也影响了对土壤通气容量和有效水分库容的评估（表 4-8）。不考虑土壤的体积变化，导致对通气容量的高估（相对误差为 11.8%~19.9%），砂姜减小了高估误差（减少了 2~8 个百分点），且减小效应随砂姜含量的增加而增加，粒径间的影响差异不大。只有细土存在的情况下，收缩效应对土壤有效水分库容的影响较小（相对误差为 0.02%），砂姜的存在则轻微地增加了忽略土壤体积变化所导致的相对误差（−0.61%~−0.92%）。

在失水过程中土壤的几何体积逐渐减小，土壤孔隙可以在更高的水吸力下保持饱和状态，从而导致较高的进气吸力($1/\alpha$)。土壤的保水能力在水吸力小于 1000 hPa 状态下主要受毛细管机制的影响，在高吸力下主要受土壤颗粒的影响(Shi et al., 2016; Saha and Sekharan, 2021)。因此，与土壤通气状况有关的参数(α、AC)对收缩效应的敏感性高于与水分释放有关的参数(n、AWC)。砂姜改变了土壤孔隙分布及其收缩能力。在考虑土壤体积变化后，与细土相比，砂姜的存在使土壤孔隙维持饱和状态的水吸力范围更宽广。

表 4-8 考虑收缩与否对通气容量和有效水分库容的影响

处理		AC			AWC		
		NS/(cm³/cm³)	WS/(cm³/cm³)	RD/%	NS/(cm³/cm³)	WS/(cm³/cm³)	RD/%
砂姜粒径	细土	0.074	0.062	19.9	0.193	0.193	−0.02
	2~5 mm 砂姜混合土样	0.082	0.072	14.6	0.193	0.195	−0.75
	5~10 mm 砂姜混合土样	0.079	0.067	17.4	0.182	0.183	−0.61
	10~20 mm 砂姜混合土样	0.089	0.078	14.2	0.171	0.173	−0.89
	20~30 mm 砂姜混合土样	0.086	0.073	17.5	0.161	0.163	−0.92
砂姜含量	细土	0.074	0.062	19.9	0.193	0.193	−0.02
	5% 砂姜混合土样	0.075	0.064	18.0	0.193	0.195	−0.75
	10% 砂姜混合土样	0.079	0.067	17.4	0.182	0.183	−0.61
	20% 砂姜混合土样	0.091	0.081	11.8	0.171	0.173	−0.89

注：AC 为通气容量；AWC 为有效水分库容；NS 为忽略收缩；WS 为考虑收缩；RD 为相对误差，RD $=(i_{NS}-i_{WS})/i_{WS}$，式中 i 分别为 AC、AWC。

4.4.3 砂姜粒径与含量对土壤持水能力的影响

使用土壤失水过程中测定的土壤体积变化校准了土壤水分特征曲线，结果如图 4-12 所示。由于砂姜的存在，在给定的水吸力下砂姜-细土混合土样的含水量是低于细土的。砂姜粒径没有影响土壤水分特征曲线[图 4-12(a)]，而随着砂姜含量的增加，含水量降低[图 4-12(b)]。

对土壤水分特征曲线进行一阶求导，得到水分变化速率曲线(图 4-13)。从图 4-13 可以看出，在水吸力小于 100 hPa 时，样品的水分释放速率随水吸力的增加而增大，砂姜的存在促进了水分释放，且以大于 10 mm 的砂姜粒径[图 4-13(a)]和 20% 的砂姜含量[图 4-13(b)]促进作用最为明显。在水吸力大于 100 hPa 后，样品的水分释放开始减缓。当水吸力大于 1000 hPa 时，砂姜-细土混合土样的水分释放速率与细土的趋于相同，甚至小于细土的水分变化速率。

砂姜与细土基质相比，容重更大，是一种持水的惰性体(Gu et al., 2017)。因此，砂姜含量越多，混合土样的含水量越低。在土壤脱水过程中，土石界面的大孔隙优先排水。随着土壤水吸力的增加，中孔隙进入排水阶段，砂姜作为障碍结构，阻碍了水力传导。另外，砂姜内部紧密的孔隙结构，导致水分释放困难，只有在更高的水吸力下才能缓慢释放。

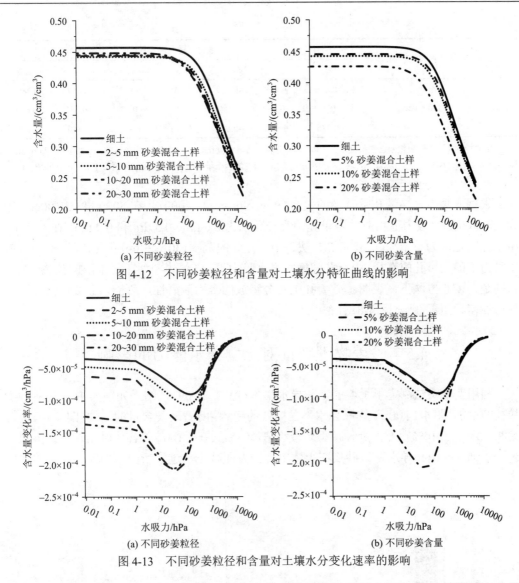

图 4-12 不同砂姜粒径和含量对土壤水分特征曲线的影响

图 4-13 不同砂姜粒径和含量对土壤水分变化速率的影响

通过 Pearson 相关分析，研究了混合土样中砂姜孔隙结构与不同水势下的混合土样含水量之间的关系，结果见表 4-9。砂姜中的总孔隙度与土壤的含水量呈负相关关系。在 CT 方法下，砂姜中的中小孔隙结构与高吸力（5000～15000 hPa）下土壤的含水量之间具有显著负相关性（$P < 0.01$）。在 WRC 方法下，砂姜中的中小孔隙度与 1000～5000 hPa（$P < 0.01$）和 10000～15000 hPa（$P < 0.05$）水吸力下土壤的含水量之间具有显著负相关性。

表 4-9 混合土样中砂姜的孔隙度与混合土样含水量之间的相关系数

方法	混合土样中砂姜的孔隙度	混合土样中含水量						
		θ_s	$\theta_{100\,hPa}$	$\theta_{330\,hPa}$	$\theta_{1000\,hPa}$	$\theta_{5000\,hPa}$	$\theta_{10000\,hPa}$	$\theta_{15000\,hPa}$
CT	总孔隙度	-0.843^*	-0.831^*	-0.802^*	-0.839^{**}	-0.894^{**}	-0.808^*	-0.717^*
	粗孔隙度	0.079	-0.261	-0.397	-0.357	0.050	0.336	0.488
	中小孔隙度	-0.832^{**}	-0.657	-0.567	-0.622	-0.876^{**}	-0.934^{**}	-0.921^{**}

续表

方法	混合土样中砂姜的孔隙度	混合土样中含水量						
		θ_s	$\theta_{100\,hPa}$	$\theta_{330\,hPa}$	$\theta_{1000\,hPa}$	$\theta_{5000\,hPa}$	$\theta_{10000\,hPa}$	$\theta_{15000\,hPa}$
WRC	总孔隙度	-0.866^*	-0.849^*	-0.819^*	-0.861^{**}	-0.942^{**}	-0.867^*	-0.780^*
	粗孔隙度	-0.254	-0.289	-0.348	-0.449	-0.634	-0.656	-0.633
	中小孔隙度	-0.926^{**}	-0.899^{**}	-0.854^*	-0.881^{**}	-0.934^{**}	-0.844^*	-0.750^*

注：CT 为 X 射线计算机断层扫描技术；WRC 为水分特征曲线；粗孔隙，> 30 μm；中小孔隙，< 30 μm；θ_s、$\theta_{100\,hPa}$、$\theta_{330\,hPa}$、$\theta_{1000\,hPa}$、$\theta_{5000\,hPa}$、$\theta_{10000\,hPa}$、$\theta_{15000\,hPa}$ 分别为相应水吸力下的含水量；*、**分别表示显著水平 $P < 0.05$ 和 $P < 0.01$。

根据水吸力与当量孔隙直径的关系(Reynolds et al., 2009)，在 5000 hPa、10000 hPa 和 15000 hPa 水吸力下相应的当量孔隙直径分别为 0.6 μm、0.3 μm 和 0.2 μm。在本节中，中小孔隙范围为小于 30 μm，CT 方法下中小孔隙的范围(30～2 μm)更是大于 15000 hPa 水吸力下的当量孔隙直径。中小孔隙度与高水吸力下混合土样含水量之间的显著相关性，特别是在 CT 方法下，表明了砂姜孔隙水分释放的水力滞后性，可能与砂姜内部孔隙的连通性差、闭蓄性强(图 4-8)有关。

4.5　砂姜物理特征对土壤导水能力的影响

利用变水头法测定了土壤的饱和导水率(依艳丽, 2009)，结果如图 4-14。随着砂姜粒径的增加[图 4-14(a)]，饱和导水率呈降低的趋势。随着砂姜含量的增加[图 4-14(b)]，饱和导水率在 10%砂姜含量时减小到最小值，然后又在 20%砂姜含量时增加到最大值并超过了细土的饱和导水率。砂姜在土体中，一方面减小了过水断面，增加了孔隙的弯曲

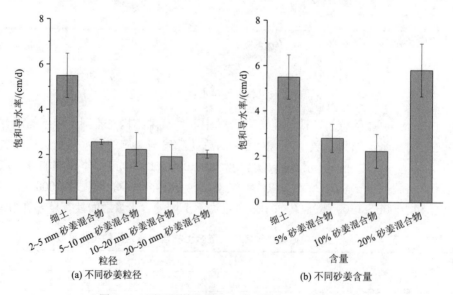

(a) 不同砂姜粒径　　　　　　　　　(b) 不同砂姜含量

图 4-14　不同砂姜粒径和含量对饱和导水率的影响

度；另一方面，在砂姜与细土界面的松散空间中存在着明显的优先流。粗颗粒介质正负两方面的影响综合决定了土壤的水分运动结果，在粗介质物理特征临界值之前，负面影响可能占主导作用，超过临界值，情况则相反。粗介质的临界值依赖于土壤性质、粗介质类型等(王慧芳和邵明安，2006; Ma and Shao, 2008; Lv et al., 2019)。

　　根据实测的水力参数(θ_s、θ_r、α、n 和饱和导水率)，利用 RETC 6.02 软件计算了土壤的非饱和导水率(王慧芳等，2010)。如同 4.4.1 节，同样考虑了土壤体积恒定和变化两种情景的影响，结果如图 4-15 和图 4-16。忽略土壤失水过程中的体积变化，导致了土壤水力传导曲线向左偏移，且砂姜的存在增大了偏移量，说明忽略土壤体积变化会低估导水能力，且低估程度因砂姜的存在而加剧。图 4-17 展示了在不同砂姜粒径和含量影响下，考虑和忽略收缩两种情景时预测的土壤水力传导能力之间的相对误差随水势的分布状况。从图 4-17 中可以看出，随着土壤水吸力的增加，相对误差逐渐增大，而在水吸力大于 1000 hPa 后，这种误差趋于平稳。随着砂姜粒径[图 4-17(a)]和含量[图 4-17(b)]的增大，相对误差也增加。水分特征曲线参数的选取和确定是非饱和水力性质预测的基础。如 4.4.2 节所述，忽略土壤失水过程中的体积变化影响了对这些参数的准确获取，特别是与进气值有关的参数 α，这也导致了相应的非饱和土壤性质的误差(Saha and Sekharan, 2021)。

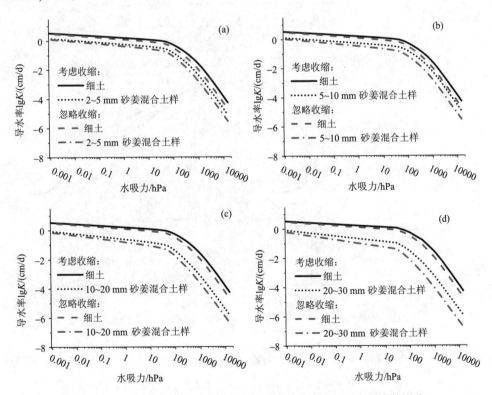

图 4-15　不同砂姜粒径下考虑和忽略收缩效应对土壤导水能力的影响

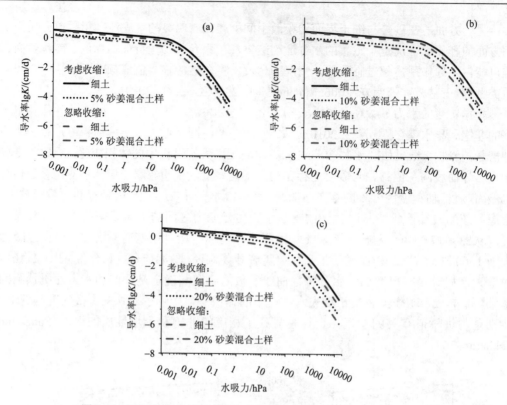

图 4-16　不同砂姜含量下考虑和忽略收缩效应对土壤导水能力的影响

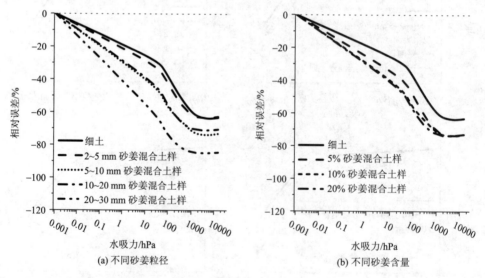

图 4-17　不同砂姜粒径和含量下考虑和忽略收缩时预测土壤水力传导能力的相对误差随水势的分布

相对误差= $\dfrac{K_{\mathrm{NS}} - K_{\mathrm{WS}}}{K_{\mathrm{WS}}} \times 100\%$，$K$ 为导水率，cm/d；NS 和 WS 分别为忽略收缩和考虑收缩

4.6　小　　结

基于淮北平原砂姜黑土区东西和南北两条样带砂姜含量的分析，发现砂姜含量存在明显的深度依赖性。0～100 cm 深度的土体中，砂姜层多出现在 20～80 cm 深度以下，砂姜含量随深度增加而增加。在粒径组成上，砂姜以 2～5 mm 的小粒级为主体，而大于 20 mm 的砂姜含量占比很低。

驱动因素分析表明，土壤性质、地形及气候条件是影响砂姜形成的重要因素。从内部因素上，砂姜常与粗粒矿物石英和黏粒矿物蒙脱石伴生；从外部因素上，地下水位埋深浅和干湿分明的温暖湿润气候条件有利于砂姜的形成。砂姜在空间上存在西低东高、北低南高的分布格局。淮北平原砂姜黑土区，从西北到东南，地势逐渐降低，温度逐步升高，降水有所增加，并且土壤性质也具有一定的空间不均匀性，外部环境及内在性质的空间格局是砂姜含量呈现从西北到东南逐步升高趋势的重要驱动力。

无体积变化假设导致了对砂姜黑土保水能力的错误评估，评估误差因砂姜的存在变得更加复杂。水分特征曲线参数的精准获取也受土壤体积变化的影响，且与土壤进气吸力有关的参数 α 较与土壤水分释放有关的参数 n 对收缩效应更敏感，砂姜的存在进一步增加了其敏感性。砂姜黑土的饱和导水能力随砂姜粒径的增大而降低，而随砂姜含量的增加先减后增。在预测砂姜黑土的非饱和导水能力时，不考虑收缩效应会导致低估，且低估程度随砂姜含量和粒径的增加而被扩大。

砂姜内部具有复杂的孔隙结构，其孔隙度随粒径的增大而降低，但大孔隙体积比例随之增加。由于砂姜内部的孔隙闭蓄性强，在湿润和干燥过程中蓄水排水困难，CT 图像分析和水分特征曲线计算的孔隙度的差异证实了这一现象。因此，土体中存在砂姜，降低了砂姜-细土混合土样的含水量，同时降低了水分在高吸力下的释放速率。砂姜孔隙的水分释放具有水力滞后性的特点，其内部孔隙主要影响高水吸力下砂姜-细土混合土样的含水量，这对作物在干旱生境下的水分补给具有一定的积极意义。

参 考 文 献

曹亚娟. 2009. 安徽淮北平原钙质结核土的分布及成因研究. 合肥: 合肥工业大学: 12-30.

陈玺, 郝振纯, 戴明龙. 2016. 淮北平原浅层地下水动态研究. 安徽农业科学, 44(28): 73-76.

高东, 鲁绍伟, 饶良懿, 等. 2011. 淮北平原四种土地利用类型非生长季土壤呼吸速率. 农业工程学报, 27(4): 94-99.

谷丰. 2018. 典型砂姜黑土区农田土壤水分养分动态变化特征及模拟. 北京: 中国农业大学: 23-31.

郝振纯, 陈玺, 王加虎. 2011. 淮北平原裸土潜水蒸发趋势及其影响因素分析. 农业工程学报, 27(6): 73-78.

何帅, 谭文峰, 谢海霞. 2019. 准噶尔和塔里木盆地盐渍化土壤黏土矿物组成特征及成因. 土壤, 51(3): 566-577.

胡巍巍, 王式成, 王根绪, 等. 2009. 安徽淮北平原地下水动态变化研究. 自然资源学报, 24(11): 1893-1901.

李长安, 吴金平, 曹江雄. 1995. 冀西北黄土钙质结核形态及其成因动力学特征与地层环境意义. 中国地质大学学报(地球科学), 20(5): 511-514.

李德成, 张甘霖, 龚子同. 2011. 我国砂姜黑土土种的系统分类归属研究. 土壤, 43(4): 623-629.

刘良梧, 张民. 1995. 变性土铁锰氧化物结核与钙质结核的元素富集及其环境意义. 土壤, 27(5): 262-268.

马东豪. 2008. 黄土区土石混合介质水分运动试验研究及数值模拟. 北京: 中国科学院地理科学与资源研究所: 95-109.

马丽, 张民. 1993. 砂姜黑土的发生过程与成土特征. 土壤通报, 24(1): 1-4.

施国军, 吴道祥, 徐冬生, 等. 2010. 淮北平原钙质结核土的结构类型和成因分析. 合肥工业大学学报(自然科学版), 33(11): 1681-1685, 1693.

王慧芳, 邵明安. 2006. 含碎石土壤水分入渗试验研究. 水科学进展, 5: 604-609.

王慧芳, 邵明安, 王明玉. 2010. 小碎石与细土混合介质的导水特性. 土壤学报, 47(6): 1086-1093.

王玥凯, 郭自春, 张中彬, 等. 2019. 不同耕作方式对砂姜黑土物理性质和玉米生长的影响. 土壤学报, 56(6): 1370-1380.

吴道祥, 曹亚娟, 钟轩民, 等. 2009. 安徽淮北平原钙质结核土分布及成因年代研究. 岩土力学, 30(S2): 434-439.

依艳丽. 2009. 土壤物理研究法. 北京: 北京大学出版社: 147-149.

张晓萌. 2019. 安徽淮北平原土壤水分变化特征及其与地下水转化关系研究. 邯郸: 河北工程大学: 19-46.

张义丰, 王又丰, 刘录祥. 2001. 淮北平原砂姜黑土旱涝(渍)害与水土关系及作用机理. 地理科学进展, 20(2): 169-176.

朱奎, 张祥伟, 夏军, 等. 2004. 利用 DEM 作为辅助信息推定大区域地下水初始流场. 水利学报, 35(11): 15-21.

Alaoui A, Lipiec J, Gerke H H. 2011. A review of the changes in the soil pore system due to soil deformation: A hydrodynamic perspective. Soil and Tillage Research, 115-116: 1-15.

Gargiulo L, Mele G, Terribile F. 2015. The role of rock fragments in crack and soil structure development: A laboratory experiment with a Vertisol. European Journal of Soil Science, 66: 757-766.

Gu F, Ren T B, Li B G, et al. 2017. Accounting for calcareous concretions in calcic vertisols improves the accuracy of soil hydraulic property estimations. Soil Science Society of America Journal, 81: 1296-1302.

Liu L W. 1991. Formation and evolution of vertisols in Huaibei plain. Pedosphere, 1(1): 3-15.

Lv J R, Luo H, Xie Y S. 2019. Effects of rock fragment content, size and cover on soil erosion dynamics of spoil heaps through multiple rainfall events. CATENA, 172: 179-189.

Ma D H, Shao M A. 2008. Simulating infiltration into stony soils with a dual-porosity model. European Journal of Soil Science, 59: 950-959.

Novák V, Kňava K, Šimůnek J. 2011. Determining the influence of stones on hydraulic conductivity of saturated soils using numerical method. Geoderma, 161: 177-181.

Peng X H, Horn R, Smucker A. 2007. Pore shrinkage dependency of inorganic and organic soils on wetting and drying cycles. Soil Science Society of America Journal, 71(4): 1095-1104.

Reynolds W D, Drury F C, Tan C S, et al. 2009. Use of indicators and pore volume-function characteristics to quantify soil physical quality. Geoderma, 152: 252-263.

Saha A, Sekharan S. 2021. Importance of volumetric shrinkage curve (VSC) for determination of soil-water retention curve (SWRC) for low plastic natural soils. Journal of Hydrology, 596: 126113.

Shi F G, Zhang C Z, Zhang J B, et al. 2016. The changing pore size distribution of swelling and shrinking soil revealed by nuclear magnetic resonance relaxometry. Journal of Soils and Sediments, 17: 61-69.

Urbanek E, Shakesby R A. 2009. Impact of stone content on water movement in water-repellent sand. European Journal of Soil Science, 60: 412-419.

van Genuchten M T. 1980. A closed-form equation for predicting the hydraulic conductivity of unsaturated soils. Soil Science Society of America Journal, 44(5): 892-898.

Wang H F, Xiao B, Wang M Y, et al. 2013. Modeling the soil water retention curves of soil-gravel mixtures with regression method on the Loess Plateau of China. PloS One, 8(3): e59475.

Zhou B B, Shao M A, Shao H B. 2009. Effects of rock fragments on water movement and solute transport in a Loess Plateau soil. Comptes Rendus Geoscience, 341(6): 462-472.

第5章 不同耕作方式对砂姜黑土改良的影响

砂姜黑土质地黏重，结构紧实，有机质含量低，导致该地区土壤难耕难耙、易旱易涝。连年浅旋耕作业造成该区域犁底层加速上移，严重制约了作物的生长和水肥利用效率。合理的耕作方式能够改善土壤耕层结构，协调土壤水、肥、气、热等的供给能力，促进作物生长(靳海洋，2016)。

近年来，随着农机技术的不断发展，耕作方式呈现多样化的发展趋势。旋耕作为当前农业生产中一种常规耕作方式，能够使土壤疏松，地表平整。但连年旋耕会造成土壤犁底层增厚，土壤通气、透水、增温性差，土壤板结。保护性耕作是以农作物秸秆覆盖还田配合免(少)耕播种为主要内容的现代耕作技术体系，以尽量减少对土壤的扰动为基本原则，在改善土壤结构、增加土壤固碳量、减轻土壤侵蚀、促进养分循环及提高土壤生物多样性等方面均产生了重要的影响(Lal，2015)。深耕(作业深度25～40 cm)以打破土壤犁底层、增厚耕层、增强土壤蓄水保墒能力为目的，近年来成为我国大力推广的土壤结构改良技术(张向前等，2019；林森，2018；Schneider et al.，2017)。不同耕作方式对土壤的扰动方式不同，因而对土壤结构、养分特性及微生态环境的影响存在较大差别(张向前等，2019)。本章将综合分析不同耕作方式对砂姜黑土土壤物理性质、固碳过程、微生物群落结构及作物生长等方面的改良效果，以期为砂姜黑土结构改良和耕作管理提供科学理论支撑。

5.1 不同耕作方式对土壤物理性质的影响

为了综合分析不同耕作措施对砂姜黑土物理性质的改良效果，本节围绕2017年玉米收获期的土壤物理性质，从土壤容重、土壤强度、土壤孔隙分布、土壤持水能力和导水性等方面进行综合分析，以期为砂姜黑土物理结构改良提供科学依据。

本研究位于安徽省龙亢农场耕作培肥定位试验区(33°32′ N，115°59′ E) (图 5-1)，该区域属于暖温带半湿润季风气候，年平均气温 16℃，年平均降水量 1051 mm，其中70%的降水集中在 6～9 月。试验区土壤类型为河湖相石灰性沉积物发育的砂姜黑土，在美国土壤系统分类中属于变性土(Soil Survey Staff，2015)，其中砂粒(>0.05 mm)、粉粒(0.05～0.002 mm)、黏粒(< 0.002 mm)的含量分别为 80 g/kg、541 g/kg 和 379 g/kg。自试验地建立(2015 年)起实行典型冬小麦(10月至次年 6月)-夏玉米(6月至 10月)一年两熟轮作制度。试验地建立前，耕层土壤容重为 1.35 g/cm³，有机碳含量为 19.8 g/kg，全氮含量为 0.87 g/kg，碱解氮含量为 156 mg/kg，全磷含量为 0.45 g/kg，有效磷含量为 18.9 mg/kg，全钾含量为 12.8 g/kg，速效钾含量为 162 mg/kg。

本试验选取化肥+秸秆全量还田的处理，采用单因素随机区组设计，设置免耕、旋耕、深松、深翻四种耕作处理(表 5-1 和图 5-2)，每种处理重复 3 次。试验中氮肥、磷肥和钾肥分别为尿素(含 N 464 g/kg)、过磷酸钙(含 P_2O_5 120 g/kg)和氯化钾(含 K_2O 600 g/kg)。每季 N、P_2O_5 和 K_2O 用量分别为 100 kg/hm²、60 kg/hm² 和 90 kg/hm² 并作为基肥,小麦、玉米拔节期追施 N 110 kg/hm²。

图 5-1　安徽省龙亢农场耕作培肥定位试验区(始于 2015 年)(书后见彩图)

表 5-1　耕作处理田间试验设计

处理	耕作方式
免耕	全年不耕作。采用中国农业大学研制的免耕播种机一次性完成播种及镇压作业
旋耕	每年玉米收获后(10 月)旋耕机旋耕 2 遍,作业深度 15 cm。小麦收获后(6 月)直接播种镇压
深松	每年玉米收获后(10 月)采用中国农业大学研制的深松机进行作业,作业深度 35 cm,然后浅旋 5 cm,以打破大土块。小麦收获后(6 月)直接播种镇压
深翻	每年玉米收获后(10 月)进行深翻,作业深度 30~35 cm,然后浅旋 5 cm,以打破大土块。小麦收获后(6 月)直接播种镇压

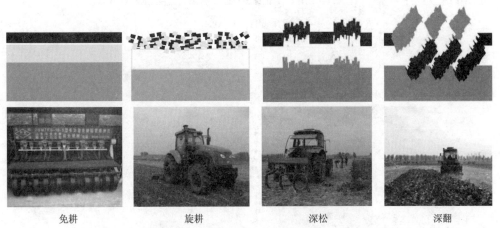

免耕　　　　　　旋耕　　　　　　深松　　　　　　深翻

图 5-2　不同耕作措施作业原理及使用的农机具(书后见彩图)

图中黑色条带表示表层土壤;白色条带表示亚表层土壤;灰色条带表示下层土壤

5.1.1　不同耕作方式对土壤容重的影响

不同耕作方式对不同深度土壤容重的影响存在差异(表 5-2)。免耕对土壤扰动较小，0～10 cm 深度土层土壤容重(1.48 g/cm³)显著高于其他三种耕作处理($P < 0.05$)。旋耕和深松处理显著降低了 0～10 cm 深度土层土壤容重(1.39 g/cm³)，但 10～20 cm 深度土层容重却较深翻处理(1.39 g/cm³)显著增加($P < 0.05$)；深翻处理能有效降低 0～20 cm 深度土壤容重。对于 20～40 cm 深度土层，不同耕作处理之间的土壤容重无明显差异。

表 5-2　玉米收获期不同耕作方式对土壤容重的影响

深度/cm	免耕/(g/cm³)	旋耕/(g/cm³)	深松/(g/cm³)	深翻/(g/cm³)
0～10	1.48 ± 0.04 a	1.39 ± 0.04 b	1.39 ± 0.03 b	1.35 ± 0.03 b
10～20	1.54 ± 0.03 a	1.52 ± 0.03 a	1.50 ± 0.03 a	1.39 ± 0.02 b
20～40	1.57 ± 0.03 a	1.58 ± 0.03 a	1.56 ± 0.02 a	1.52 ± 0.02 a

注：不同小写字母表示同一土壤深度不同耕作处理间差异显著($P < 0.05$)，下同。

5.1.2　不同耕作方式对土壤紧实度的影响

根据熊鹏等(2021)的调查，淮北平原的犁底层位于 15～30 cm 深度范围。如图 5-3 所示，免耕处理下 5～12.5 cm 深度土壤穿透阻力迅速增大，0～15 cm 深度土壤穿透阻力(631 kPa)显著高于其他耕作处理(385～530 kPa)。长期免耕导致土壤耕层变薄、犁底层上移、变厚变硬。在 15～30 cm 深度土层，土壤平均紧实度由低至高依次为：深翻(799 kPa)、深松(1001 kPa)、旋耕(1161 kPa)、免耕(1207 kPa)。旋耕耕作深度较浅，亚表层土壤长期受上层土壤及农机具重力作用，土壤紧实度明显增加。深松在间隔打破犁底层而不翻转土层的条件下，不能完全消除土壤压实。深翻将亚表层紧实土壤与表层土壤充分混合，能有效打破犁底层至 30 cm 深度土层，对降低土壤紧实度具有明显效果。除深翻处理外，其余三种处理在 15～30 cm 深度土层的穿透阻力保持在 1000 kPa 左右。在 30 cm 深度以下，各耕作处理之间土壤穿透阻力无明显差异。

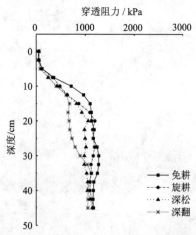

图 5-3　玉米收获期不同耕作方式下 0～45 cm 深度土壤紧实度变化

5.1.3　不同耕作方式对土壤三维孔隙特征的影响

基于水分特征曲线计算得到的土壤孔隙分布曲线如图 5-4 所示。不同耕作方式下土壤孔隙呈明显的偏态分布，耕作增加了耕层范围内的大孔隙，但各处理中等孔隙和微孔隙仍占总孔隙度的 85% 以上（图 5-4 和表 5-3）。峰值处对应的孔隙密度最高，称为中值孔隙（d_{mode}）。由孔隙分布曲线可知，玉米收获时免耕处理 0～10 cm 深度范围内 d_{mode} 为 1.29 μm。与免耕相比，0～10 cm 深度旋耕、深松和深翻处理下 d_{mode} 值分别增加至 45.8 μm、12.4 μm、5.67 μm。>50 μm 的大孔隙和 0.2～50 μm 的中孔隙数量明显增加（表 5-3），这三种处理下土壤有效孔隙度较免耕分别增加 5.5%、4.7% 及 4.3%。

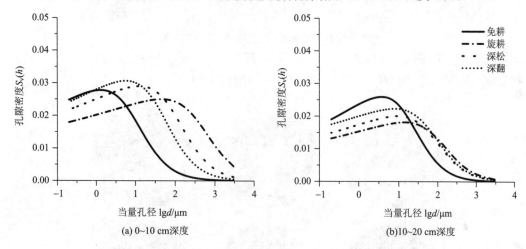

图 5-4　玉米收获期不同耕作方式下 0～20 cm 深度土壤孔隙分布曲线

$S_v(h)$ 为孔隙体积分布函数（cm³/cm³）；h 表示土壤水势；根据茹林公式该图横坐标当量孔径 d 由 h 计算得到（$d=2980/h$）

表 5-3　玉米收获期不同耕作方式下 0～20 cm 深度土壤孔隙分级

深度/cm	孔隙度分布/μm	孔隙度/%			
		免耕	旋耕	深松	深翻
0～10	>50	4.19	9.49	6.29	5.10
	0.2～50	11.9	12.1	14.6	15.3
	<0.2	23.6	24.2	24.4	24.6
	有效孔隙	16.1	21.6	20.8	20.4
10～20	>50	4.71	3.95	4.24	6.26
	0.2～50	12.0	9.0	10.0	11.3
	<0.2	20.9	23.7	22.6	23.1
	有效孔隙	16.7	13.0	14.3	17.6

注：有效孔隙指 >0.2 μm 的孔隙，具有通气和持水功能。

10～20 cm 深度，免耕处理大孔隙的比例较其他三种处理明显降低，中等孔隙的比例和密度有所增加（表 5-3），d_{mode} 值（3.70 μm）明显降低。与免耕相比，旋耕、深松和深翻处理 d_{mode} 值分别增加至 14.2 μm、9.55 μm、8.03 μm [图 5-4(b)]。旋耕处理虽增加了大孔隙的比例，但各级孔隙的密度均有所降低。与旋耕相比，免耕、深松和深翻处理下大孔隙度分别提高 0.76%、0.29%和2.31%，有效孔隙度分别提高 3.7%、1.3%和4.6%。

利用工业纳米 CT（Phenix Nanotom M，GE，美国）对免耕、旋耕、深翻处理下采集的原状土柱（高 20 cm，直径 10 cm）进行 CT 扫描（空间分辨率为 60 μm），利用 Image J 软件（https://imagej.nih.gov/ij/）对土壤孔隙结构进行三维重建和可视化处理，以定量分析不同耕作方式对土壤孔隙度、孔径大小分布、孔隙形态特征及网络特征的影响。为降低边缘效应，选择图像的中心区域作为感兴趣区域（region of interest, ROI），感兴趣区域的大小为 1500 像素×1500 像素×3167 像素，实际大小为 9 cm×9 cm×19 cm。采用全局阈值分割法分割土壤孔隙，并根据目视法仔细观察灰度图像以确定阈值。鉴于图像的分辨率，从图像中获取的孔隙均为>60 μm 的孔隙，本书中将其视为大孔隙。

不同耕作处理下土壤大孔隙的二维图像见图 5-5。免耕土壤中，孔隙的尺寸较小，多呈斑点状，分布独立。与之相比，旋耕和深翻土壤中出现了较大的孔隙，形状不规则，相互连接程度高，并且在深翻土壤中观察到了在秸秆腐解过程中形成的大孔隙。

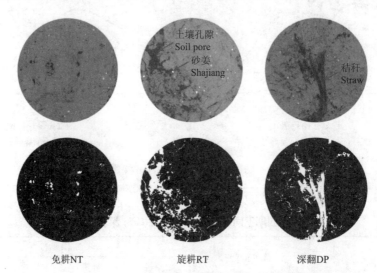

图 5-5　不同耕作处理下土壤孔隙的二维图像（9 cm×9 cm）（书后见彩图）

图中所标秸秆处表示在秸秆腐解过程中形成的大孔隙

不同耕作处理下土壤大孔隙的三维图像见图 5-6（a）。免耕土壤由于没有剧烈的外界扰动，主要依靠植物根系的下扎和土壤动物的活动形成大孔隙。因此，该处理土壤中观察到大量连续的管状生物孔隙，其中以植物根孔为主，并含少量的蚯蚓洞等，在 0～4 cm 深度土层中存在少量不规则的大孔隙。与免耕相比，旋耕土壤中各土层不规则的大孔隙均有所增加，但主要集中在 0～7 cm 深度土层，整体呈现出不规则孔隙和管状孔隙的混合分布。深翻土壤中，各土层的大孔隙均呈现出明显的不规则分布，并且与免耕和旋耕相比，其管状生物孔隙分布最少。

图 5-6（b）显示了不同耕作处理下土壤最大的相互连通大孔隙网络，由于去除了较小的和独立的孔隙，各耕作处理间孔隙结构的差异更为明显。免耕土壤中，由于犁底层具

有较高的容重，使得植物根系下扎受阻，难以穿透犁底层，最大的相互连通大孔隙网络没有贯穿整个土层，仅分布在 0～16 cm 深度；与图 5-6(a) 中免耕土壤的总孔隙网络相比，在 16～19 cm 深度土层孔隙明显空缺，表明免耕使该土层的连通性较差。对于旋耕和深翻土壤而言，由于强烈的外力扰动，破碎了大的土块，形成了大量形态复杂、不规则的裂隙和破碎的孔隙，使之前相互孤立的孔隙结构发生改变，产生相连的通道，从而增加了孔隙的连通性。与免耕相比，旋耕土壤中最大的相互连通大孔隙网络贯穿了整个土层，7 cm 深度以上的土层主要分布不规则的孔隙，7 cm 深度以下的土层主要分布管状孔隙；与图 5-6(a) 中旋耕土壤的总孔隙网络相比，在 7～19 cm 深度土层，管状生物孔隙的分布有所减少，出现了空缺。深翻土壤中，最大的相互连通大孔隙网络贯穿了整个土层；与图 5-6(a) 中深翻土壤的总孔隙网络相比没有较大差别，表明深翻增加了砂姜黑土整个 0～20 cm 深度土层孔隙的连通性。相较于旋耕，深翻土壤孔隙结构的复杂程度和不规则程度更高，连通性更好，这是由于深翻对土壤扰动的强度更大，深度也更深，能够有效打破砂姜黑土的犁底层，使上下土层得到充分混合。

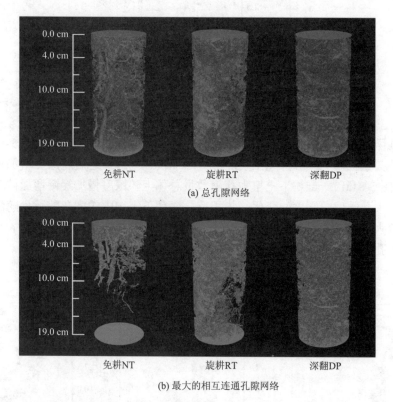

(a) 总孔隙网络

(b) 最大的相互连通孔隙网络

图 5-6　不同耕作处理下土壤大孔隙网络的三维图像(高 19 cm，直径 9 cm)(书后见彩图)
(b)中所示最大的相互连通孔隙网络由(a)中的总孔隙网络去除较小的和不连通的孔隙之后得到

　　总体而言，土壤大孔隙度随深度增加而下降，但是不同耕作处理下下降幅度不一致(图 5-7)。免耕处理不扰动土层，土壤大孔隙度在 1%～17% 波动，在 0～3 cm 深度土层随深度显著下降，在 3～19 cm 深度土层则无明显变化，仅在 0%～5% 波动[图 5-7(a)]。

旋耕下土壤的大孔隙度在3%～28%波动，总体上随深度增加不断降低[图 5-7(b)]。深翻下土壤的大孔隙度在5%～35%波动，总体上随深度增加有所下降，但是与免耕和旋耕的土壤相比，下降趋势不明显；此外，深翻下土壤还出现明显的大孔隙度峰值，分别在 5 cm、10 cm 和 16 cm 左右[图 5-7(c)]。除强烈的机械扰动外，该峰值的出现还可能与深翻将还田的秸秆翻入下层土壤有关。结合 CT 图像(图 5-5)，秸秆腐解过程中会形成较大的孔隙，增加了土壤的孔隙度。

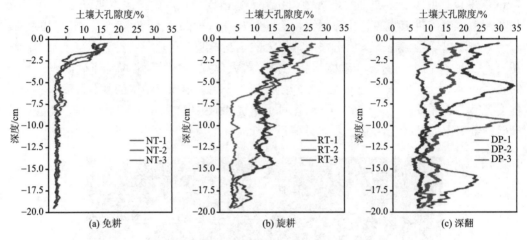

图 5-7　不同耕作处理下土壤大孔隙度随深度的分布(书后见彩图)

与大孔隙度相比，土壤大孔隙数量总体上并非随深度增加而下降(图 5-8)。免耕下土壤大孔隙数量在 0～3 cm 深度土层随深度增加快速下降，之后随深度增加反而呈缓慢增多趋势[图 5-8(a)]。旋耕下土壤大孔隙数量总体上随深度增加缓慢增加[图 5-8(b)]，变化趋势与大孔隙度随深度的变化趋势相反。深翻下土壤中的大孔隙数量随深度的变化趋势差异较大[图 5-8(c)]，与大孔隙度随深度的变化趋势相反，即在出现大孔隙度峰值的深度，大孔隙的数量明显减少。

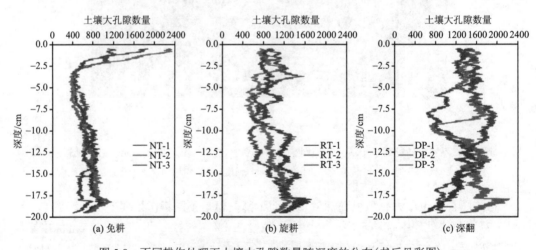

图 5-8　不同耕作处理下土壤大孔隙数量随深度的分布(书后见彩图)

土壤孔径大小在不同土层深度和不同耕作处理下的分布如图 5-9 所示。总的来看，各个土层土壤的大孔隙度均表现为深翻>旋耕>免耕。与免耕（3.70%）相比，旋耕和深翻使 0～20 cm 深度土层的大孔隙度分别提高至 10.83% 和 13.36%（表 5-4），其中 0～10 cm 深度土层分别提高了 1.8 倍和 2.2 倍，10～20 cm 深度土层分别提高了 2.1 倍和 3.6 倍。就 0～20 cm 深度土层而言，在 3 个大孔隙的孔径分级中，60～200 μm 孔径，旋耕和深翻处理的孔隙度较免耕分别增加了 23.7% 和 47.9%；200～500 μm 孔径，分别显著增加了 86.6% 和 198%（$P < 0.05$）；> 500 μm 孔径，分别显著增加了 3 倍和 3.4 倍（$P < 0.05$）。可见，深翻提高大孔隙度的幅度高于旋耕，并且孔径越大提高得越明显。从分层来看，在 0～10 cm 和 10～20 cm 深度，各级孔径的分布情况与整体类似。三种耕作处理下土壤的孔隙度主要集中在 0～10 cm 深度，分别占各自总孔隙度的 68%（免耕）、66%（旋耕）和 59%（深翻），可以看出，深翻土壤的孔隙度在上下层的分布较为均匀。

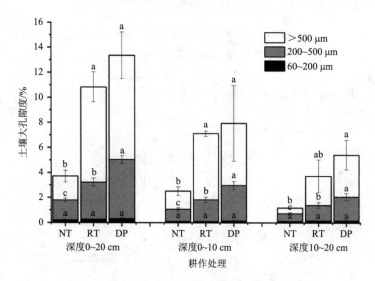

图 5-9　不同耕作处理下不同土层土壤孔径的大小分布

不同小写字母表示同一深度和孔径不同耕作处理间差异显著（$P < 0.05$）

表 5-4　土壤大孔隙特征参数

处理	大孔隙度/%	水力半径/mm	紧密度	分形维数	各向异性程度	全局连通性	连通性最大孔隙度/%	欧拉数
免耕	3.70 b	0.15 b	1193.97 c	2.54 c	0.34 a	0.32 b	2.20 b	−28807.00 a
SD	(0.40)	(0.02)	(333.69)	(0.01)	(0.06)	(0.07)	(0.61)	(10782.15)
旋耕	10.83 a	0.22 a	2568.75 b	2.66 b	0.25 b	0.83 a	9.85 a	−104906.00 b
SD	(1.51)	(0.003)	(322.49)	(0.02)	(0.03)	(0.03)	(1.49)	(15475.04)
深翻	13.36 a	0.19 a	3565.20 a	2.70 a	0.26 b	0.81 a	12.09 a	−212115.67 c
SD	(1.93)	(0.02)	(412.74)	(0.02)	(0.01)	(0.02)	(1.87)	(38079.15)

注：不同小写字母表示不同耕作处理间差异显著（$P < 0.05$）；括号中的数值表示标准差；SD 指标准差。

如表 5-4 所示，大部分的孔隙特征参数，包括水力半径、紧密度、分形维数、全局连通性和连通性最大孔隙度等，一般随着大孔隙度的增加表现出增大的趋势，而各向异性程度和欧拉数的变化趋势则相反。与免耕相比，旋耕和深翻下大孔隙的水力半径分别显著增加了 46.7% 和 26.7%（$P < 0.05$），表明旋耕和深翻提高了孔隙输运水气的能力。从表 5-4 中也可看出，旋耕和深翻显著提高了土壤的饱和导水率（$P < 0.05$）；分形维数分别显著增加了 4.7% 和 6.3%（$P < 0.05$），表明不同耕作处理下，孔隙结构的复杂程度表现为深翻>旋耕>免耕，这也进一步验证了图 5-6 中各耕作处理下的孔隙网络；全局连通性分别显著增加了 1.6 倍和 1.5 倍，免耕的欧拉数分别是旋耕和深翻的 3.6 倍和 7.4 倍（$P < 0.05$），可以看出旋耕和深翻不仅提高了孔隙的局部连通性，还提高了整体连通性，而且深翻的连通性优于旋耕。

5.1.4　不同耕作方式对土壤水分特征曲线的影响

不同耕作处理下，土壤持水能力差异集中在低吸力阶段（图 5-10），高吸力阶段各处理无明显差异，尤其在 0～10 cm 深度。与免耕（$\theta_s=0.36$ cm³/cm³）相比，其他三种耕作方式下饱和含水量显著提高至 0.43 cm³/cm³，α 值也明显提高，这与大孔隙和中等孔隙增多有关（图 5-5）。随着土壤水吸力的增加，免耕处理下含水量下降速度较慢，说明该处理下土壤持水能力更强。

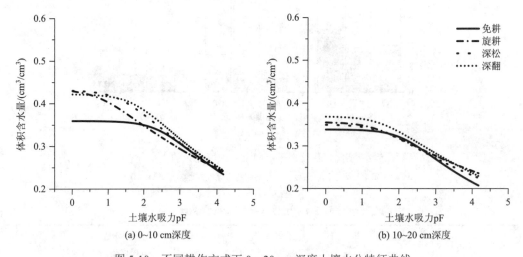

(a) 0～10 cm深度　　　　　　　(b) 10～20 cm深度

图 5-10　不同耕作方式下 0～20 cm 深度土壤水分特征曲线

随深度的增加，各处理饱和含水量及 α 值有所降低（表 5-5）。在 10～20 cm 深度，土壤饱和含水量表现为深翻（0.369 cm³/cm³）>旋耕（0.352 cm³/cm³）>深松（0.350 cm³/cm³）>免耕（0.334 cm³/cm³）。免耕处理下 α 值（0.007）较其他三种处理显著降低（0.027～0.044），n 值（1.152）明显提高（1.088～1.102）。在 pF < 8 吸力范围内，深翻处理土壤含水量高于其他三种处理；pF > 8 时，各处理土壤含水量基本一致。

表 5-5　不同耕作方式下 0～20 cm 深度水分特征曲线参数

深度/cm	参数	免耕	旋耕	深松	深翻
0～10	θ_s/(cm³/cm³)	0.359	0.434	0.432	0.422
	θ_r/(cm³/cm³)	0.002	0.000	0.000	0.000
	α	0.004	0.184	0.041	0.017
	n	1.108	1.074	1.090	1.099
10～20	θ_s/(cm³/cm³)	0.334	0.352	0.350	0.369
	θ_r/(cm³/cm³)	0.000	0.000	0.000	0.000
	α	0.007	0.044	0.028	0.027
	n	1.152	1.097	1.102	1.088

注：θ_s 为饱和含水量；θ_r 为残余含水量；α 为水分特征曲线进气值的倒数；n 为水分特征曲线的形状因子。

5.1.5　不同耕作方式对土壤饱和导水率和有效水分库容的影响

不同耕作方式主要改变土壤结构性大孔隙，而对土壤质地孔隙无显著影响(图 5-4)，使得各耕作处理下土壤萎蔫系数无显著差异，均为 0.22 cm³/cm³(图 5-10)，但田间持水量差异显著(表 5-6，$P < 0.05$)，进而影响土壤有效水分库容[图 5-11(a)]。0～10 cm 深度土层深松和深翻处理下土壤有效水分库容分别达到 0.18 cm³/cm³ 和 0.17 cm³/cm³，较免耕(0.12 cm³/cm³)和旋耕处理(0.11 cm³/cm³)显著提升 5%～7%($P < 0.05$)。在 10～20 cm 深度土层深松和深翻处理下土壤有效水分库容分别为 0.19 cm³/cm³ 和 0.15 cm³/cm³，较免耕处理(0.09 cm³/cm³)显著提高 0.06～0.1 cm³/cm³，较旋耕处理(0.12 cm³/cm³)提高 0.03～0.07 cm³/cm³。旋耕处理 20～40 cm 深度土层土壤有效水分库容明显降低，仅为 0.05 cm³/cm³，这可能与土层持水孔隙减少有关(表 5-3)。

表 5-6　不同耕作方式下 0～40 cm 深度土壤田间持水量及萎蔫系数

深度/cm	指标	免耕/(cm³/cm³)	旋耕/(cm³/cm³)	深松/(cm³/cm³)	深翻/(cm³/cm³)
0～10	田间持水量	0.339±0.03 b	0.336±0.04 b	0.404±0.06 a	0.397±0.03 a
	萎蔫系数	0.218±0.01 a	0.220±0.01 a	0.218±0.01 a	0.223±0.01 a
10～20	田间持水量	0.317±0.02 b	0.333±0.06 b	0.419±0.08 a	0.373±0.06 a
	萎蔫系数	0.221±0.01 a	0.219±0.02 a	0.222±0.01 a	0.221±0.01 a
20～40	田间持水量	0.332±0.02 a	0.291±0.02 b	0.316±0.08 ab	0.316±0.07 ab
	萎蔫系数	0.241±0.01 a	0.241±0.01 a	0.239±0.03 a	0.236±0.02 a

注：不同小写字母表示同一深度不同处理间差异显著($P<0.05$)。

土壤饱和导水率随深度增加呈递减趋势[图 5-11(b)]。>50 μm 大孔隙被认为是土壤通气和排水的通道(Lal and Shukla，2004；Reynolds et al.，2009)，深翻和深松处理下该部分孔隙比例的增加(表 5-3)，使表层土壤排水能力增强，0～10 cm 深度土层饱和导水率分别为 $1.09×10^{-3}$ mm/min 和 $4.15×10^{-2}$ mm/min，显著高于免耕($3.87×10^{-5}$ mm/min)和旋耕处理($1.48×10^{-4}$ mm/min)。而 10 cm 深度以下各耕作处理的饱和导水率均较低且无显著差异。

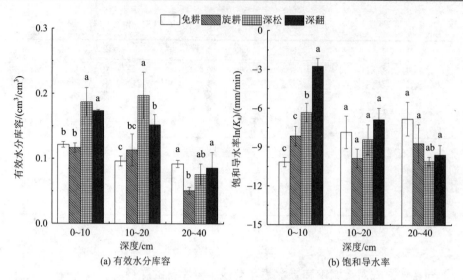

图 5-11   不同耕作方式下有效水分库容和饱和导水率的变化

不同小写字母表示不同耕作处理间差异显著($P < 0.05$)，饱和导水率进行了自然对数转换

5.2   不同耕作方式对土壤结构动态变化的影响

砂姜黑土质地黏重，黏土矿物以 2：1 型蒙脱石为主，具有强胀缩性。目前，有关砂姜黑土地区耕作方式对土壤物理性质的影响研究大多将土壤看作一个静态介质，主要关注不同耕作方式间的效果差异(谢迎新等，2015；赵亚丽等，2018；程思贤等，2018；Zhai et al.，2017)，而没有考虑到在耕作、干湿交替等交互作用下的土壤结构变化(张猛，2017；谷丰，2018)，忽视了砂姜黑土收缩膨胀的特征。本节利用对作物不同生育期内砂姜黑土物理性质的连续监测，系统研究土壤水分和结构的动态变化，对深入理解砂姜黑土结构演变规律具有重要意义。

5.2.1   不同耕作方式下土壤水分的动态变化

不同耕作方式显著改变了土壤结构和持水能力，进而影响水分动态变化过程。不同土层土壤含水量对降水的响应存在差异。0～10 cm 深度土层土壤含水量较深层低且变异系数较大(图 5-12)。有趣的是，在降水过后 10～20 cm 和 20～40 cm 深度的土壤含水量在一定时间保持一个"高台"现象，这一现象随土壤深度加深而更加明显，说明该研究区域土壤排水困难。各耕作处理不同土层含水量也表现各异。在 0～10 cm 深度处，深翻处理下土壤含水量($0.21 \ \text{cm}^3/\text{cm}^3$)低于其他耕作处理($0.22～0.25 \ \text{cm}^3/\text{cm}^3$)；而在 20～40 cm 深度，深翻处理下土壤含水量($0.34 \ \text{cm}^3/\text{cm}^3$)高于其他耕作处理($0.31～0.32 \text{cm}^3/\text{cm}^3$)，说明深翻处理有效促进了土壤水分下渗。在降水较少的 7 月至 8 月上旬，0～10 cm 深度土层免耕和深翻处理下含水量低于其他耕作处理。8 月中旬往后，降水量增大，0～10 cm 深度土层旋耕处理土壤含水量明显高于其他耕作处理。

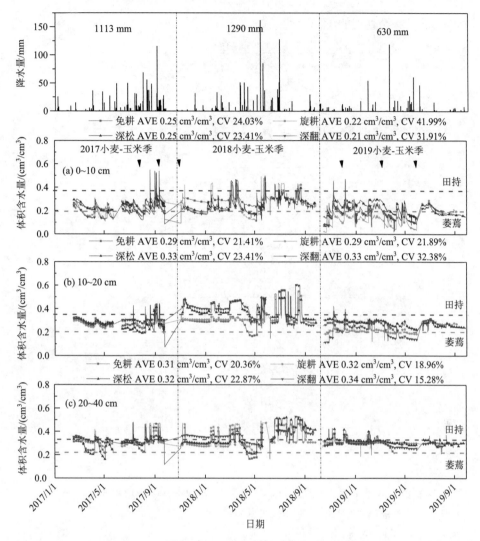

图 5-12　2017～2019 年不同耕作处理下土壤含水量动态变化(书后见彩图)

5.2.2　不同耕作方式下土壤容重的动态变化

在 2017 年玉米季和 2019 年小麦季作物生长期进行了 6 次采样(图 5-13)。免耕处理下土壤容重始终较高,在 0～10 cm 深度保持在 1.4～1.6 g/cm³,在 10～20 cm 深度保持在 1.55～1.7 g/cm³。而深翻处理 10～20 cm 深度土壤容重始终较低,保持在 1.4～1.5 g/cm³。20～40 cm 深度,除玉米灌浆期(2017/9/9)外,不同处理下土壤容重均无明显差异。

在玉米季,不同处理土壤容重随含水量的变化呈现湿胀干缩的变化趋势,变化幅度最大可以达到 0.15 g/cm³。与苗期(2017/7/5)相比,玉米收获期(2017/10/25)0～10 cm 深度土层免耕、旋耕、深松、深翻四种处理下土壤容重分别降低了 0.46%、9.2%、1.7%、8.7%。在 10～20 cm 和 20～40 cm 深度不同处理下容重降低幅度分别为 0.22%～2.7% 和

1.1%～4.4%，以深翻处理的下降幅度最大。

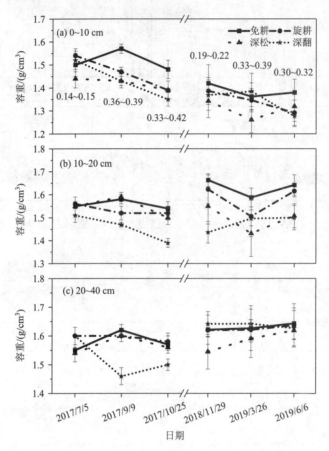

图 5-13 2017 年玉米季和 2019 年小麦季不同耕作处理下土壤容重动态变化

图中标注的数字范围为不同采样时期 0～10 cm 深度各处理样品体积含水量

在小麦季，土壤容重在水力作用下呈现不断落实的变化趋势。与小麦苗期 (2018/11/29) 相比，小麦收获期 (2019/6/6) 0～10 cm 深度土层免耕、旋耕、深松、深翻四种处理下土壤容重分别降低 2.8%、6.9%、1.7%、6.7%。在 10～20 cm 深度，除深翻处理容重增加了 4.4% 外，其余三种处理容重降低 0.51%～2.7%。而在 20～40 cm 深度，免耕、旋耕和深松处理容重增加了 1.0%～4.8%，但深翻处理无明显变化。

5.2.3 不同耕作方式下土壤紧实度的动态变化

土壤紧实度同时受土壤容重和土壤含水量的影响，土壤容重增大、含水量降低引起土壤紧实度的剧烈增大。玉米苗期降水少，土壤含水量低，土壤紧实度较高(图 5-14)；免耕处理下 10～30 cm 深度范围土壤紧实度均显著高于其他三种耕作处理，在 12.5 cm 处土壤紧实度高达 2475 kPa，其余耕作处理间无显著差异。8 月之后降水量增加，土壤紧实度较苗期明显降低。玉米灌浆期免耕处理下 5～15 cm 深度范围紧实度显著高于其他处理；深翻显著降低了 10～30 cm 深度范围土壤平均紧实度至 725 kPa，其他三种耕作处理平均紧实度在 938～1092 kPa。玉米收获期土壤紧实度较灌浆期稍有增大，10～30 cm 深度土层土壤平均紧实度由低至高依次为：深翻(764 kPa)、深松(930 kPa)、旋耕(1061 kPa)、免耕(1158 kPa)。

小麦季土壤紧实度主要受耕作处理的影响。在不同生育期，0～45 cm 深度土壤紧实度均表现为免耕>旋耕>深松≈深翻。与玉米季相比，小麦季降雨少，土壤含水量较低，土壤紧实度较玉米季偏高(图 5-15)。在小麦苗期，土壤含水量低(0.22～0.23 cm³/cm³)，各处理 10 cm 深度以下土壤紧实度均大于 1000 kPa，免耕和旋耕处理土壤紧实度峰值分别为 2154 kPa 和 2069 kPa。降雨过后，小麦返青期土壤含水量升高(0.2～0.29 cm³/cm³)，土壤紧实度下降，10～30 cm 深度土层土壤紧实度表现为免耕(1579 kPa)≈旋耕(1465 kPa)>深松(1107 kPa)≈深翻(1103 kPa)。小麦收获期土壤紧实度与返青期相似，10～30 cm 深度土层土壤紧实度表现为免耕(1445 kPa)≈旋耕(1323 kPa)>深翻(1016 kPa)>深松(878 kPa)。

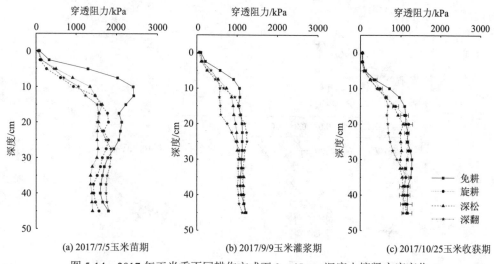

图 5-14　2017 年玉米季不同耕作方式下 0～45 cm 深度土壤紧实度变化

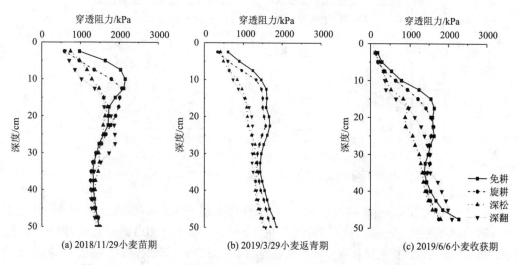

图 5-15　2019 年小麦季不同耕作方式下 0～45 cm 深度土壤紧实度变化

5.2.4　不同耕作方式下土壤收缩曲线的动态变化

利用 Peng 和 Horn(2005)提出的收缩模型拟合不同耕作处理下的土壤收缩曲线(图 5-16)。各处理土壤收缩过程与收缩模型具有极好的拟合度,决定系数均在 0.99 以上,均方根误差均在 0.010 以下。不同耕作处理土壤收缩曲线基本平行,但相对位置发生了变化,表明耕作仅改变土壤大孔隙,不改变土壤收缩行为。各处理收缩曲线均被 3 个特征点分成 4 个典型收缩阶段——结构收缩(e_{ss})、比例收缩(e_{ps})、残余收缩(e_{rs})及零收缩(e_{zs})阶段。其中比例收缩阶段占整个收缩过程的 56%~69%;其次是残余收缩阶段,占收缩过程的 17%~32%;结构收缩和零收缩阶段的占比均不超过 25%。不同耕作处理下土壤收缩过程的差异主要出现在 10~20 cm 深度土层。

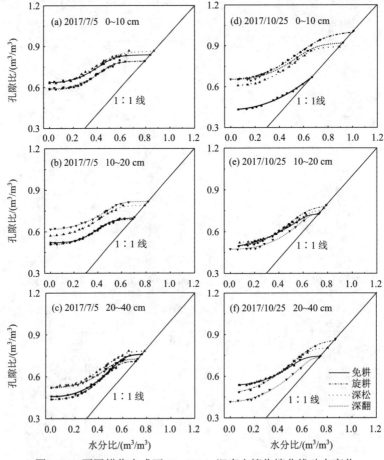

图 5-16　不同耕作方式下 0~40 cm 深度土壤收缩曲线动态变化

在玉米苗期,深松和深翻处理 10~20 cm 深度土层土壤饱和孔隙比(e_s)和残余孔隙比(e_r)较免耕和旋耕处理分别显著提高 0.17~0.21 cm³/cm³ 和 0.07~0.11 cm³/cm³(表 5-7),结构收缩阶段比例(e_{ss})较免耕和旋耕处理显著提高 12%~29%,其他收缩比例阶段比例均有降低,特别是深翻处理下比例收缩阶段比例(e_{ps})较其他耕作处理降低 16%~23%(表 5-8);

表 5-7 不同耕作方式不同采样时期土壤比例收缩系数及收缩曲线最大斜率

深度/cm	处理	饱和孔隙比 e_s/(cm³/cm³)		残余孔隙比 e_r/(cm³/cm³)		COLE/(mm/mm)		Slope	
		苗期	收获期	苗期	收获期	苗期	收获期	苗期	收获期
0~10	免耕	0.80±0.04 a	0.68±0.04 b*	0.61±0.05 a	0.44±0.03 b*	0.040±0.02 a	0.055±0.03 b*	0.67±0.08 a	0.71±0.05 a
	旋耕	0.82±0.05 a	1.01±0.11 a	0.61±0.05 a	0.66±0.07 a	0.042±0.01 a	0.071±0.06 a*	0.66±0.05 a	0.64±0.05 a
	深松	0.89±0.08 a	0.89±0.05 a	0.65±0.06 a	0.61±0.03 a	0.046±0.04 a	0.060±0.03 a*	0.65±0.13 a	0.70±0.10 a
	深翻	0.79±0.03 a	0.92±0.02 a*	0.60±0.03 a	0.65±0.01 a	0.041±0.05 a	0.062±0.04 a*	0.66±0.02 a	0.64±0.04 a
10~20	免耕	0.62±0.07 b	0.74±0.05 a*	0.51±0.05 b	0.50±0.04 a	0.039±0.04 a	0.052±0.03 b*	0.57±0.03 a	0.63±0.05 a
	旋耕	0.61±0.04 b	0.77±0.06 a*	0.52±0.04 b	0.52±0.05 a	0.040±0.01 a	0.056±0.04 b*	0.61±0.03 a	0.68±0.08 a
	深松	0.79±0.18 a	0.79±0.05 a	0.59±0.05 a	0.50±0.04 a	0.045±0.03 a	0.066±0.05 a*	0.61±0.08 a	0.66±0.06 a
	深翻	0.82±0.04 a	0.70±0.03 a*	0.62±0.04 a	0.45±0.03 a*	0.040±0.02 a	0.072±0.05 a*	0.56±0.06 a	0.72±0.05 a
20~40	免耕	0.76±0.03 a	0.71±0.07 b	0.44±0.01 ab	0.51±0.06 a*	0.066±0.05 a	0.048±0.01 c*	0.88±0.09 a	0.74±0.04 a
	旋耕	0.73±0.02 a	0.90±0.08 a*	0.43±0.02 b	0.47±0.03 a	0.061±0.02 a	0.072±0.02 a*	0.89±0.08 a	0.83±0.14 a
	深松	0.77±0.03 a	0.78±0.03 b	0.49±0.03 ab	0.52±0.02 a	0.055±0.05 b	0.059±0.04 b	0.69±0.06 a	0.79±0.07 a
	深翻	0.76±0.05 a	0.74±0.04 b	0.51±0.03 a	0.42±0.04 a	0.044±0.03 b	0.076±0.02 a*	0.74±0.06 a	0.86±0.10 a

注: 线性伸展系数(COLE), COLE=$(L_0-L_{105℃})/L_0$, L_0、$L_{105℃}$分别为土壤饱和时和105℃烘干条件下的土体高度(cm)。根据 da Silva 等(2017)提出的划分方法, 依据 COLE 的大小可将土壤的收缩幅度分为三个级别: 弱收缩幅度, COLE<0.03; 中等收缩幅度, 0.03<COLE<0.06; 强收缩幅度, COLE>0.06。Slope 为收缩曲线拐点处斜率。不同小写字母表示不同处理间具有显著差异($P<0.05$), *表示苗期与收获期之间具有显著差异($P<0.05$)。

表 5-8 不同耕作方式不同采样时期土壤各收缩阶段比例

深度/cm	处理	e_{ss}		e_{ps}		e_{rs}		e_{zs}	
		苗期	收获期	苗期	收获期	苗期	收获期	苗期	收获期
0~10	免耕	0.13±0.02 a	0.06±0.01 b*	0.60±0.04 a	0.60±0.04 a	0.23±0.03 ab	0.30±0.03 a	0.04±0.01 a	0.04±0.01 a
	旋耕	0.15±0.03 a	0.16±0.03 a	0.57±0.01 a	0.64±0.01 a	0.24±0.02 a	0.18±0.01 b*	0.04±0.01 a	0.02±0.003 a
	深松	0.20±0.03 a	0.15±0.01 a	0.62±0.05 a	0.61±0.03 a	0.15±0.02 b	0.22±0.03 ab*	0.02±0.01 a	0.02±0.002 a
	深翻	0.13±0.04 a	0.19±0.1 a	0.58±0.01 a	0.54±0.05 b	0.26±0.04 a	0.22±0.05 ab	0.04±0.01 a	0.04±0.006 a
10~20	免耕	0.19±0.01 b	0.05±0.01 b	0.57±0.03 a	0.68±0.04 a	0.22±0.04 ab	0.25±0.04 ab	0.05±0.01 a	0.01±0.003 b
	旋耕	0.10±0.01 c	0.03±0.01 b	0.60±0.02 a	0.63±0.06 a	0.27±0.01 a	0.30±0.04 a	0.04±0.01 a	0.04±0.006 a
	深松	0.31±0.16 a	0.11±0.02 a*	0.53±0.13 a	0.65±0.03 a*	0.15±0.04 b	0.21±0.01 b*	0.01±0.001 b	0.03±0.008 a
	深翻	0.39±0.12 a	0.10±0.03 a*	0.37±0.04 b	0.61±0.04 a*	0.22±0.04 ab	0.26±0.04 ab	0.02±0.003 b	0.04±0.010 a
20~40	免耕	0.06±0.01 a	0.06±0.02 a	0.66±0.02 a	0.57±0.06 a	0.26±0.01 ab	0.32±0.04 a	0.02±0.01 a	0.06±0.03 a
	旋耕	0.06±0.02 a	0.06±0.03 a	0.63±0.01 a	0.69±0.05 a	0.28±0.01 a	0.23±0.03 b	0.03±0.01 a	0.02±0.01ab
	深松	0.08±0.02 a	0.08±0.02 a	0.71±0.06 a	0.64±0.04 a	0.19±0.02 b	0.25±0.01 ab	0.02±0.006 a	0.03±0.01 ab
	深翻	0.08±0.02 a	0.07±0.02 a	0.63±0.03 a	0.70±0.02 a	0.27±0.01 ab	0.22±0.01 ab	0.03±0.005 a	0.01±0.002 b

注：结构收缩阶段（e_{ss}）：土壤失水较大，但土壤形变较小，结构收缩阶段比例增加说明土壤结构较好；在比例收缩阶段（e_{ps}），土壤体积的减少量几乎等于土壤中水分的减少量，比例收缩段比例高表明土壤结构较差；在残余收缩（e_{rs}）和零收缩（e_{zs}）阶段，土壤的体积减小量小于土壤中水分的损失量，但也会带来一定程度的形变。不同小写字母表示不同处理间具有显著差异（$P<0.05$），*表示苗期与收获期之间具有显著差异（$P<0.05$）。

说明两种处理下稳定性大孔隙结构比例较高。各处理土壤线性伸展系数(COLE)和收缩曲线最大斜率(Slope)均无显著差异(表 5-7)。

在玉米收获期,深松和深翻处理下 10～20 cm 深度土层 e_{ss} 较免耕和旋耕处理仅提高 5%～8%;COLE 分别显著提高至 0.066 mm/mm 和 0.072 mm/mm,达到强收缩幅度 (COLE > 0.06)。与苗期相比,玉米收获期免耕和旋耕处理下 10～20 cm 深度土层 e_{ss} 分别降低 14%和 7%;e_{ps} 分别增大 11%和 3%,COLE 分别增大 0.013 mm/mm 和 0.016 mm/mm。而深松和深翻处理 e_{ss} 分别降低 20%和 29%;e_{ps} 分别增大 12%和 24%,COLE 分别增大 0.021 mm/mm 和 0.032 mm/mm。深松和深翻处理下大孔隙结构退化程度更大(表 5-7)。

土壤 COLE 与土壤含水量和容重间均具有显著的相关性(表 5-9),随土壤含水量增加、容重降低,土壤收缩程度增大。与容重相比($r = -0.31^{*} \sim -0.66^{**}$,$P < 0.05$),土壤含水量与 COLE 之间相关性更强($r = 0.59^{**} \sim 0.71^{**}$,$P < 0.01$),说明水分是驱动砂姜黑土结构变化的首要因素。土壤 e_{ss}、e_{ps} 和 e_{rs} 与土壤含水量之间也具有显著的相关关系($r = -0.32^{*} \sim -0.59^{**}$,$P < 0.05$),土壤含水量增加,$e_{ss}$ 显著降低,e_{ps} 和 e_{rs} 显著提高,说明大孔隙稳定性降低、收缩能力增强。

表 5-9　各收缩阶段比例及饱和收缩系数与土壤含水量和容重间相关性

深度/cm	指标	e_{ss}	e_{ps}	e_{rs}	e_{zs}	COLE
0～10	VWC	-0.41^{**}	0.43^{**}	0.58^{**}	-0.09	0.71^{**}
	BD	-0.21	-0.21	0.45^{**}	0.37^{*}	-0.43^{**}
10～20	VWC	-0.21	0.54^{*}	0.44^{*}	0.01	0.64^{**}
	BD	0.07	-0.17	0.11	0.11	-0.31^{*}
20～40	VWC	-0.32^{*}	0.55^{**}	0.59^{**}	-0.14	0.59^{**}
	BD	0.58^{**}	-0.60^{**}	0.23	0.33^{*}	-0.66^{**}

注:VWC 表示土壤体积含水量(cm^3/cm^3),BD 表示土壤容重(g/cm^3)。*表示变量之间具有显著相关性($P<0.05$),**表示变量之间具有极显著相关性($P<0.01$)。

5.2.5　不同耕作方式下土壤水分特征曲线的动态变化

在不同采样期,各处理水分特征曲线的变化主要出现在低吸力阶段,在高吸力阶段各处理土壤含水量无明显差异(图 5-17)。与小麦返青期(2019/3/6)相比,0～10 cm 深度玉米收获期(2018/9/22)免耕、旋耕、深松、深翻处理下土壤饱和含水量(θ_s)分别下降 0.139 cm^3/cm^3、0.074 cm^3/cm^3、0.076 cm^3/cm^3、0.051 cm^3/cm^3(表 5-10)。除旋耕外,其余各处理 α 值明显降低。在小麦返青期,各处理均在土壤水吸力 pF > 2(20 hPa)后开始快速失水,在 pF < 2 范围内,深翻处理下土壤含水量低于其他处理[图 5-17(c)]。而在玉米收获期[图 5-17(a)],当 pF > 2 时旋耕处理下土壤开始快速失水;当 pF > 4(55 hPa)时深松和深翻处理土壤开始快速失水;当 pF > 6 时(404 hPa)免耕处理开始快速失水。各处理土壤持水能力的差异出现在土壤水吸力 pF < 8(2980 hPa)范围内,说明各处理下土壤大孔隙分布发生了明显变化。

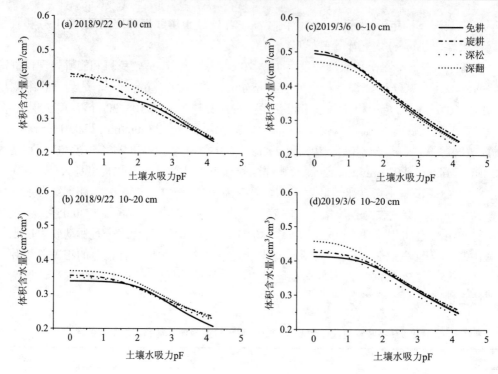

图 5-17　不同耕作处理下水分特征曲线动态变化

表 5-10　不同耕作方式下 0～20 cm 深度水分特征曲线参数

深度/cm	参数	免耕		旋耕		深松		深翻	
		玉米季	小麦季	玉米季	小麦季	玉米季	小麦季	玉米季	小麦季
0～10	$\theta_s/(cm^3/cm^3)$	0.359	0.498	0.434	0.508	0.432	0.508	0.422	0.473
	$\theta_r/(cm^3/cm^3)$	0.221	0.223	0.218	0.227	0.224	0.223	0.217	0.230
	α	0.004	0.096	0.184	0.126	0.041	0.115	0.017	0.074
	n	1.108	1.100	1.074	1.095	1.090	1.111	1.099	1.099
10～20	$\theta_s/(cm^3/cm^3)$	0.334	0.414	0.352	0.427	0.350	0.436	0.369	0.460
	$\theta_r/(cm^3/cm^3)$	0.207	0.241	0.224	0.244	0.225	0.242	0.229	0.241
	α	0.007	0.028	0.044	0.045	0.028	0.127	0.027	0.078
	n	1.152	1.084	1.097	1.077	1.102	1.079	1.088	1.086

注：θ_s 为饱和含水量；θ_r 为残余含水量；α 为水分特征曲线进气值的倒数；n 为水分特征曲线的形状因子。

在 10～20 cm 深度，与小麦返青期相比，玉米收获期各处理下饱和含水量分别降低 0.080 cm^3/cm^3、0.075 cm^3/cm^3、0.086 cm^3/cm^3、0.091 cm^3/cm^3，深松和深翻处理下降低幅度稍大（表 5-10）。在不同采样期，当 pF > 2 时（20 hPa）各处理土壤开始快速失水，土壤含水量差异均主要出现在 pF < 5（149 hPa）范围内。

5.2.6　不同耕作方式下土壤孔隙分布曲线的动态变化

不同采样时期，土壤孔隙分布及>0.2 μm 孔隙密度发生了明显的变化（图 5-18）。0～

10 cm 深度，在小麦返青期各处理孔隙分布无显著差异（d_{mode}=24.5～42.9 μm），玉米收获期 d_{mode} 表现为旋耕（45.8 μm）>深松（12.5 μm）>深翻（5.67 μm）>免耕（1.29 μm）。与小麦返青期相比，除旋耕外其余各处理 d_{mode} 均显著降低；土壤有效孔隙密度在免耕和深松处理下分别降低了 8.4%和 9.3%，在旋耕和深翻处理下分别降低了 2.5%和 3.4%（表 5-11）。

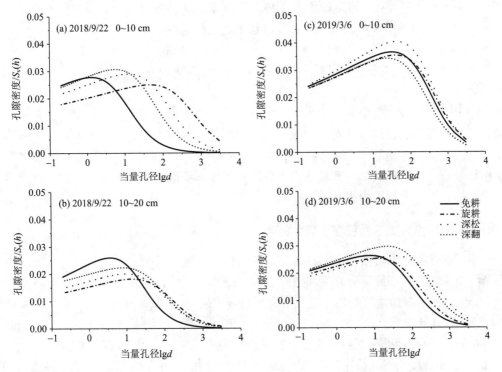

图 5-18　不同耕作处理下孔隙分布动态变化

表 5-11　不同耕作方式下 0～20 cm 深度土壤孔隙分级

深度/cm	孔隙度分布	免耕		旋耕		深松		深翻	
		收获	返青	收获	返青	收获	返青	收获	返青
0～10	d_{mode}/μm	1.29	32.4	45.8	40.4	12.5	42.9	5.67	24.5
	>50 μm/%	4.19	7.2	9.49	7.5	6.29	11.7	5.10	7.3
	0.2～50 μm/%	11.9	17.3	12.1	16.6	14.6	18.4	15.3	16.6
	<0.2 μm/%	23.6	24.1	24.2	25.1	24.4	22.3	24.6	23.7
	有效孔隙/%	16.1	24.5	21.6	24.1	20.8	30.1	20.4	23.8
10～20	d_{mode}/μm	3.71	7.9	14.2	11.7	9.55	33.4	8.03	22.4
	>50 μm/%	4.71	3.1	3.95	4.0	4.24	6.7	6.26	6.2
	0.2～50 μm/%	12.0	13.4	9.0	12.9	10.0	12.9	11.3	14.7
	<0.2 μm/%	20.9	24.9	23.7	25.8	22.6	24.1	23.1	25.1
	有效孔隙/%	16.7	16.5	13.0	16.9	14.3	19.5	17.6	20.9

注：有效孔隙指 >0.2 μm 的孔隙，具有通气和持水功能。

在 10～20 cm 深度，与小麦返青期相比，玉米收获季时各处理 d_{mode} 均有所降低，小麦返青期 d_{mode} 深松（33.4 μm）和深翻处理（22.4 μm）显著大于免耕（7.9 μm）和旋耕处理（11.7 μm）；而在玉米收获期 d_{mode} 表现为旋耕（14.2 μm）>深松（9.55 μm）>深翻（8.03 μm）>免耕（3.71 μm），深松和深翻处理土壤孔隙分布变化更显著。与小麦返青期相比，旋耕、深松、深翻处理有效孔隙密度降低了 3.3%～5.2%，而免耕处理有效孔隙密度无明显变化（表 5-11），说明深松和深翻处理下孔隙结构不稳定，易发生退化。

5.3   不同耕作方式对土壤有机碳的影响

砂姜黑土有机质含量低，团聚体稳定性差，制约着该区域土壤团粒结构发育和肥力提升。为探究不同耕作方式对砂姜黑土固碳过程的影响，本节基于安徽龙亢农场砂姜黑土耕作定位试验区（同 5.1 节），对 2018 年玉米收获季不同耕作方式下 0～40 cm 深度土层秸秆分布、有机碳储量、有机碳物理分组及团聚体稳定性进行研究，以期为改善砂姜黑土结构、提升土壤肥力提供理论依据。

5.3.1   不同耕作方式下秸秆在土层中的分布

不同耕作方式显著改变了秸秆总量及各秸秆在土壤剖面的分布（图 5-19）。深松处理下秸秆总量较免耕和旋耕分别提高 38.7% 和 38.6%；深翻较免耕和旋耕分别提高 34.4% 和 34.3%。由于深松垂直打破了犁底层而不翻转土层（图 5-2），在 0～10 cm 深度土层深松处理下秸秆含量（11.25 t/hm²）显著高于其他三种耕作处理（8.64～9.02 t/hm²）（$P < 0.05$）。而深翻处理能够将表层丰富的有机物质翻埋至下层土壤（图 5-2），显著提高了 10～40 cm 深度土层的秸秆含量。10～20 cm 深度土层的秸秆含量表现为深翻（3.53 t/hm²）>深松（2.19 t/hm²）>旋耕（0.89 t/hm²）、免耕（0.81 t/hm²）。20～40 cm 深度土层的秸秆含量表现为深翻（2.11 t/hm²）>旋耕（0.97 t/hm²）、深松（0.90 t/hm²）>免耕（0.37 t/hm²）。

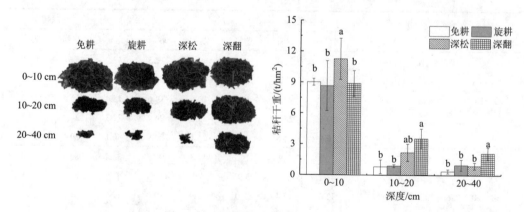

图 5-19   不同耕作方式下秸秆分布状况

图中不同小写字母表示同一深度不同耕作方式间差异显著（$P<0.05$），下同

5.3.2 不同耕作方式下土壤有机碳储量

0～10 cm 深度各耕作处理间土壤有机碳(SOC)含量无明显差异(12.2～14.2 g/kg)。深翻由于增加了 10～40 cm 深度土层的秸秆含量，提高了下层土壤的碳输入，10～20 cm 和 20～40 cm 深度土层土壤有机碳含量较其他处理明显提升，20～40 cm 深度 SOC 含量为 8.25 g/kg，其余三种耕作方式下土壤有机碳含量在 5.4 g/kg～6.91 g/kg(表 5-12)。

表 5-12　不同耕作处理下各深度土壤容重、有机碳(SOC)含量及储量

深度/cm	处理	容重/(g/cm³)	SOC/(g/kg)	SOC 储量/(t/hm²)
0～10	免耕	1.58 ± 0.02 a	12.4 ± 2.00 a	19.6 ± 3.23 a
	旋耕	1.39 ± 0.09 b	14.2 ± 1.28 a	19.6 ± 1.19 a
	深松	1.40 ± 0.02 b	13.9 ± 1.34 a	19.4 ± 1.71 a
	深翻	1.42 ± 0.12 b	12.2 ± 2.12 a	17.3 ± 2.19 a
10～20	免耕	1.63 ± 0.02 ab	7.78 ± 0.41 b	12.7 ± 0.77 b
	旋耕	1.61 ± 0.03 ab	9.31 ± 3.32 ab	15.0 ± 3.42 ab
	深松	1.68 ± 0.07 a	9.32 ± 0.83 ab	15.7 ± 1.85 ab
	深翻	1.58 ± 0.04 b	10.5 ± 1.19 a	16.7 ± 2.05 a
20～40	免耕	1.42 ± 0.03 b	5.4 ± 0.21 b	15.4 ± 0.77 b
	旋耕	1.51 ± 0.02 a	6.91 ± 2.23 ab	21.0 ± 4.48 ab
	深松	1.57 ± 0.07 a	6.38 ± 0.91 ab	19.9 ± 3.65 ab
	深翻	1.56 ± 0.06 a	8.25 ± 2.33 a	25.6 ± 4.32 a

注：不同小写字母表示同一深度不同处理间差异显著($P<0.05$)，下同

不同耕作处理下各深度及 0～40 cm 深度土层土壤有机碳储量部分具有明显差异(表 5-12)。0～10 cm 深度土层，各耕作处理下有机碳储量无显著差异(17.3～19.6 t/hm²)。10～20 cm 深度土层，深松(15.7 t/hm²)和深翻处理(16.7 t/hm²)较免耕(12.7 t/hm²)分别显著提高 23.6%和 31.5%($P < 0.05$)。20～40 cm 深度土层有机碳储量深翻(25.6 t/hm²)较免耕(15.4 t/hm²)显著提升 66.2%($P < 0.05$)，其余各处理均无显著差异。0～40 cm 深度耕层内土壤有机碳储量旋耕(55.6 t/hm²)、深松(55 t/hm²)和深翻(59.6 t/hm²)较免耕(47.7 t/hm²)分别提升 16.6%、15.3%和 24.9%，其中深翻与免耕间差异达到显著水平($P < 0.05$)。

5.3.3 不同耕作方式下土壤有机碳物理分组

土壤有机碳在土壤基质中的分布受耕作处理的影响。随着深度的增加，由于土壤有机碳含量的降低(表 5-12)，各有机碳组分含量均呈下降趋势(表 5-13)。土壤有机碳各组分中，s+c-M 组分占 41%～52%，其次为 s+c-mM 组分(27%～43%)、iPOM 组分(2.24%～10.2%)、cPOM 组分(3.23%～6.65%)和 fPOM 组分(0.67%～4.59%)。

目前由于本试验年限较短，土壤有机碳含量的提高主要来源于颗粒有机碳(POM)含量的增加。在 0～10 cm 深度土层，与深翻处理相比，深松处理显著增加了 fPOM 和 s+c-M 组分($P < 0.05$)。在 10～40 cm 深度土层，深翻处理增加了 POM(cPOM、fPOM 和 iPOM)含量，而矿物结合态有机碳(s+c-mM、s+c-M)不受影响($P < 0.05$)。深翻处理 POM 含量

在 10～20 cm 深度土层显著高于免耕处理，在 20～40 cm 深度土层高于免耕、旋耕和深松处理($P < 0.05$)。

表 5-13　不同耕作处理下各深度土壤有机碳物理分组

深度/cm	处理	cPOM/(g/kg)	微团聚体(53～250 μm)			
			fPOM/(g/kg)	iPOM/(g/kg)	s+c-mM/(g/kg)	s+c-M/(g/kg)
0～10	免耕	0.42±0.02 a	0.49±0.08 ab	1.05±0.27 a	3.09±0.43 a	4.46±0.25 b
	旋耕	0.43±0.14 a	0.43±0.04 ab	1.09±0.09 a	3.09±0.52 a	5.18±0.55 ab
	深松	0.39±0.06 a	0.57±0.09 a	1.25±0.20 a	3.19±0.39 a	5.57±0.29 a
	深翻	0.45±0.04 a	0.32±0.07 b	1.05±0.20 a	3.46±0.74 a	4.71±0.48 b
10～20	免耕	0.41±0.02 b	0.12±0.01 b	0.54±0.11 b	2.68±0.23 a	3.87±0.33 a
	旋耕	0.31±0.02 ab	0.20±0.11 ab	0.63±0.25 ab	2.88±0.42 a	4.00±1.05 a
	深松	0.28±0.14 a	0.21±0.10 ab	0.70±0.15 ab	3.04±0.09 a	4.10±0.68 a
	深翻	0.39±0.04 a	0.28±0.12 a	0.91±0.28 a	3.08±0.25 a	4.90±0.93 a
20～40	免耕	0.35±0.04 b	0.04±0.01 b	0.12±0.03 b	2.26±0.23 a	2.62±0.25 a
	旋耕	0.33±0.04 b	0.08±0.04 b	0.17±0.06 b	2.48±0.54 a	3.11±0.73 a
	深松	0.37±0.02 b	0.07±0.05 b	0.23±0.19 ab	1.90±0.49 a	2.91±0.29 a
	深翻	0.47±0.03 a	0.22±0.05 a	0.59±0.21 a	2.74±0.65 a	3.19±0.66 a

注：cPOM 为粗颗粒有机碳；fPOM 为微团聚体间颗粒有机碳(游离态颗粒有机碳)；iPOM 为微团聚体内颗粒有机碳(闭蓄态颗粒有机碳)；s+c-mM 为微团聚体中粉黏粒结合态有机碳；s+c-M 为粉黏粒结合态有机碳。

5.3.4　不同耕作方式下土壤团聚体稳定性

不同耕作处理使不同深度土层有机碳含量存在差异，进而引起土壤团聚过程的不同(图 5-20)。土壤团聚体稳定性通常用平均质量直径(MWD)来衡量。0～10 cm 深度土层，深松处理下平均质量直径显著高于其他三种处理；10～20 cm 深度土层，免耕处理下平均质量直径较其他处理显著降低；20～40 cm 深度土层，深翻处理下平均质量直径显著高于其他三种处理($P < 0.05$)。

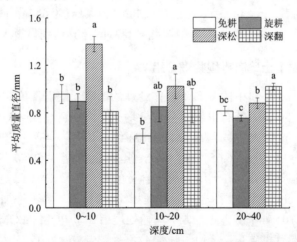

图 5-20　不同耕作方式下不同深度土层土壤团聚体稳定性

5.4 不同耕作方式对养分利用率的影响

土壤中氮素主要以硝态氮的形式存在(图 5-21)。各深度中,深松和深翻处理下铵态氮含量均显著高于免耕和旋耕处理($P < 0.05$);而硝态氮在 0~10 cm 深度表现为免耕和深松处理高于旋耕和深翻处理,而在 10~20 cm 深度深松和深翻处理下硝态氮含量则显著提高($P < 0.05$),说明两种处理下土壤养分更易向下迁移。

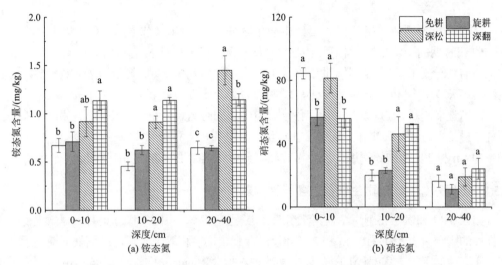

图 5-21 2017 年玉米季不同耕作方式下铵态氮和硝态氮含量

通过 ^{15}N 同位素标记进一步研究氮素迁移及转化过程(图 5-22):免耕处理 ^{15}N 以挥发损失(48.2%)为主;而深翻处理下 ^{15}N 主要以土壤残留(38.2%)和植物利用(41.1%)为主要去向。与免耕和旋耕相比,深翻处理下 ^{15}N 土壤残留率分别显著提高 8.3%和 8.7%,

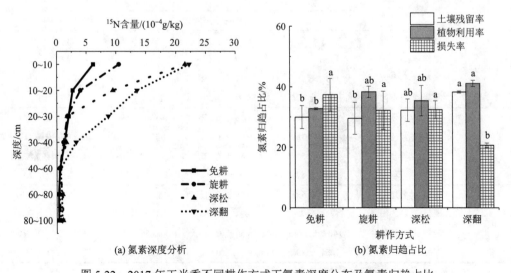

图 5-22 2017 年玉米季不同耕作方式下氮素深度分布及氮素归趋占比

植物利用率分别提高 8.2%和 2.9%。深翻处理下残留在土壤中的 ^{15}N 能够有效迁移至 60 cm 深度，0～60 cm 深度范围内土壤 ^{15}N 丰度显著高于其他三种处理[图 5-22(a)]。而免耕、旋耕及深松处理下 ^{15}N 迁移深度为 30 cm。在 0～30 cm 深度范围内，深松处理下土壤 ^{15}N 丰度显著高于免耕和旋耕处理。与免耕和旋耕相比，深松处理下 ^{15}N 土壤残留率较免耕和旋耕分别提高 2.3%和 2.7%；植物利用率较免耕提高 2.4%，较旋耕降低 2.9%[图 5-22(b)]。

5.5　不同耕作方式对土壤微生物群落结构的影响

为了分析不同耕作措施对砂姜黑土微生物群落的影响，本节围绕 2020 年小麦季和玉米季收获时期的土壤生物学性质，从土壤微生物群落多样性及结构和土壤胞外酶活性等方面进行综合分析，探究不同耕作方式下，土壤物理结构和固碳效应的变化所带来的微生物群落演替规律和功能活性变化，以期为砂姜黑土改良提供理论依据。

本节选取旋耕(RT)、深翻(DP)两种耕作方式，同时结合秸秆全量还田(s)、秸秆移除(rs)两种秸秆处理方式；在耕作后的一个作物年，分别在小麦和玉米收获季，采集 0～10 cm、10～20 cm 和 20～40 cm 深度土层土壤样品，分析土壤微生物群落和碳循环相关酶活性。

5.5.1　不同耕作方式对微生物群落多样性的影响

如表 5-14 和表 5-15 所示，无论是小麦季还是玉米季，不同耕作方式对土壤微生物群落多样性的影响集中在 0～10 cm 和 20～40 cm 深度土层；相较于旋耕，深翻处理增加了土壤细菌和真菌群落的丰富度(ACE)。而多样性香农指数(Shannon)只在 20～40 cm 深度土层受耕作方式影响，且只发生在玉米季，深翻相较于旋耕，增加了细菌多样性，降低了真菌多样性。而同一耕作方式下，秸秆还田与否对细菌和真菌群落丰富度及香农指数均无显著影响。

表 5-14　细菌群落多样性指数

深度 /cm	处理	小麦季		玉米季	
		ACE	Shannon	ACE	Shannon
0～10	旋耕+秸秆还田	1333 ± 23b	8.89 ± 0.06a	1164 ± 61b	8.56 ± 0.12a
	深翻+秸秆还田	1550 ± 29a	8.97 ± 0.17a	1267 ± 85ab	8.67 ± 0.25a
	旋耕+秸秆移除	1290 ± 15b	8.61 ± 0.25a	1213 ± 3ab	8.52 ± 0.14a
	深翻+秸秆移除	1510 ± 62a	8.83 ± 0.20a	1351 ± 106a	8.78 ± 0.12a
10～20	旋耕+秸秆还田	1511 ± 10a	8.73 ± 0.17b	1347 ± 97a	8.36 ± 0.24a
	深翻+秸秆还田	1496 ± 39a	9.06 ± 0.07a	1281 ± 31a	8.56 ± 0.21a
	旋耕+秸秆移除	1492 ± 53a	8.80 ± 0.12b	1380 ± 63a	8.56 ± 0.22a
	深翻+秸秆移除	1489 ± 57a	8.86 ± 0.12ab	1319 ± 72a	8.72 ± 0.10a
20～40	旋耕+秸秆还田	1447 ± 58b	9.08 ± 0.11a	1144 ± 111b	8.66 ± 0.28b
	深翻+秸秆还田	1744 ± 78a	9.24 ± 0.18a	1529 ± 17a	8.84 ± 0.23ab
	旋耕+秸秆移除	1409 ± 174b	8.60 ± 0.32b	1256 ± 84b	8.83 ± 0.17ab
	深翻+秸秆移除	1651 ± 39a	9.27 ± 0.05a	1531 ± 31a	9.19 ± 0.08a

注：不同小写字母表示同一土壤深度不同处理间差异显著($P<0.05$)。

表 5-15　真菌群落多样性指数

深度 /cm	处理	小麦季		玉米季	
		ACE	Shannon	ACE	Shannon
0~10	旋耕+秸秆还田	388 ± 9b	5.59 ± 0.29a	371 ± 70a	4.72 ± 0.10a
	深翻+秸秆还田	482 ± 43a	5.56 ± 0.18a	322 ± 20a	4.96 ± 0.15a
	旋耕+秸秆移除	429 ± 28ab	5.26 ± 0.51a	332 ± 9a	4.80 ± 0.14a
	深翻+秸秆移除	478 ± 36a	5.80 ± 0.22a	358 ± 21a	4.60 ± 0.47a
10~20	旋耕+秸秆还田	442 ± 39ab	6.06 ± 0.16a	325 ± 59a	3.85 ± 1.03a
	深翻+秸秆还田	406 ± 50b	5.60 ± 0.47a	352 ± 40a	4.62 ± 0.39a
	旋耕+秸秆移除	430 ± 17ab	6.03 ± 0.26a	376 ± 11a	4.70 ± 0.42a
	深翻+秸秆移除	507 ± 53a	5.76 ± 0.29a	338 ± 17a	4.47 ± 0.67a
20~40	旋耕+秸秆还田	466 ± 7a	6.34 ± 0.21a	260 ± 41b	5.44 ± 0.92ab
	深翻+秸秆还田	463 ± 39a	5.26 ± 0.68a	395 ± 55a	4.73 ± 0.65b
	旋耕+秸秆移除	388 ± 62b	6.12 ± 0.35a	316 ± 42ab	6.18 ± 0.22a
	深翻+秸秆移除	452 ± 18a	5.68 ± 0.74a	351 ± 24a	5.33 ± 0.69ab

注：不同小写字母表示同一土壤深度不同处理间差异显著（$P < 0.05$）。

5.5.2　不同耕作方式对微生物群落结构的影响

不同耕作方式显著改变了土壤微生物群落的结构（图 5-23 和图 5-24）。主坐标分析（PCoA）的结果表明，相较于旋耕，深翻处理改变了各个土层土壤细菌（图 5-23）和真菌的群落结构（图 5-24）。由于深翻对深层土壤物理结构的改善，以及外源有机质的输入，使底层土壤与旋耕发生显著差异，底层土壤微生物群落结构的解释度（PC1 + PC2）增加，尤其是在水热条件更好的玉米季。

同一耕作方式下，真菌群落结构只在小麦季的 0~10 cm 和 10~20 cm 深度土层秸秆还田与移除处理间发生分异，在 20~40 cm 深度无显著分异，在玉米季这种分异消失；而细菌群落结构受秸秆还田与否的影响较小，这可能是真菌更多地参与了秸秆分解。

综上，耕作方式对土壤微生物群落的影响大于秸秆处理方式；不同秸秆处理方式由于年限较短，只在小麦季影响表层的真菌群落结构。

5.5.3　不同耕作方式对土壤微生物胞外酶活性的影响

土壤微生物胞外酶活性受耕作方式和秸秆还田与否影响较大。深翻相较于旋耕，增加了 10~20 cm、20~40 cm 深度土层中土壤 α-葡萄糖苷酶、β-葡萄糖苷酶、纤维素酶和木糖苷酶的活性（图 5-25 和图 5-26），尤其在 20~40 cm 深度土层，增加幅度超过 100%；但同时由于深翻将较为贫瘠的下层土壤翻至上层，导致 0~10 cm 深度土层这 4 种酶活性略微下降。并且，耕作方式对土壤酶活性的影响持续到了玉米季。

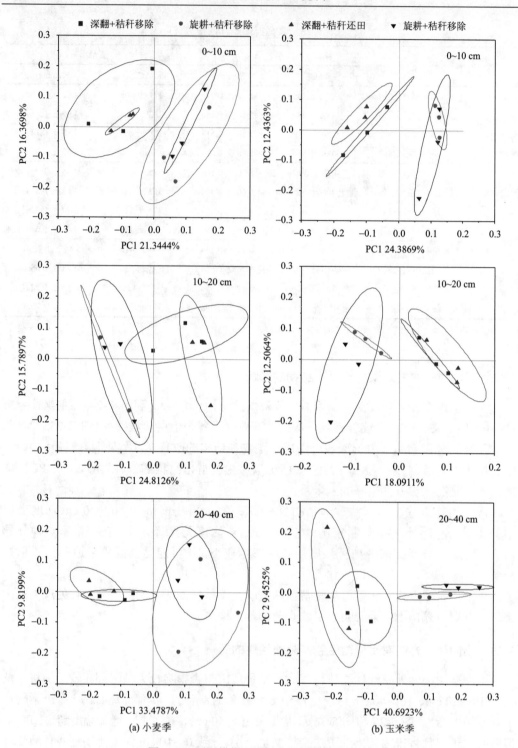

图 5-23　不同耕作处理下土壤细菌群落结构

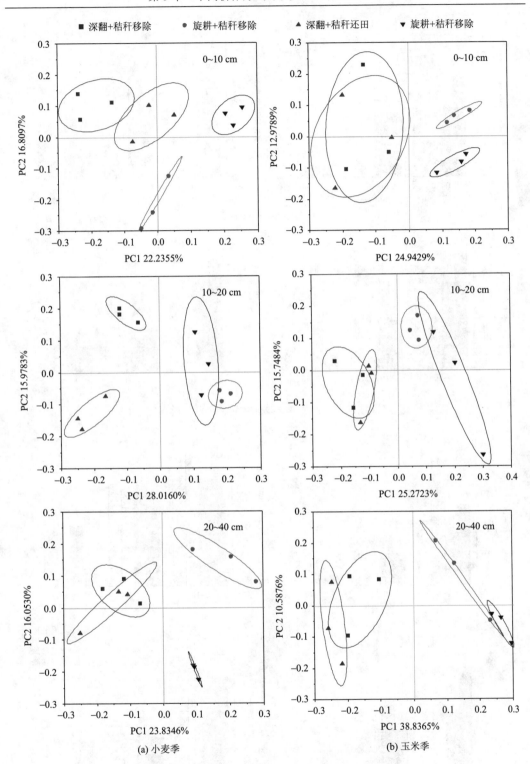

图 5-24　不同耕作处理下土壤真菌群落结构

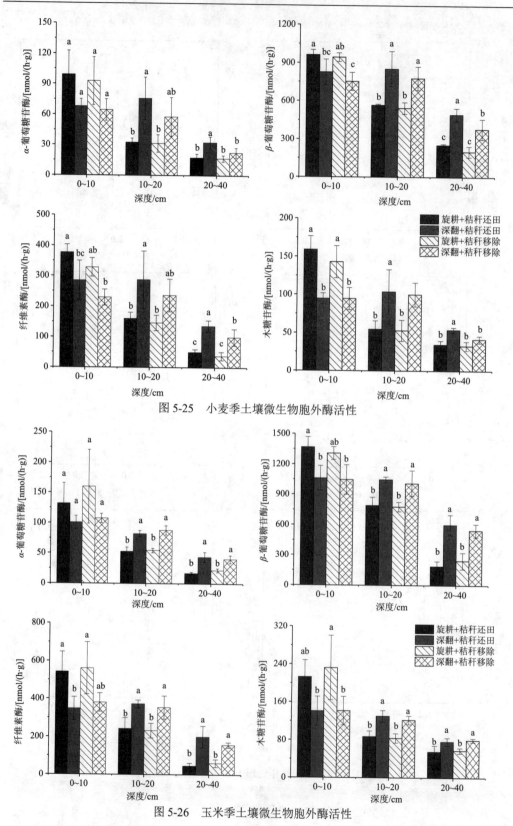

图 5-25　小麦季土壤微生物胞外酶活性

图 5-26　玉米季土壤微生物胞外酶活性

而在不同耕作方式下秸秆还田与否对土壤酶活性的影响不同。旋耕处理下，秸秆还田与否对各土层土壤酶活性无显著影响。在深翻处理下，小麦季由于上茬还田秸秆被带入更深层的土壤，导致秸秆还田处理下 4 种酶活性在 10～20 cm 深度土层略高于秸秆移除处理，在 20～40 cm 深度土层显著高于秸秆移除处理；而在玉米季，由于没有更多的秸秆被带入深层土壤，导致秸秆还田与否之间无显著差异。

5.6　不同耕作方式对作物生长的影响

砂姜黑土耕层薄、结构紧实，导致作物根系多分布在土壤表层，严重制约了作物的水肥利用效率(程思贤等，2018)。本节进一步讨论不同耕作方式下小麦-玉米轮作系统中作物生长、养分迁移转化过程及周年作物产量表现，以期为砂姜黑土丰产增效提供理论依据。

5.6.1　不同耕作方式对作物根系的影响

砂姜黑土土壤强度较大，90%以上的小麦或玉米根系均分布在 0～10 cm 深度土层(图 5-27)。不同耕作方式对小麦根系生长无显著影响[图 5-27(a)]，但玉米根系的生长有明显的变化[图 5-27(b)，图 5-28]。在 0～10 cm 深度土层，深翻处理下玉米根系密度较免耕、旋耕、深松处理分别增加了 73.9%、35.4%、55.2%。10～20 cm 和 20～40 cm 深度旋耕处理玉米根系密度显著高于免耕和深松处理($P < 0.05$)。

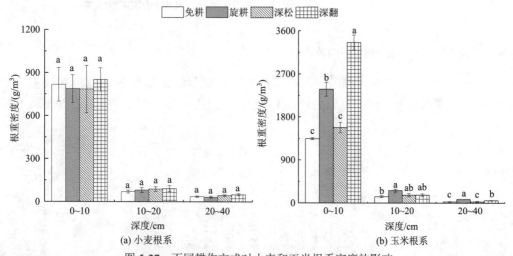

图 5-27　不同耕作方式对小麦和玉米根系密度的影响

图 5-28　2017 年不同耕作方式的玉米根系照片

5.6.2　不同耕作方式对作物秸秆生物量的影响

2017～2019 年深松和深翻处理下小麦地上部秸秆生物量较免耕平均增加 14.6%和13.4%；玉米地上部秸秆生物量平均增加 13.5%和11.1%。与旋耕相比，深松和深翻处理小麦地上部秸秆生物量平均降低 2.1%和3.1%；玉米地上部秸秆生物量平均增加了13.6%和11.0%(图 5-29)。

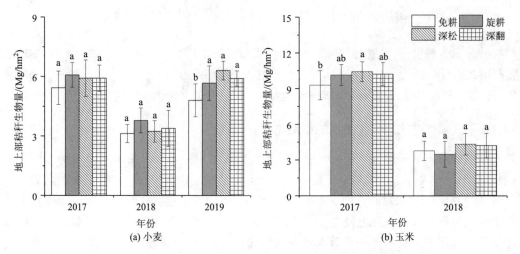

图 5-29　2017～2019 年不同耕作方式下小麦和玉米地上部秸秆生物量

5.6.3　不同耕作方式对作物籽粒产量的影响

2016～2019 年 7 季作物产量总体表现为深松和深翻处理高于免耕和旋耕处理(图 5-30)。深松处理小麦产量较免耕和旋耕处理平均增产 33.9%、–0.65%；深翻处理较

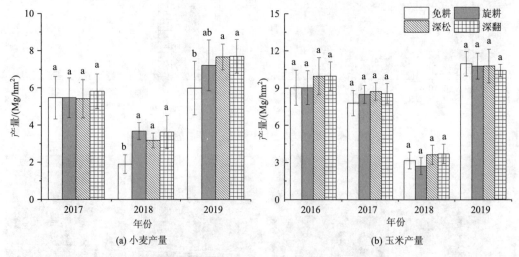

图 5-30　2016～2019 年不同耕作方式下小麦和玉米产量

免耕和旋耕平均增产 49.9%、9.27%。深松处理玉米产量较免耕和旋耕处理平均增产 6.22%、5.43%；深翻处理较免耕和旋耕平均增产 5.26%、4.47%。深翻处理的增产效果大于深松，小麦增产幅度大于玉米。2018 年由于受到渍害的影响，作物产量大幅下降。

5.6.4　土壤物理性质与作物生长的关系

将小麦和玉米生长发育过程中各重要生育期及全生育期各小区 0~40 cm 深度范围内土壤物理性质及植物氮素利用率(NUE)，与作物生长进行相关分析(表 5-16)，可以发现：小麦根系发育与土壤紧实度及容重间无明显相关关系；但小麦产量受返青期土壤紧实程度的显著抑制，与土壤穿透阻力及土壤容重间均具有负相关性($r=-0.61^*$，$r=-0.59^*$，$P<0.05$)；全生育期土壤容重与小麦产量也具有负相关关系($r=-0.61^*$，$P<0.05$)。

表 5-16　小麦和玉米生育期内土壤物理性质与根系发育及产量间的相关性

玉米季	指标	根干重密度	产量	小麦季	指标	根干重密度	产量
苗期	紧实度	−0.29	−0.42	苗期	紧实度	−0.36	−0.02
	容重	−0.04	−0.07		容重	−0.07	−0.56
灌浆期	紧实度	−0.71**	−0.51	返青期	紧实度	−0.03	−0.61*
	容重	−0.51	−0.23		容重	0.28	−0.59*
收获期	紧实度	−0.61*	−0.55	收获期	紧实度	−0.07	−0.56
	容重	−0.53	−0.04		容重	0.25	−0.43
全生育期	紧实度	−0.54	−0.55	全生育期	紧实度	−0.54	−0.40
	容重	−0.53	−0.24		容重	−0.27	−0.61*
	^{15}NUE	0.48	0.61*				

*、**分别表示在 0.05 和 0.01 水平上(双侧)显著相关。

在玉米季，除玉米苗期根干重密度与土壤穿透阻力间相关性未达到显著水平外，其余生长发育期根干重密度与土壤穿透阻力均呈显著负相关关系($P<0.05$)。Passioura (2002)发现土壤容重和土壤穿透阻力高于 1.4 g/cm^3 和 1 MPa 时根系生长明显放缓。在砂姜黑土区夏玉米根系发育最为旺盛的 8 月中旬至 9 月末(杨青华等，2000)，0~10 cm 深度耕层范围内土壤穿透阻力除免耕处理外均低于 1 MPa，深松和深翻处理下该深度土壤平均穿透阻力均低于 450 kPa，促进了作物生物量更多地分配至地下部分，根干重密度与土壤穿透阻力间相关性达到极显著水平(表 5-10，$P<0.01$)。发达的根系显著增强了作物对水分和养分的吸收，玉米产量与 NUE 间呈显著的正相关性($r=0.61^*$，$P<0.05$)。

5.7　小　　结

本章以淮北平原典型的砂姜黑土为研究对象，依托安徽省龙亢农场耕作定位试验基地，在秸秆全量还田的条件下系统研究了免耕、旋耕、深松、深翻 4 种处理下砂姜黑土土壤物理性质及动态变化、土壤固碳过程、土壤微生物群落结构及作物生长情况，主要结论如下：

（1）深翻能够有效打破土壤犁底层，降低土壤紧实程度，扩大了耕层厚度至 30 cm。土壤大孔隙含量和持水孔隙含量较其他耕作方式明显增加，土壤饱和导水率和有效水分库容显著提升。

（2）砂姜黑土具有强胀缩性，除深翻处理在小麦季表现出落实的趋势外，各耕作方式土壤容重随含水量的变化呈现波动变化的趋势，变化幅度最大达到 0.15 g/cm³。不同耕作方式仅改变土壤大孔隙，不改变土壤收缩行为。土壤水分是驱动砂姜黑土结构变化的主要原因。

（3）深松和深翻能够显著提高外源秸秆输入量，并将有机物质翻埋进深层土壤，促进深层土壤有机碳积累，特别是颗粒有机碳（POM）的增加。土壤有机碳含量的提升促进了土壤稳定性大团聚体形成，增强了土壤有机碳的物理保护，0～40 cm 深度耕层范围内有机碳储量明显提升。

（4）相较于旋耕，深翻提高了 0～10 cm 和 20～40 cm 深度土层的微生物群落多样性，并改变了 0～40 cm 深度土层的微生物群落结构，同时增强了 10～40 cm 深度土层的胞外酶活性。在深翻耕作模式下，秸秆还田较秸秆移除显著提高了 20～40 cm 深度土层的胞外酶活性。

（5）深松和深翻处理能够有效打破犁底层，促进养分向下迁移，增强了土壤供氮能力，0～60 cm 深度范围土壤氮素含量显著提高。深耕能够有效降低土壤紧实度，促进根系发育，增强作物养分同化能力，其中深翻的效果更显著。连续 7 季作物产量总体表现为深松和深翻处理高于免耕和旋耕处理，小麦产量的增产幅度高于玉米。

综上，深翻能够有效打破犁底层，增厚耕层，提高 0～40 cm 深度有机碳储量，促进作物根系发育及养分吸收，增产效应明显，在砂姜黑土区具有广泛的推广应用前景。

参 考 文 献

程思贤, 刘卫玲, 靳英杰, 等. 2018. 深松深度对砂姜黑土耕层特性、作物产量和水分利用效率的影响. 中国生态农业学报, 26(9): 1355-1365.

谷丰. 2018. 典型砂姜黑土区农田土壤水分养分动态变化特征及模拟. 北京: 中国农业大学.

靳海洋. 2016. 耕作方式对黄淮区砂姜黑土农田土壤养分转化及供肥供水特性的影响. 郑州: 河南农业大学.

林森. 2018. 农业机械深松深翻技术的推广及应用. 现代农业科技, (12): 159-160.

谢迎新, 靳海洋, 孟庆阳, 等. 2015. 深耕改善砂姜黑土理化性状提高小麦产量. 农业工程学报, 31(10): 167-173.

熊鹏, 郭自春, 李玮, 等. 2021. 淮北平原砂姜黑土玉米产量与土壤性质的区域分析. 土壤, 53(2): 391-397.

杨青华, 高尔明, 马新明. 2000. 砂姜黑土玉米根系生长发育动态研究. 作物学报, 26(5): 587-593.

张猛. 2017. 干湿交替过程中土壤容重、水分特征曲线和热特性的动态变化特征. 北京: 中国农业大学.

张向前, 杨文飞, 徐云姬. 2019. 中国主要耕作方式对旱地土壤结构及养分和微生态环境影响的研究综述. 生态环境学报, 28(12): 2464-2472.

赵亚丽, 刘卫玲, 程思贤, 等. 2018. 深松(耕)方式对砂姜黑土耕层特性、作物产量和水分利用效率的影响. 中国农业科学, 51(13): 2489-2503.

da Silva L, Sequinatto L, de Almeida J A, et al. 2017. Methods for quantifying shrinkage in *Latossolos* (Ferralsols) and *Nitossolos* (Nitisols) in Southern Brazil. Revista Brasileira de Ciência do Solo, 41: 1-13.

Lal R. 2015. Restoring soil quality to mitigate soil degradation. Sustainability, 7: 5875-5895.

Lal R, Shukla M K. 2004. Principles of Soil Physics. Boca Raton: CRC Press.

Passioura J B. 2002. Soil conditions and plant growth. Plant, Cell & Environment, 25(2): 311-318.

Peng X, Horn R. 2005. Modeling soil shrinkage curve across a wide range of soil types. Soil Science Society of America Journal, 69(3): 584-592.

Reynolds W D, Drury C F, Tan C S, et al. 2009. Use of indicators and pore volume-function characteristics to quantify soil physical quality. Geoderma, 152(3-4): 252-263.

Schneider F, Don A, Hennings I, et al. 2017. The effect of deep tillage on crop yield–What do we really know? Soil and Tillage Research, 174: 193-204.

Soil Survey Staff. 2015. Illustrated guide to soil taxonomy. Lincoln, Nebraska: U. S. Department of Agriculture, Natural Resources Conservation Service, National Soil Survey Center.

Zhai L, Xu P, Zhang Z, et al. 2017. Effects of deep vertical rotary tillage on dry matter accumulation and grain yield of summer maize in the Huang-Huai-Hai Plain of China. Soil and Tillage Research, 170: 167-174.

第6章 "旋松一体"耕作对砂姜黑土改良的影响

砂姜黑土区地势平坦,光、水、热资源丰富,机械化水平高,是我国主要粮食生产区之一(陈丽等,2015)。然而,由于黏粒含量高、有机质低、区域降雨不均匀,砂姜黑土存在僵、硬、板结等结构障碍问题。加之,该区域农业生产中长期采用单一浅旋耕耕作方式,导致耕层变浅,犁底层变硬上移,限制了作物根系生长及对土壤水分、养分等资源的利用,严重制约了该区域的农业生产潜能(熊鹏等,2021)。因此,针对砂姜黑土结构障碍,寻求合理耕作方式,构建适宜根系生长的耕层结构,对该区域粮食增产具有重要的意义。

目前,砂姜黑土区常用的深耕整地模式为:深翻/深松 1 次+浅旋耕 2 次(王玥凯等,2019)。但该整地模式耗时耗力,机械成本高,同时增加了机具进地次数,增大了土壤二次压实等风险,所以急需一种新型整地模式,以构建合理耕层。鉴于此,本章利用"旋松一体"耕作机具进行试验,探究新型耕作方式对砂姜黑土物理结构、水分动态、养分分布和小麦、玉米等作物生长的影响规律,以期为砂姜黑土耕层的合理构建提供新的理论与实践依据。

6.1 "旋松一体"耕作对土壤物理性质的影响

土壤物理结构是维持土壤功能的基础(彭新华等,2004)。土壤水分的含量和运动是保证养分运移及作物对养分高效利用的载体。长期机械化、集约化种植会导致土壤结构变紧实,土体孔隙被压实,土壤空气和水分运动减缓,作物根系下扎受阻碍,不利于土壤水分、养分等资源的持续高效利用(Batey,2010;赵小蓉等,2009)。前人研究表明,传统旋耕能有效破碎 0~15 cm 深度表层土壤,改善表层土壤结构与功能,但该层次之下土壤长期受压变紧实,连年旋耕会在耕层之下形成一个坚硬的犁底层(谢迎新等,2015)。反之,深松、深翻等深耕措施可以深度疏松土壤结构,打破土壤犁底层,促进作物根系下扎,以利用下层土壤水分、养分资源,进而缓解机械压实带来的土壤结构恶化(Schneider et al.,2017)。此外,大多数研究则认为,深耕能有效提高土壤孔隙度,扩大土壤水分传输通道和蓄存空间,有利于降雨后土壤水分的下渗和保持,较深的耕作深度有益于深层土壤蓄水,降低农田土壤的无效蒸发(Arora et al.,1991;Baumhardt et al.,2008;Unger et al.,1979)。Blanco-Canqui 和 Wortmann(2020)研究表明,深耕下土壤初始入渗速率提高 80%,累积入渗量增加 33%,10 cm 深度以下有效水分库容显著提高 7%(Çelik et al.,2019)。与旋耕相比,深耕处理下 20~40 cm 深度土层土壤储水量提高 8%~19%(蒋发辉等,2020),玉米株间蒸发量降低 1.2%~12.1%(赵亚丽等,2014)。但也有研究表明,深耕翻埋秸秆减少了地表覆盖,增加了土壤表面蒸发,不利于土壤水分保持(张海林等,2003)。

本章中的新型"旋松一体"耕作机具,同时兼具旋耕与深松两种扰动方式和功能,可一次性完成深松和旋耕两种整地任务，但对土壤结构及水分运动的影响还未知。因此，本节将"旋松一体"耕作装备应用于淮北平原典型砂姜黑土区，以传统旋耕和深翻等耕作为对照，利用土壤容重和紧实度表征土壤结构性状，监测不同土层土壤水分动态变化，探索新型机械对砂姜黑土物理性质的影响规律和效果。

6.1.1 "旋松一体"耕作对土壤容重和穿透阻力的影响

试验在安徽省怀远县龙亢农场十分场试验区(33°32′ N，115°59′ E)进行，设置：旋耕 15 cm、深翻 30 cm 和"旋松一体"耕作 30 cm 三个耕作处理(图 6-1)。"旋松一体"机具由驰象实业有限公司提供。试验地属于暖温带半湿润季风气候，海拔 26 m，年平均气温 16℃，年平均降水量 1051 mm，降水主要分布在 6～9 月。试验过程中，前茬秸秆全量粉碎还田，各处理田间管理一致。于小麦收获后，利用环刀法测土壤容重，利用澳大利亚生产的 SC-900(RIMIK)型土壤紧实度仪器原位测定土壤穿透阻力，结果与分析如下。

旋耕

深翻

旋松一体

图 6-1 砂姜黑土不同耕作农机具

"旋松一体"耕作下土壤容重和穿透阻力明显降低(图 6-2 和图 6-3)。与旋耕相比，"旋松一体"耕作下 0～10 cm 深度土层土壤容重无显著差异($P > 0.05$)；但 10～20 cm 和

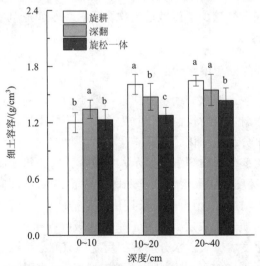

图 6-2 "旋松一体"耕作对砂姜黑土容重的影响

不同小写字母表示同一土壤深度不同处理间差异显著($P<0.05$)，下同

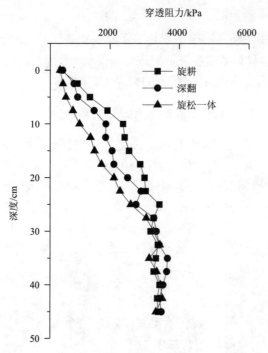

图6-3 "旋松一体"耕作对砂姜黑土穿透阻力的影响

20～40 cm 深度土层土壤容重分别显著降低 20.6%和 13%($P<0.05$)；与深翻相比，"旋松一体"耕作下 0～10 cm、10～20 cm 和 20～40 cm 深度土层土壤容重分别显著降低 8%、13.5%和 7.4%。此外，与旋耕和深翻相比，"旋松一体"耕作下砂姜黑土 0～30 cm 深度范围内土壤平均穿透阻力分别下降 36.5%和 17.8%(图6-3)。可见，新型"旋松一体"耕作对砂姜黑土结构的改良效果优于传统旋耕和深翻。这是因为，一方面，"旋松一体"耕作对土壤扰动深度(30 cm)大，先旋后松的作业流程使得土块旋磨更细碎；另一方面，"旋松一体"耕作较旋耕和深翻减少了机械进地次数，避免了作业机械造成的土壤二次压实(Bogunovic et al.，2018)。

6.1.2 "旋松一体"耕作对土壤水分的影响

土壤结构的改变影响土壤水分动态变化过程及土壤蓄水能力(Alvarez and Steinbach，2009)。本节利用 TDR 时域反射仪监测作物生育期内不同土层土壤含水量，以反映不同耕作扰动下砂姜黑土水分动态变化。监测结果表明，"旋松一体"耕作下砂姜黑土结构的改变导致土壤水分的变化。如图6-4所示，小麦季，与旋耕相比，"旋松一体"耕作下砂姜黑土 0～10 cm 深度土层土壤含水量平均提高了 13%，而深翻耕作下 20～40 cm 深度土层土壤含水量显著增加。原因可能是长期耕种及秸秆还田下砂姜黑土表层肥力较高，土壤优良团聚体及有机质聚于表层，有利于水分的吸收和保持，"旋松一体"耕作下疏松了耕层，增加了孔隙度，扩大了水分库容；反之，深翻会将深层土壤中的大量生土翻到表层中混合，导致新形成的表层土壤水分渗漏到下层土壤中。可见，"旋松一体"耕作下砂姜黑土对旱季(小麦)土壤水分的保蓄功能强于旋耕和深翻耕作。

　　玉米季各监测土层不同耕作处理间含水量没有表现出明显差异(图 6-4)，主要因为该玉米季降水量大(累计降水量 770 mm)，各耕作处理下不同土层土壤体积含水量长期超过当地田间持水量($0.4 \ cm^3/cm^3$)，导致玉米生长遭受了严重的涝害胁迫，过量的水分含量也掩盖了不同耕作间土壤水分差异。但是，"旋松一体"耕作可明显提高砂姜黑土降雨之后土壤水分的下渗量和下渗深度。由砂姜黑土 20~40 cm 深度土层体积含水量动态变化[图 6-4(c)]可知，在降水较集中的 7~9 月，"旋松一体"耕作下该层次土壤含水量 5 次波峰的峰值均比旋耕和深翻处理大，可以在一定程度上反映出相应时刻下渗入该土壤层的水量更大，该土壤层所处位置较深表明水分下渗到更大深度。反之，小麦季无此现象，说明水分输入量小时，"旋松一体"耕作下土壤水分被上层截留量大，相同时间段内"旋松一体"耕作下 0~10 cm 深度表层含水量更高也佐证了这一点。

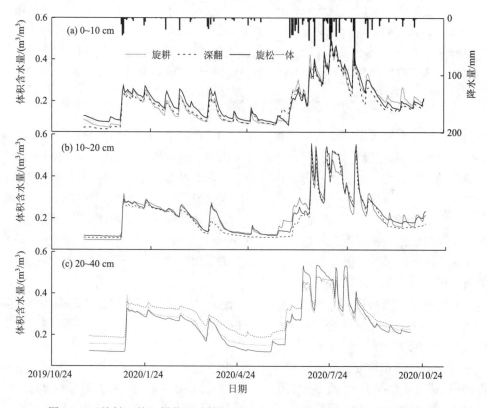

图 6-4　"旋松一体"耕作下砂姜黑土 0~40 cm 深度土层体积含水量动态变化

6.2　"旋松一体"对土壤养分含量的影响

　　土壤氮、磷、钾是植物生长所必需的养分元素，其在土壤中的含量、分布及移动决定着作物对土壤养分的吸收与利用。此外，土壤有机物是土壤中微生物和动物食物与养分的重要来源，同时有机物及其产物还参与土壤团聚体的形成过程，影响土壤的结构和功能(彭新华等，2004)。因此，土壤有机质与养分对土壤作物生长及产量形成至关重要。

前人研究表明,不同耕作方式对土壤结构的扰动也会影响土壤有机碳及养分的分布格局。首先,与旋耕相比,深耕、深翻能将秸秆和作物残茬翻埋至深层土壤,并且疏松的土壤有利于作物根系下扎,从而增加下部耕层土壤有机碳输入量(Feng et al.,2020)。但也有研究表明,翻埋的残茬由于接触土壤和水分而快速分解,并且剧烈而频繁的耕作打破了土壤团聚体,释放了受物理保护的部分有机碳,加之孔隙度的提高增加了土壤氧气含量和土壤微生物活性,进而加速了土壤有机质的矿化与分解(Fontaine et al.,2007)。其次,与土壤有机质类似,长期旋耕会造成土壤养分集中于上层,深耕能使养分下移,有利于剖面范围内养分的均质化(Garcia et al.,2007;蒋发辉等,2020)。此外,深耕能打破土壤紧实层,促进作物根系向下生长,还能提高下层土壤养分资源的利用效率(Schneider et al.,2017;Tian et al.,2020)。然而,也有研究表明,深耕尤其是深翻耕作会将下层贫瘠土壤翻转至表层,表层肥沃土壤翻埋至深层,加剧土壤养分矿化并损失表层土壤肥力(Schneider et al.,2017),严重时甚至导致作物减产(Kettler et al.,2000)。新型"旋松一体"耕作装备对土壤养分及有机质的影响规律将深刻影响砂姜黑土作物生长及产能发挥。因此,本节将集中探索不同耕作方式对砂姜黑土有机碳及养分性质的影响。

6.2.1 "旋松一体"耕作对土壤有机碳及全量养分的影响

基于土壤物理性质田间试验的设置(详见 6.1 节),于小麦收获后分别在每个处理小区随机选择 4 个点(即容重测定点),分层采集 0～10 cm、10～20 cm、20～40 cm 深度土层土壤样品,混合均匀,利用四分法在每个小区取一份带回室内,风干过筛并测定土壤养分含量,采用半微量凯氏法测定全氮,采用氢氟酸-高氯酸消煮-钼锑抗比色法测定土壤全磷,采用氢氟酸-高氯酸消煮-火焰光度法测定土壤全钾,采用碱解扩散法测定土壤碱解氮,采用碳酸氢钠浸提-钼锑抗比色法测定土壤有效磷,采用乙酸铵浸提-火焰光度法测定土壤速效钾,采用重铬酸钾氧化-外加热法测定土壤有机碳(鲍士旦,2005),测定结果与分析如下。

与旋耕相比,"旋松一体"耕作下砂姜黑土 0～10 cm 深度土层土壤有机碳略有降低(17.5%,$P > 0.05$),但降幅小于深翻处理(31.4%,$P < 0.05$);10～20 cm 深度土层土壤有机碳也有降低 13.4%,但差异不显著($P > 0.05$);反之,20～40 cm 深度土层土壤有机碳含量有所上升(5.6%,$P > 0.05$)(表 6-1)。土壤全量养分含量变化规律与有机碳类似,"旋松一体"耕作后,砂姜黑土 0～10 cm 深度表层土壤全量氮、磷、钾等养分含量较旋耕相比下降,但降幅低于深翻耕作方式;10～20 cm 和 20～40 cm 深度土层土壤全量养分含量高低略微浮动,但差异不显著($P > 0.05$)。可见,"旋松一体"耕作对砂姜黑土剖面范围内土壤养分无显著影响,但深翻处理则显著降低了砂姜黑土 0～10 cm 深度土层的有机碳、全氮、全磷含量。土壤养分分布格局的改变与耕作机械扰动造成的土体位移密切关联,深翻处理在翻耕作业时将上层土壤翻至下层,同时将下层贫瘠土壤翻至上层,使原表聚的土壤养分和秸秆等向下分布,造成表层养分含量短暂下降。而"旋松一体"耕作采用"上旋下松"作业方式,上层旋磨土块而下层间隔疏松土壤,不翻转原土壤层,土壤养分和外源秸秆保留在上层肥沃土层中,既能改善土壤物理结构,又能减少表层土壤养分的稀释。因此,除物理性质外,"旋松一体"耕作对砂姜黑土养分再分布规律的影响也较传统深翻和旋耕具有更优的性能。

表 6-1 不同耕作方式对砂姜黑土 0～40 cm 深度土壤有机碳和全量养分含量的影响

土层深度/cm	耕作处理	有机碳/(g/kg)	全氮/(g/kg)	全磷/(g/kg)	全钾/(g/kg)
0～10	旋耕	14.06 ± 0.49 a	1.19 ± 0.07 a	0.72 ± 0.02 a	12.7 ± 0.23 a
	深翻	9.65 ± 2.08 b	0.87 ± 0.23 b	0.58 ± 0.01 b	12.8 ± 0.70 a
	旋松一体	11.6 ± 0.79 ab	1.02 ± 0.06 ab	0.65 ± 0.10 ab	12.3 ± 0.42 a
10～20	旋耕	10.8 ± 0.87 a	0.78 ± 0.26 a	0.79 ± 0.39 a	12.8 ± 0.66 a
	深翻	9.55 ± 1.7 a	0.9 ± 0.19 a	0.78 ± 0.35 a	13.2 ± 0.30 a
	旋松一体	9.35 ± 2.25 a	0.85 ± 0.13 a	0.61 ± 0.1 a	12.6 ± 0.77 a
20～40	旋耕	7.46 ± 1.41 a	0.72 ± 0.05 a	0.63 ± 0.08 a	12.5 ± 0.28 a
	深翻	7.86 ± 1.11 a	0.68 ± 0.13 a	0.72 ± 0.28 a	12.6 ± 0.24 a
	旋松一体	7.88 ± 0.72 a	0.61 ± 0.13 a	0.56 ± 0.03 a	12.7 ± 0.46 a

注：不同小写字母表示不同耕作处理之间的差异显著($P < 0.05$)，下同。

6.2.2 "旋松一体"耕作对土壤速效养分含量的影响

土壤速效养分分布格局，一方面受土壤耕作扰动的影响，另一方面也受作物吸收速率的影响，因此不同耕作方式下速效养分含量变化比较剧烈(表 6-2)。与旋耕相比，"旋松一体"耕作下 0～10 cm 深度土层土壤碱解氮、有效磷和速效钾含量分别显著降低20.8%、20.9%和 9.8%($P < 0.05$)；10～20 cm 深度土层碱解氮和速效钾含量分别降低12.6%和12.9%，有效磷含量则增加8.4%；20～40 cm 深度土层碱解氮、有效磷与速效钾含量分别降低 16.9%、6.7%和 15.9%，但因变异较大，后两层土壤不同处理间无显著性差异($P > 0.05$)。这一方面与上述耕作扰动改变土壤养分分布格局相关，另一方面与小麦快速吸收氮、磷、钾养分有关，"旋松一体"耕作后作物长势更佳，吸收利用了更多养分导致土壤养分含量下降。

表 6-2 不同耕作方式对砂姜黑土 0～40 cm 深度土壤速效养分含量的影响

土层深度/cm	耕作处理	碱解氮/(mg/kg)	有效磷/(mg/kg)	速效钾/(mg/kg)
0～10	旋耕	116 ± 11.23 a	53.7 ± 6.49 a	132 ± 10 a
	深翻	87.0 ± 25.8 a	25.2 ± 0.4 b	98.8 ± 1.25 b
	旋松一体	91.9 ± 16.8 a	42.5 ± 16.4 ab	119 ± 11.3 a
10～20	旋耕	98 ± 52.1 a	30.8 ± 14.8 a	110 ± 20.8 a
	深翻	90.6 ± 13.9 a	26.0 ± 1.49 a	126 ± 28.9 a
	旋松一体	85.7 ± 18.1 a	33.4 ± 15.9 a	95.8 ± 11.8 a
20～40	旋耕	72.2 ± 11.8 a	32.7 ± 2.21 a	104 ± 7.64 a
	深翻	72.2 ± 5.6 a	26.5 ± 3.11 b	118 ± 25.0 a
	旋松一体	60.0 ± 18.8 a	30.5 ± 2.96 ab	87.5 ± 18.8 a

注：表中数据为平均值±标准差($n = 3$)。

6.2.3 "旋松一体"耕作对土壤氮素残留和吸收的影响

小麦播种时，在每个小区布设了面积 50 cm×30 cm 的微区，施用 5.22% 丰度的 ^{15}N 标记尿素进行元素示踪，于小麦收获时测定土壤及作物体内的 ^{15}N 丰度，计算土壤氮素残留量及植物氮素吸收量，以反映"旋松一体"耕作下砂姜黑土中氮素迁移转化过程。结果发现，与旋耕相比，"旋松一体"和深翻耕作处理下砂姜黑土 0~100 cm 深度土壤剖面内 ^{15}N 残留量都有所降低[图 6-5(a)]。氮素归趋占比分析表明，"旋松一体"耕作下氮素去向以植物吸收为主，其氮素植株利用率较旋耕显著提高 86%，而旋耕和深翻则以矿化损失为主[图 6-5(b)]。这说明，"旋松一体"耕作方式显著提高了砂姜黑土小麦生长对氮肥的利用效率，也为 6.2.2 节中表层土壤速效养分(尤其氮素)的下降受作物吸收影响提供了直接的证据支持。此外，旋耕、深翻下较高的氮素矿化损失率进一步说明了不合理耕作方式会使农业化学肥料扩散导致环境污染等风险。

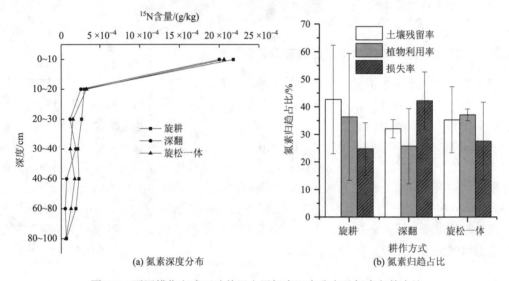

图 6-5　不同耕作方式下砂姜黑土层氮素深度分布及氮素归趋占比

6.3 "旋松一体"对作物生长的影响

植物根系是吸收土壤水分、养分最重要的器官，其生长发育与土壤结构、土壤水分养分状况密切相关。此外，根系的生长也决定了地上生物量及作物产量。提高产量通常是农业耕作的首要目的，但不同耕作方式对作物根系及产量的影响表现各异。前人研究表明，长期旋耕会在耕层之下形成坚硬犁底层，阻碍根系下扎，导致根系集中分布于浅表层(曹庆军等，2014)。与之相反，深松、深翻等深耕措施能降低土壤容重，打破土壤犁底层，促进作物根系垂直下扎，吸收利用深层土壤水分、养分资源(Schneider et al.，2017)。Bertollo 等(2021)的研究表明，深松显著提高了作物根系生物量及根长密度；李晓龙等(2015)研究认为，深松、深翻显著提高了 20~50 cm 深度土层玉米总根长和总根表面积；但也有研究认为，深耕疏松土壤破坏了生物性大孔隙(Colombi et al.，2017)，同时机械作业造成二次压实(Batey，2010)，不利于作物根系的生长。此外，不同耕作方式下产量差异更加明显。Schneider 等(2017)综述了全球尺度下的深耕数据，表明深耕总体产量较旋耕增加 6%，该结果与多人研究相同，即与旋耕相比，深耕下小麦产量增加6.6%～7.9%，玉米产量增加 12.3%～27.8%(Li et al.，2020；Zhai et al.，2019；关劼兮等，2019；赵亚丽等，2018；隋鹏祥等，2018)；但也有研究发现，深翻较传统耕作方式降低小麦产量 4%～17%(Ke et al.，2008)；深松较传统耕作方式降低玉米产量 1.4%～21%(Zhang et al.，2018；Wang et al.，2018)。

可见，整体而言，深耕耕作的确能提高作物产量，但不同地域、土壤、作物等受不同耕作方式的影响差异较大。因此，本节针对华北平原砂姜黑土特定理化性质，探索"旋松一体"耕作对小麦、玉米根系及作物产量的影响，以期为合理耕层构建提供数据支撑。

6.3.1 "旋松一体"耕作对小麦根系生长的影响

试验设置同 6.1 节和 6.2 节，在小麦乳熟期，采用内径 10 cm 的根钻，分别收集各小区 0～10 cm、10～20 cm 和 20～40 cm 深度土层内的小麦根系，洗净带回室内，利用WinRHIZO(Regent Instruments Inc.，加拿大)根系分析系统测定根长密度，然后于 80℃下烘干至恒重，称重并计算根干物质量密度。"旋松一体"耕作对砂姜黑土小麦根长和根系生物量的影响见图 6-6 和图 6-7。与旋耕和深翻相比，"旋松一体"耕作在砂姜黑土 0～40 cm 深度范围内提高了小麦根长密度和根系生物量密度，但未达到显著水平($P >$ 0.05)。特别的是，深翻耕作明显降低了砂姜黑土 0～10 cm 深度土层中小麦根长密度，但未降低根系生物量，表明深翻处理下砂姜黑土表层小麦根系性状表现为短而粗。此外，深翻和"旋松一体"耕作下深层(10～20 cm 和 20～40 cm)土壤中根系生长的提高有利于作物吸收下层土壤水分、养分资源，这为当前全球水分资源紧张及土壤养分退化问题的解决提供了一个新的方向与一种可能性(Schneider et al.，2017)。

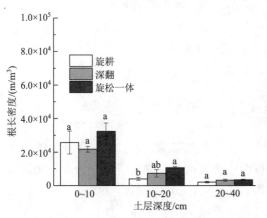 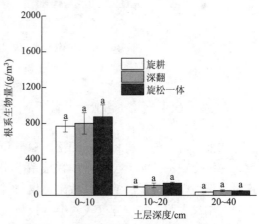

图 6-6 不同耕作方式对砂姜黑土小麦根长密度 的影响　　图 6-7 不同耕作方式对砂姜黑土小麦根生物量密度的影响

6.3.2 "旋松一体"耕作对小麦、玉米产量的影响

小麦成熟后，从每个处理小区随机选取 3 个(计每个处理 9 个)面积为 1 m × 1 m 的样方，测定小麦籽粒产量；玉米成熟后，从每个处理小区随机选取 3 个有代表性的双行(长度 20 m)，记录株数和穗数，并计算亩穗数，将双行所有玉米带回室内，风干，人工脱粒记重，并计算产量。如图 6-8 所示，"旋松一体"耕作明显提高了砂姜黑土小麦、玉米产量，与旋耕相比，小麦增产 7.1%，玉米显著增产 37%；与深翻相比，小麦增产 1.72%，玉米增产 12%。这主要是由于 2020 年淮北平原砂姜黑土区玉米季的集中降雨导致该区严重的涝渍灾害，深翻和"旋松一体"耕作打破了紧实的犁底层，促进了土壤水分下渗(图 6-4)，有效缓解了耕层土壤水分过多对作物产生的通气胁迫(Lapen et al.，2004)。熊鹏等(2021)和王玥凯等(2019)在该区的研究结果也表明土壤结构和通气状况是影响该区砂姜黑土玉米生长的关键物理因子。而"旋松一体"耕作对养分的改善(表 6-1 和表 6-2)较深翻进一步提高了玉米产量。

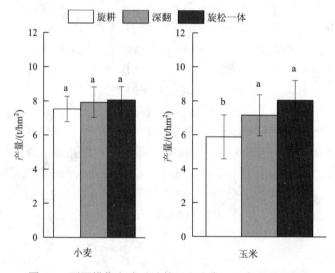

图 6-8   不同耕作方式对砂姜黑土小麦、玉米产量的影响

6.4   "旋松一体"耕作深度对作物生长的影响

如前所述，与旋耕相比，深松、深翻和"旋松一体"等深耕方式均能降低土壤紧实度，扩大土壤水分库容，促进作物根系下扎以吸收更多水分、养分资源，从而增加作物产量。然而，土壤耕层的改良效果不仅与耕作方式有关，而且与耕作深度密切相关。前人研究结果表明，耕作深度较浅会导致耕层变薄，犁底层变硬上移，如长期免耕或浅旋耕(Liu et al.，2015)，而耕作深度过度增加则会导致土壤水肥下渗超过作物根系吸收范围，还会增加农田土壤侵蚀和二次压实等风险(Nawaz et al.，2013；Shah et al.，2017)。因此，合理的耕作深度能更好地构建适宜作物根系生长的耕层，促进作物的生长和产量

的提高。此外，前人研究还表明，不同区域土壤适宜耕作深度与环境气候、土壤类型和作物类型等均有关。韩晓增等(2017)对内蒙古沙土的研究发现，该区域玉米高产的适宜耕作深度为 35 cm；闫惊涛等(2011)对禹州褐土的研究表明，该区域深翻 30 cm 小麦对降水的利用效率最高，增产量最大；赵亚丽等(2021)针对砂姜黑土的研究则认为，深松 50 cm 改土增产效果最佳，且砂姜黑土夏玉米种植耕作深度不宜超过 50 cm。因此，针对华北平原典型砂姜黑土冬小麦/夏玉米轮作体系，寻求合理耕作深度对完善"旋松一体"耕作改土增产功能也十分必要。

鉴于此，本节围绕华北平原典型砂姜黑土合理耕作深度，在中国科学院南京土壤研究所开展盆栽模拟试验，设置"旋松一体"不同耕作深度梯度，监测小麦生长状况，以探寻砂姜黑土适宜的耕作深度。

6.4.1 不同耕作深度对土壤物理性质的影响

试验采用直径 20 cm、高 60 cm 的聚氯乙烯(PVC)特制塑料管(图 6-9)，共设 5 个处理，模拟耕作深度为 0～15 cm、0～20 cm、0～25 cm、0～30 cm、0～35 cm，每个处理重复 3 次，采用外径与 PVC 塑料管内径相同的封底钢管对耕层之下土壤进行人工压实，使其紧实度达到田间耕层之下未耕层土壤状态(即容重 1.6 g/cm³)，然后上层填装不压实散土，以模拟耕作层。其中，将 N∶P∶K 为 25∶13∶7 的复合肥 1.256 g 连同耕层风干土一并均匀混合后，填装到每个土柱。将每个土柱饱和静置 1 昼夜，然后均匀放置 30 粒小麦种子并用少量土壤覆盖。小麦发芽后除去多余小麦，每个土柱保留 7 株，生长期间根据需要统一进行等量浇水，并进行除草、除虫等管理工作。小麦收获(2021 年 4 月 16日)后，在每个盆栽中随机选取 1 个点，按照 0～10 cm、10～20 cm、20～40 cm 深度分层取环刀样品(100 cm³)带回室内，105℃下烘干至恒重，测定土壤容重(g/cm³)；此外，从每个盆栽中随机选取 2 个点，按照上述分层收集土样，2 点混合后带回室内，105℃下烘干至恒重，测定土壤质量含水量。

图 6-9 小麦盆栽试验照片(书后见彩图)

结果显示，不同耕作深度下不同土层土壤容重差异显著（图 6-10）。与耕作深度 15 cm、20 cm 和 25 cm 相比，耕作深度 30 cm 和 35 cm 两个处理显著降低了 10～20 cm 和 20～40 cm 深度两个土层的土壤容重，即耕作深度越深，下层土壤容重越小。这是因为疏松的下层土壤结构一方面有利于小麦、玉米等作物的根系下扎，另一方面有利于土壤水分下渗运动，扩大下层土壤水分、养分库容，可有效保持土壤水分、养分资源以供植物吸收利用，提高水分、养分等资源的利用效率（蒋发辉等，2020）。

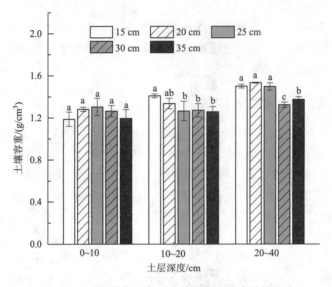

图 6-10　不同耕作深度对砂姜黑土土壤容重的影响

不同土层砂姜黑土含水量受耕作深度的影响如图 6-11 所示。首先，耕作深度 35 cm 处理表现出最佳的储水能力，与耕作深度 15 cm、20 cm、25 cm 和 30 cm 相比，小麦收

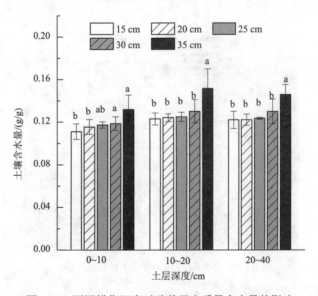

图 6-11　不同耕作深度对砂姜黑土质量含水量的影响

获时 0～40 cm 各土层土壤含水量均显著更高；其次，耕作深度 30 cm 也表现出较优的持水能力，但除 0～10 cm 深度土层外，差异不显著。这种持水能力的改善表明，砂姜黑土结构状况容易变化，增大耕作深度至 30～35 cm，可促进该区域砂姜黑土作物的生长（赵亚丽等，2021）。但本节中最大耕作深度只到 35 cm，可能继续增加深度还会带来更佳的水分状况，需要进一步的研究和探索。

6.4.2 不同耕作深度对作物生长的影响

基于上述不同耕作深度的盆栽模拟试验，测定根系生物量及地上部生物量，以反映不同耕作深度对作物生长的影响。结果表明，0～10 cm 和 10～20 cm 深度土层，各处理小麦根系生物量由小到大依次为耕作深度 15 cm ＜ 20 cm ＜ 25 cm ＜ 30 cm ＜ 35 cm；20～40 cm 深度土层，除耕作深度 35 cm 外，其他处理下小麦根系生物量规律与 0～20 cm 深度土层类似(图 6-12)。可见，已有研究深度内砂姜黑土小麦根系生物量随耕作深度增加而增加。同水分规律类似，35 cm 仅是当前研究中最佳的耕作深度，如若扩大耕作深度可能获得更多的小麦根系生物量。但是依据当前机械耕作水平，并考虑增加耕作深度带来的能耗损失，更深深度带来的更优回报可能仅存在于理论层面，很难在田间应用。

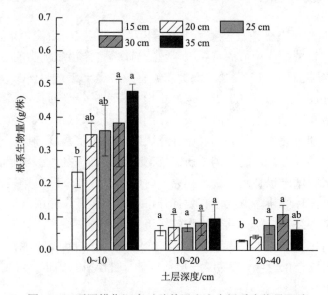

图 6-12 不同耕作深度对砂姜黑土小麦根系生物量影响

与根系规律类似，不同耕作深度下砂姜黑土地上部小麦生物量也随耕作深度增加而增加(图 6-13)。与耕作深度 15 cm 和 20 cm 相比，耕作深度 25 cm 提高了小麦地上部生物量($P ＞ 0.05$)，耕作深度 30 cm 和 35 cm 则显著提高了小麦地上部生物量($P ＜ 0.05$)。至此，本节表明，35 cm 是砂姜黑土最佳耕作深度，可在华北平原砂姜黑土区域结合深耕深松机械合理进行应用。

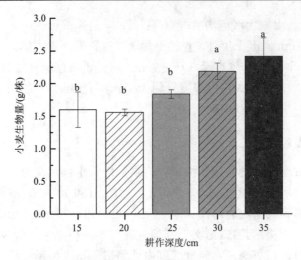

图 6-13　不同耕作深度对砂姜黑土小麦生物量的影响

6.5　"旋松一体"在砂姜黑土的综合效益评价

"旋松一体"耕作可有效改良砂姜黑土的结构障碍，但它是否能带来直接的经济效益是决定农民使用和机械推广价值的重要因素，也是评价耕作措施优劣的重要指标(高中超等，2018)。前人研究已表明，深松、深翻能够有效改良土壤结构(Feng et al.，2020)，提高作物产量(Schneider et al.，2017)，但产量增加带来的经济回报通常不足以抵消烦琐整地方式造成的较高机械、人工及时间成本，因此，即便政府投入大量资金对深松、深翻进行补贴推广，却难度大、效果不佳。并且，从市场经济角度分析，投入高于产出的生产方式不具备可持续性。反之，需要研发既满足深松、深翻改土培肥功能，又节约能耗、人工成本并大幅增产以补足资金、人力、时间等投入成本的耕作装备，形成经济产出大于投入的良性闭环的耕作方式，有效打开市场，快速推广应用。

鉴于此，本节围绕"旋松一体"耕作的经济收益，以旋耕和深翻为对照，在砂姜黑土试验地，研究耕作机械成本、人工成本及综合收益，评估新型"旋松一体"耕作对潮土和砂姜黑土经济收益的影响，以期为"旋松一体"耕作机具的推广应用提供数据支持。

6.5.1　"旋松一体"耕作对砂姜黑土机械油耗与作业效率的影响

在机械作业前注满油箱，行走完规定路程 S，然后，用可称重油桶再次注满油箱，分别称量油箱加注前油桶的质量 M_1 和加注后油桶内剩余柴油质量 M_2，则该路程内机械消耗柴油质量 $M=M_1-M_2$，并记录当日柴油价格，以计算耕作机械成本，其中柴油密度为 0.8 g/mL，柴油价格为 5.38 元/L。耕作机械油耗成本=柴油质量÷柴油密度×柴油价格。耕作机械成本即燃油费用，不包含机械磨损费。此外，机械作业前调试完毕，行走完规定路程 S，记录行走时间 T，计算作业速度 V，测定单边作业宽度 L，再计算机械工作效率 P。工作效率=作业面积÷作业时间。

如表 6-3 和表 6-4 所示，与旋耕 2 遍相比，"旋松一体"耕作深度大，机械油耗显著增加 22.6%（$P < 0.05$），但作业速度和工作效率分别提高了 17.4%和 16.7%，这与"旋松一体"耕作次数减少直接相关。此外，"旋松一体"与深翻 1 遍+旋耕 2 遍相比，每公顷耗油量显著下降 13%（$P < 0.05$），作业速度和工作效率增幅更大，分别增加 80%和 75%。可见，"旋松一体"耕作在节能减排和耕作效率两方面均较传统深翻大幅优化。

表 6-3 不同耕作方式对砂姜黑土机械油耗的影响

耕作方式	机具型号	拖拉机型号	配套动力/kW	结构质量/kg	测试区长度/m	油耗/(L/hm²)
旋耕 2 遍	1GKN-200H	RC-900	40.5～47.8	520	75	53 c
深翻 1 遍+旋耕 2 遍	1LFT-435	LX1804	132～191	1 500	75	75 a
旋松一体	—	LX1804	>132	1 640	75	65 b

表 6-4 不同耕作方式对砂姜黑土作业效率的影响

耕作方式	作业深度/cm	测试区长度/m	行驶时间/s	作业速度/(km/h)	作业幅宽/m	工作效率/(hm²/h)
旋耕 2 遍	10～16	75	120	2.3	2	0.6 b
深翻 1 遍+旋耕 2 遍	20～35	75	180	1.5	2	0.4 c
旋松一体	30～35	75	100	2.7	2.5	0.7 a

6.5.2 "旋松一体"耕作对砂姜黑土经济收益的影响

耕种过程中其他机械成本投入包括耕作前秸秆粉碎，耕作后播种、播肥、耙糖、灌溉、打药、收割、运输等过程中的机械费用；耕作人工成本为耕作过程中机组人员工资，耕作 1 次 10 元/(人·亩)；农资成本包括小麦玉米种子费用，农药、化肥成本；粮食总产值 = 小麦产量 × 小麦售价 + 玉米产量 × 玉米售价(以小麦、玉米收获当年的市场价计算)；综合收益来源于降低投入成本和增加经济收入，计算公式为：综合收益 = 粮食总产值 − 耕作机械成本 − 耕作人工成本 − 其他农资成本。结果表明，与旋耕 2 遍相比，"旋松一体"因耕作深度大，机械能耗高，每公顷耗油成本增加了 65 元，但其整地效果好，提高了周年小麦、玉米总产量，进而提高了每公顷粮食总产值 3412 元；此外，"旋松一体"耕作减少了耕作次数和机组人员数量，降低了一半的机耕人工成本，最终扣除各项农资成本，每公顷综合收益提高了 3277 元(表 6-5)。与传统深翻 1 遍+旋耕 2 遍相比，耕作机械成本不增加，反而降低了 54 元/hm²，极大地降低了耕作人工成本 300 元/hm²，扣除成本综合收益提高了 1579 元/hm²(表 6-5)。

表 6-5 不同耕作方式对砂姜黑土综合收益的影响

耕作方式	粮食总产值/(元/hm²)	耕作机械成本/(元/hm²)	其他机械成本/(元/hm²)	耕作人工成本/(元/hm²)	农资成本/(元/hm²)	综合收益/(元/hm²)
旋耕 2 遍	20559 b	285 c	2723	300	5605	6276 a
深翻 1 遍+旋耕 2 遍	22633 ab	404 a	2723	450	5605	7974 b
旋松一体	23971 a	350 b	2723	150	5605	9553 a

6.6　小　　结

新型"旋松一体"耕作可有效降低砂姜黑土土壤容重和穿透阻力,改善砂姜黑土结构性状,进而有利于降雨后土壤水分下渗到深层土壤并蓄存,提高水分利用效率。此外,疏松的土壤结构促进了作物根系下扎以吸收下层土壤水分、养分等资源。上旋下松的扰动方式较传统深翻耕作缓解了表层土壤养分含量的剧烈下降,并显著提高了作物氮素利用率,进而促进了根系和作物的生长,提高了产量。经济收益比较发现,"旋松一体"耕作深、能耗大,虽增加了机械油耗成本,但改土效果良好。与旋耕 2 遍相比,"旋松一体"耕作降低了人工成本,增加了砂姜黑土综合经济收益 3277 元/hm^2;与深翻 1 遍+旋耕 2 遍处理相比,"旋松一体"减少了机械进地次数,降低耕作机械成本 54 元/hm^2,显著提高了工作效率 75%,增加了综合收益 1579 元/hm^2。可见,"旋松一体"耕作在华北平原砂姜黑土具有较广阔的推广应用价值。

参 考 文 献

鲍士旦. 2005. 土壤农化分析. 北京: 中国农业出版社: 25-135.

曹庆军, 姜晓莉, 杨粉团, 等. 2014. 深松条件下春玉米花后衰老过程中根系生物学变化特征. 玉米科学, 22(5): 86-91.

陈丽, 郝晋珉, 艾东, 等. 2015. 黄淮海平原粮食均衡增产潜力及空间分异. 农业工程学报, 31(2): 288-297.

高中超, 宋柏权, 王翠玲, 等. 2018. 不同机械深耕的改土及促进作物生长和增产效果. 农业工程学报, 34(12): 79-86.

关劼兮, 陈素英, 邵立威, 等. 2019. 华北典型区域土壤耕作方式对土壤特性和作物产量的影响. 中国生态农业学报(中英文), 27(11): 1663-1672.

韩晓增, 邹文秀, 陆欣春, 等. 2017. 构建肥沃耕层对沙性土壤水分物理性质及玉米产量的影响. 土壤与作物, 6(2): 81-88.

蒋发辉, 高磊, 韦本辉, 等. 2020. 粉垄耕作对红壤理化性质及红薯产量的影响. 土壤, 52(3): 588-596.

李晓龙, 高聚林, 胡树平, 等. 2015. 不同深耕方式对土壤三相比及玉米根系构型的影响. 干旱地区农业研究, 33(4): 1-7.

彭新华, 张斌, 赵其国, 等. 2004. 土壤有机碳库与土壤结构稳定性关系的研究进展. 土壤学报, (4): 618-623.

隋鹏祥, 张文可, 梅楠, 等. 2018. 不同秸秆还田方式对春玉米产量、水分利用和根系生长的影响. 水土保持学报, 32(4): 255-261.

王玥凯, 郭自春, 张中彬, 等. 2019. 不同耕作方式对砂姜黑土物理性质和玉米生长的影响. 土壤学报, 56(6): 1370-1380.

谢迎新, 靳海洋, 孟庆阳, 等. 2015. 深耕改善砂姜黑土理化性状提高小麦产量. 农业工程学报, 31(10): 167-173.

熊鹏, 郭自春, 李玮, 等. 2021. 淮北平原砂姜黑土玉米产量与土壤性质的区域分析. 土壤, 53(2): 391-397.

闫惊涛, 康永亮, 田志浩, 等. 2011. 土壤耕作深度对旱地冬小麦生长和水分利用的影响. 河南农业科学, 40(10): 81-83.

张海林, 秦耀东, 朱文珊. 2003. 覆盖免耕土壤棵间蒸发的研究. 土壤通报, 36(4): 259-261.

赵小蓉, 赵燮京, 陈先藻, 等. 2009. 保护性耕作对土壤水分和小麦产量的影响. 农业工程学报, (A1): 6-10.

赵亚丽, 李娜, 穆心愿, 等. 2021. 砂姜黑土耕作深度对夏玉米物质积累和养分吸收的影响. 玉米科学, 29(1): 97-103.

赵亚丽, 薛志伟, 郭海斌, 等. 2014. 耕作方式与秸秆还田对冬小麦-夏玉米耗水特性和水分利用效率的影响. 中国农业科学, 47(17): 3359-3371.

Alvarez R, Steinbach H S. 2009. A review of the effects of tillage systems on some soil physical properties, water content, nitrate availability and crops yield in the Argentine Pampas. Soil and Tillage Research, 104(1): 1-15.

Arora V K, Gajri P R, Prihar S S. 1991. Tillage effects on corn in sandy soils in relation to water retentivity, nutrient and water management, and seasonal evaporativity. Soil and Tillage Research, 21(1-2): 1-21.

Batey T T. 2010. Soil compaction and soil management – A review. Soil Use & Management, 25(4): 335-345.

Baumhardt R L, Ones O R, Schwartz R C. 2008. Long-term effects of profile-modifying deep plowing on soil properties and crop yield. Soil Science Society of America Journal, 72(3): 677-682.

Bertollo A M, Moraes M, Franchini J C, et al. 2021. Precrops alleviate soil physical limitations for soybean root growth in an Oxisol from southern Brazil. Soil and Tillage Research, 23(5): 206-213.

Blanco-Canqui H, Wortmann C S. 2020. Does occasional tillage undo the ecosystem services gained with no-till? A review. Soil & Tillage Research, 198: 14-25.

Bogunovic I, Pereira P, Kisic I, et al. 2018. Tillage management impacts on soil compaction, erosion and crop yield in Stagnosols (Croatia). CATENA, 160: 376-384.

Çelik I, Günal H, Acar M, et al. 2019. Strategic tillage may sustain the benefits of long-term no-till in a Vertisol under Mediterranean climate. Soil and Tillage Research, 185: 17-28.

Colombi T, Braun S, Keller T, et al. 2017. Artificial macropores attract crop roots and enhance plant productivity on compacted soils. Science of the Total Environment, 574: 1283-1293.

Feng Q, An C, Chen Z, et al. 2020. Can deep tillage enhance carbon sequestration in soils? A meta-analysis towards GHG mitigation and sustainable agricultural management. Renewable and Sustainable Energy Reviews, 133: 157-168.

Fontaine S, Barot S, Barré P, et al. 2007. Stability of organic carbon in deep soil layers controlled by fresh carbon supply. Nature, 450(7167): 277-280.

Garcia J P, Wortmann C S, Mamo M, et al. 2007. One-time tillage of no-till. Agronomy Journal, 99(4): 455-467.

Ke J, Stefaan D N, Moeskops B, et al. 2008. Effects of different soil management practices on winter wheat yield and N losses on a dryland loess soil in China. Australian Journal of Soil Research, 46(5): 455-463.

Kettler T A, Lyon D J, Doran J W, et al. 2000. Soil quality assessment after weed-control tillage in a no-till wheat–fallow cropping system. Soil Science Society of America Journal, 64(1): 339-346.

Lapen D R, Topp G C, Gregorich E G, et al. 2004. Least limiting water range indicators of soil quality and corn production, eastern Ontario, Canada. soil and Tillage Research, 78(2): 151-170.

Li X, Wei B H, Xu X, et al. 2020. Effect of deep vertical rotary tillage on soil properties and sugarcane biomass in rainfed dry-land regions of southern China. Sustainability, 12(23): 161-180.

Liu X, Zhang X, Chen S, et al. 2015. Subsoil compaction and irrigation regimes affect the root–shoot relation and grain yield of winter wheat. Agricultural Water Management, 154: 59-67.

Nawaz M F, Bourrié G, Trolard F. 2013. Soil compaction impact and modelling: A review. Agronomy for Sustainable Development, 33(2): 291-309.

Schneider F, Don A, Hennings I, et al. 2017. The effect of deep tillage on crop yield – What do we really know? Soil and Tillage Research, 174: 193-204.

Shah A N, Tanveer M, Shahzad B, et al. 2017. Soil compaction effects on soil health and cropproductivity: An overview. Environmental Science & Pollution Research International, 24(11): 1-12.

Tian P, Lian H, Wang Z, et al. 2020. Effects of deep and shallow tillage with straw incorporation on soil organic carbon, total nitrogen and enzyme activities in Northeast China. Sustainability, 12: 23-35.

Unger P W. 1979. Effects of deep tillage and profile modification on soil properties, root growth, and crop yields in the United States and Canada. Geoderma, 22(4): 275-295.

Wang S, Wang H, Zhang Y, et al. 2018. The influence of rotational tillage on soil water storage, water use efficiency and maize yield in semi-arid areas under varied rainfall conditions. Agricultural Water Management, 203: 376-384.

Zhai L, Xu P, Zhang Z, et al. 2019. Improvements in grain yield and nitrogen use efficiency of summer maize by optimizing tillage practice and nitrogen application rate. Agronomy Journal, 111(2): 147-152.

Zhang Y, Wang S, Wang H, et al. 2018. The effects of rotating conservation tillage with conventional tillage on soil properties and grain yields in winter wheat-spring maize rotations. Agricultural and Forest Meteorology, 263: 107-117.

第7章 不同生物耕作对砂姜黑土改良的影响

生物耕作是指利用具有发达的深根系的覆盖作物，通过其根系生长，穿透紧实土壤层，然后在根系腐解后形成大量生物孔隙（根孔），进而改善土壤结构及土壤的导水导气性，并为后茬作物根系生长提供优先通道，达到促进作物生长的目的（Elkins，1985；Chen and Weil，2010；Zhang and Peng，2021）。与传统耕作相比，生物耕作能够大幅度减少土壤侵蚀、油耗和劳动力成本（Kaspar et al.，2001）。与免耕相比，生物耕作可以通过覆盖作物残体抑制杂草生长，减少除草剂的使用，有利于保护土壤生物多样性（Osipitan et al.，2018）。植物根系在土壤中的生长不仅改变了土壤的物理条件，还改变了根部附近土壤的化学和生物性质（Hinsinger et al.，2009），这为生物孔隙的形成创造了很好的条件（Ghestem et al.，2011）。当植物根系死亡并开始分解时，土壤结构将极大改善，包括促进土壤有机质和团聚体的形成（Six et al.，2004；Cotrufo et al.，2013）。一旦根系完全分解，剩下的通道就是生物孔隙（Yunusa and Newton，2003）。生物孔隙的存在为植物根系的下扎提供了机械阻力低、含氧量丰富的生长空间（Colombi et al.，2017），促进了土壤中水和空气的传导，缓解了下层土壤压实的影响（Abdollahi et al.，2014），且生物孔隙壁含有丰富的养分（Kautz et al.，2014）。砂姜黑土僵硬、板结、黏闭，是限制作物正常生长和水肥高效利用的关键因子，轮作根系发达的覆盖作物，实施生物耕作，是改善砂姜黑土不良结构的有效措施之一。

7.1 生物耕作对土壤物理性质的影响

试验地点位于安徽省龙亢农场（33°32′N，115°59′E），土壤为河湖相石灰性沉积物发育的砂姜黑土。试验于2017年11月玉米收获后开展。试验采取裂区设计，首先间隔设置不压实（non-compacted）和压实（compacted）2个主处理，每个主处理下设置4个副处理，分别是冬季休闲[不种植覆盖作物（Con）]、种植苜蓿（Alf）、种植油菜（Rap）和萝卜＋毛苕子混播（Rhv）处理，共8个处理，每个处理3次重复，一共24个田间试验小区，每个小区均长为10 m，宽为7 m。通过大型农业机械连续碾压3遍来进行土壤压实处理，不压实处理用深松机深松35 cm，之后旋耕机进行表层10 cm浅旋，采用人工撒种的方式进行覆盖作物的播种，并在覆盖作物收割移除后分别在不同小区内种植玉米。

7.1.1 生物耕作对土壤容重和含水量的影响

如图7-1所示，压实和不压实处理下，土壤容重随深度的变化趋势均是先增大后降低，在10～20 cm深度达到最大值，分别为1.65 g/cm^{3}和1.54 g/cm^3。与不压实处理相比，压实处理显著增加了0～30 cm深度的土壤容重（$P < 0.05$），而对30～50 cm深度土壤容重的影响不显著（$P > 0.05$）。不压实处理下，在0～20 cm深度土层穿透阻力随土层深度增大而增加，在 20 cm 深度穿透阻力达到稳定，20 cm 深度以下穿透阻力变化幅度较小，保持 1200～1500 kPa。压实处理下，0～5 cm 深度土层内穿透阻力急剧增大并在 2.5 cm 深度土层形成峰值至 2000 kPa 以上，5 cm 深度以下至 30 cm 深度土层穿透阻力逐渐下降，然后又呈增加趋势，总体上在 1500 kPa 左右。与不压实处理相比，压实处理显著增加了 0～27.5 cm 和 37.5～45 cm 深度土层的穿透阻力（$P < 0.05$）。

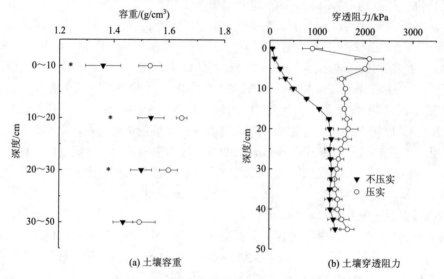

图 7-1　不同压实处理各土层土壤容重和土壤穿透阻力

*表示相同土层不同压实处理之间差异显著（$P < 0.05$）

如图 7-2 所示，压实显著增加了覆盖作物季和玉米季早期 0～20 cm 深度土层的土壤含水量（$P < 0.05$）。在 2019 年 2 月底之前，耕层（0～20 cm）土壤含水量随时间呈现小幅度变化，而 20～80 cm 深度土层含水量相对稳定。在 2019 年 4 月，0～40 cm 深度土层含水量快速降低，尤其是种植覆盖作物的处理。不论压实与否，种植覆盖作物处理的耕层（0～20 cm）土壤含水量显著低于对照处理（Con）；不压实条件下，种植覆盖作物处理 20～40 cm 深度土壤含水量也显著低于对照处理。这一结果表明，种植覆盖作物显著降低了春季土壤的含水量，主要是由于覆盖作物的腾发量大于休闲处理的蒸发量（Unger and Vigil，1998）。在 40～60 cm 深度土层，不压实条件下苜蓿（Alf）及萝卜+毛苕子混播（Rhv）处理土壤含水量显著低于对照处理，而压实条件下各处理含水量差异较小。这一结果与 Nosalewicz 和 Lipiec（2014）的报道相一致，他们发现在轻度和中度压实土壤中小麦的吸水量显著高于重度压实土壤。这可能是因为土壤压实减少了大孔隙，但是增加了小的持水孔隙，从而抑制了土壤排水和蒸发（Alaoui et al.，2011；Tian et al.，2018）。苜蓿是多年生覆盖作物，再生能力强，在玉米苗期出现再生现象，因此我们观测到不压实条件下玉米苗期苜蓿处理 20～60 cm 深度含水量显著低于对照处理，而压实条件下 0～60 cm 深度土壤含水量显著低于对照处理（$P < 0.05$）。

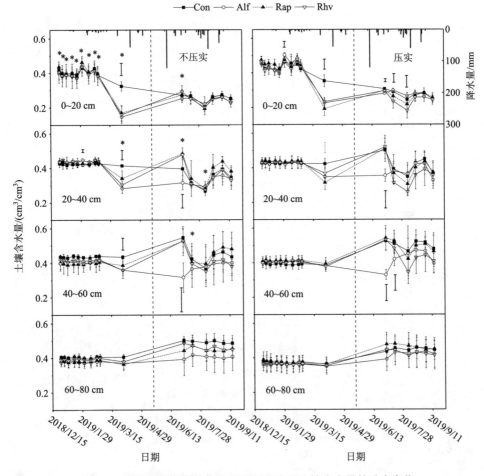

图 7-2　不同压实和覆盖作物处理下各土层土壤含水量的动态变化

*表示对应深度下压实和不压实处理差异显著；竖线是同一压实水平不同覆盖作物处理间的最小显著性差异(LSD)值；Con，
不种植覆盖作物；Alf，苜蓿；Rap，油菜；Rhv，萝卜+毛苕子混播，下同

　　2019 年 5 月覆盖作物收割后，采集 0～10 cm、20～30 cm 和 30～50 cm 深度原状土壤样品，测定土壤容重和土壤导气率。结果显示，压实处理实施近两年后，土壤压实仍显著影响土壤容重($P < 0.05$)，但是覆盖作物种植对各土层土壤容重影响较小(图 7-3)。这一结果表明，压实导致的土壤容重增加难以在短期内自然恢复。以往的综合分析结果也表明，覆盖作物对容重的影响较小(Alvarez et al.，2017; Blanco-Canqui and Ruis，2020)。土壤容重的变化主要是土壤颗粒的垂直移动导致的(Keller et al.，2021)，然而覆盖作物根系往往只对其周围 1 mm 左右的土壤施加径向的压力(Angers and Caron，1998; Koebernick et al.，2019)，并不会导致土壤颗粒的垂直移动和容重变化。另外，覆盖作物对土壤容重的影响可能依赖于种植持续时间(Blanco-Canqui et al.，2015)。长期种植覆盖作物能够增加土壤有机碳，改善土壤团聚状况，从而降低土壤容重(Blanco-Canqui and Ruis，2020; Or et al.，2021)。因此，Blanco-Canqui 等(2011)和 Steele 等(2012)分别报道种植覆盖作物 15 年和 12 年后，土壤容重显著降低。

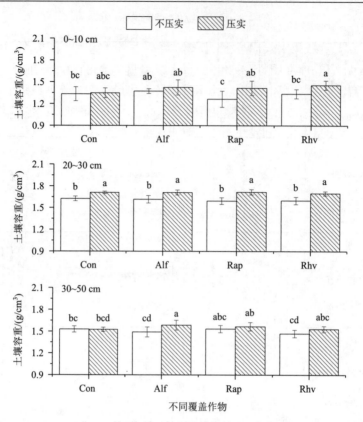

图 7-3　不同压实和覆盖作物处理下各土层土壤容重

不同小写字母代表相同覆盖作物不同压实处理之间差异性显著($P < 0.05$)

7.1.2　生物耕作对土壤导气性的影响

土壤压实、种植覆盖作物及两者的相互作用都显著影响 20～50 cm 深度土层–60 hPa 水势下的土壤导气率 K_{a60}（$P < 0.05$，图 7-4）。不论压实与否，苜蓿处理的 20～30 cm 和 30～50 cm 深度土层的 K_{a60} 都显著高于对照处理（$P < 0.05$）。与容重相比，土壤导气率对覆盖作物的响应更为敏感。Keller 等（2021）指出，土壤导气率主要由连通性好的生物孔隙决定，而覆盖作物根系的生长可以促进生物孔隙的形成，因此种植覆盖作物可以在短期内改善土壤导气率。前期的研究表明，不论压实与否，10～50 cm 深度土层苜蓿根体积都大于油菜和萝卜+毛苕子混播（严磊等，2021），这就可能导致苜蓿处理拥有更多的大孔隙及更高的导气率。与压实土壤相比，在不压实土壤中苜蓿对土壤导气率的影响更为显著，主要原因是压实降低了 0～70 cm 深度土层 64% 的苜蓿根体积（严磊等，2021），对土壤大孔隙的影响也相应降低。另一个解释是，压实土壤中苜蓿根系更可能利用已有的大孔隙（Atkinson et al.，2020），而不是创建新的大孔隙，导致压实土壤中新的生物孔隙较少。

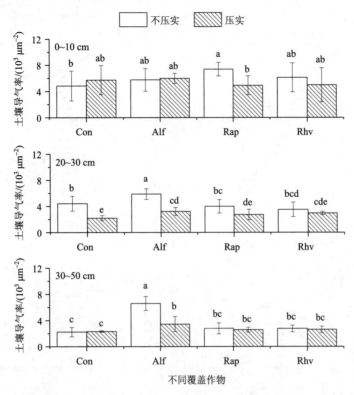

图 7-4　不同压实和覆盖作物处理下各土层土壤导气率

不同小写字母代表相同覆盖作物不同压实处理之间差异性显著($P<0.05$)

7.1.3　生物耕作对土壤穿透阻力的影响

在 2018 年 0～25 cm 和 35～52.5 cm 深度土层，以及 2019 年 5～25 cm、42.5～45 cm 和 57.5～65 cm 深度土层，不压实处理土壤穿透阻力都显著低于压实处理（$P < 0.05$，图 7-5）。2019 年压实和不压实处理 0～22.5 cm 深度土层土壤穿透阻力的差异低于 2018 年。2018 年，压实土壤下，苜蓿处理 10～30 cm 深度土层及萝卜+毛苕子处理 7.5～17.5 cm 和 20～25 cm 深度土层穿透阻力显著高于对照处理（$P < 0.05$）。2019 年，不压实土壤下，萝卜+毛苕子处理 5～15 cm 深度土层、油菜处理 7.5～12.5 cm 深度土层和苜蓿处理 10～12.5 cm 深度土层穿透阻力都显著低于对照处理（$P < 0.05$）。土壤穿透阻力主要由容重和含水量共同决定（Gao et al.，2016a）。在本节中，覆盖作物对土壤容重没有影响，因此可以推测覆盖作物处理间穿透阻力的差异主要是各处理土壤含水量的差异导致的。Ruis 等（2020）同样认为种植覆盖作物导致的土壤穿透阻力的差异主要来源于土壤含水量的变化。

综上所述，种植覆盖作物显著降低了覆盖作物季土壤含水量，但是对 0～50 cm 深度土层的土壤容重影响较小。覆盖作物对土壤穿透阻力的影响结果不一致，主要与土壤含水量有关。覆盖作物尤其是苜蓿显著增加了土壤导气率，表明种植覆盖作物可改善土壤的孔隙结构。

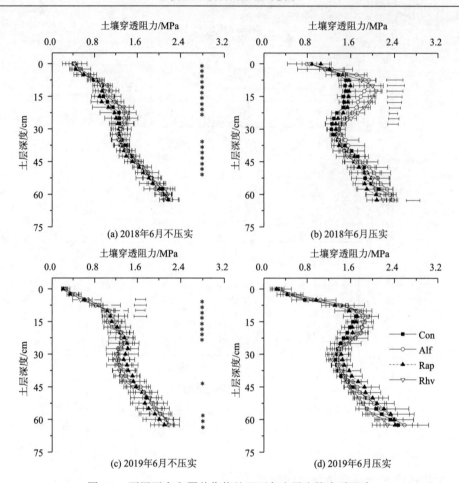

图 7-5　不同压实和覆盖作物处理下各土层土壤穿透阻力

星号表示对应深度下压实和不压实处理差异显著；横线是同一压实水平不同覆盖作物处理间的 LSD 值

7.2　生物耕作对土壤有机碳和养分的影响

7.2.1　生物耕作对土壤有机碳的影响

不压实处理下，相比于休闲地，苜蓿、油菜和萝卜＋毛苕子处理都显著增加了 0～10 cm 深度土层的土壤有机碳（$P < 0.05$，图 7-6），增幅分别为 14.4%、13.2% 和 9.7%；10 cm 深度以下土层各处理有机碳含量差异不显著（$P > 0.05$）。压实处理下，三种覆盖作物处理中土壤有机碳在 0～40 cm 深度各土层（除萝卜＋毛苕子地 30～40 cm 深度土层外）均呈现不同程度的增加；三种覆盖作物处理中，苜蓿地 0～10 cm 和 20～30 cm 深度土壤有机碳含量较休闲地增加幅度最大，分别增加 15.7%（0～10 cm 深度土层）和 20.7%（20～30 cm 深度土层）；而 10～20 cm 深度土层萝卜＋毛苕子地中土壤有机碳含量较休闲地显著增加（$P < 0.05$），平均增加 24.8%。与不压实处理相比，压实处理显著降低了 10～40 cm 深度各土层休闲地的有机碳含量。

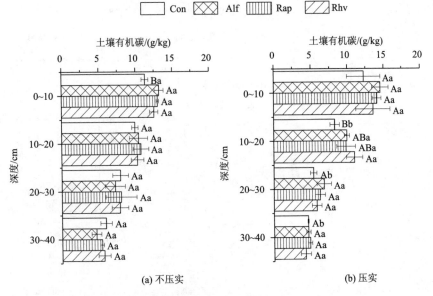

图 7-6　不同压实和覆盖作物处理下各土层土壤有机碳含量

不同大写字母代表同一压实处理方式下相同深度不同覆盖作物之间差异显著($P<0.05$)；不同小写字母代表不同压实处理方式下同一深度相同覆盖物之间差异显著($P<0.05$)

7.2.2　生物耕作对土壤养分的影响

不压实处理下，0～40 cm 深度各土层不同覆盖作物处理下全氮含量均没有显著差异（$P>0.05$，图 7-7）。压实处理下，仅 10～20 cm 深度土层萝卜+毛苕子处理土壤全氮较休闲处理显著增加（$P<0.05$），增幅为 25.8%。毛苕子作为豆科固氮作物，具有较好的固氮功能（MacMillan et al.，2022），有利于增加土壤全氮含量。再者，压实导致作物根系下扎困难，根系容易在 10～20 cm 深度土层聚集，也有利于增加该层的全氮含量。与不压实处理相比，压实处理显著降低了 10～20 cm 和 20～30 cm 深度休闲处理，以及 20～30 cm 深度萝卜+毛苕子处理的土壤全氮含量（$P<0.05$）。

不压实处理下，三种覆盖作物种植地 0～40 cm 深度各土层土壤全钾含量与休闲地差异均较小（图 7-7）。压实处理下，0～20 cm 深度各土层三种覆盖作物土壤全钾含量与休闲地没有显著差异（$P>0.05$）；20～40 cm 深度各土层三种覆盖作物土壤全钾含量均较休闲地显著增加（$P<0.05$）。与不压实处理相比，压实对各土层不同覆盖作物下土壤全钾含量无显著影响（$P>0.05$）。

不压实处理下，20～40 cm 深度各土层三种覆盖作物处理土壤全磷含量较休闲地均降低，其中 30～40 cm 深度土壤全磷含量显著降低（$P<0.05$，图 7-7）。压实处理下，0～30 cm 深度土层三个覆盖作物处理与休闲处理土壤全磷含量无显著差异；30～40 cm 深度土层仅苜蓿地中土壤全磷含量较休闲地显著降低（$P<0.05$）。以上结果表明，覆盖作物能够吸收下层土壤中大量的磷素（Han et al.，2021）。与不压实处理相比，压实显著降低了 20～30 cm 深度土层休闲处理和萝卜＋毛苕子处理的土壤全磷含量（$P<0.05$）。

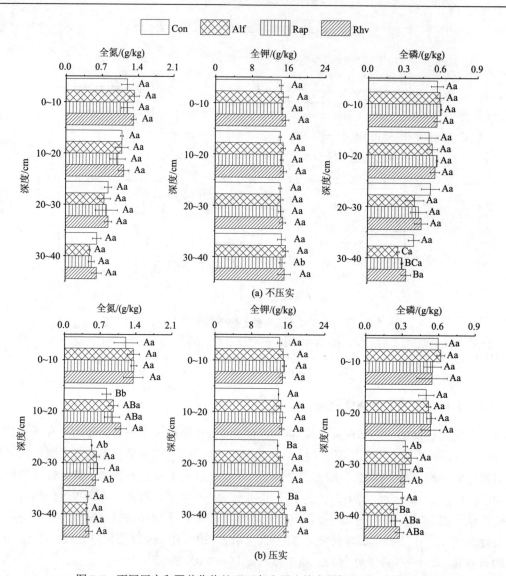

图 7-7　不同压实和覆盖作物处理下各土层土壤全量氮、磷、钾含量

不同大写字母代表同一压实处理方式下相同深度不同覆盖作物之间差异显著($P < 0.05$)；不同小写字母代表不同压实处理方式下同一深度相同覆盖作物之间差异显著($P < 0.05$)

　　不同处理下，土壤中碱解氮、速效磷、速效钾在不同土层深度的含量如图 7-8 所示。不压实处理下，与休闲地相比，种植覆盖作物有降低 0~40 cm 深度土层碱解氮的趋势；但仅有油菜处理 10~20 cm 深度土层的碱解氮含量显著低于休闲地($P < 0.05$)。Thapa 等 (2018) 通过分析收集的大量数据发现，覆盖作物尤其是非豆科作物可以显著降低土壤中硝态氮的累积。压实处理下，不同土层各个处理之间的差异性均不显著($P > 0.05$)。与不压实处理相比，压实仅显著降低了休闲地 10~30 cm 深度和萝卜+毛苕子 20~30 cm 深度土层土壤的碱解氮含量($P < 0.05$)。

　　在不压实条件下，三个覆盖作物处理 0~40 cm 深度各土层速效磷含量较休闲地均有所降低，其中 30～40 cm 深度土层速效磷含量显著低于休闲地（$P < 0.05$，图 7-8）。同样地，在压实处理下，三个覆盖作物处理 30～40 cm 深度土层速效磷含量较休闲处理显著降低（$P < 0.05$）。Villamil 等（2006）也发现种植覆盖作物会显著降低土壤中有效磷的含量。与不压实处理相比，压实显著降低了 20～30 cm 深度土层休闲地和萝卜＋毛苕子地土壤速效磷含量（$P < 0.05$）。

不论压实与否，三个覆盖作物处理各土层速效钾含量与休闲处理都没有显著差异（$P > 0.05$，图 7-8）。压实与不压实处理之间的土壤速效钾含量也没有显著差异（$P > 0.05$）。

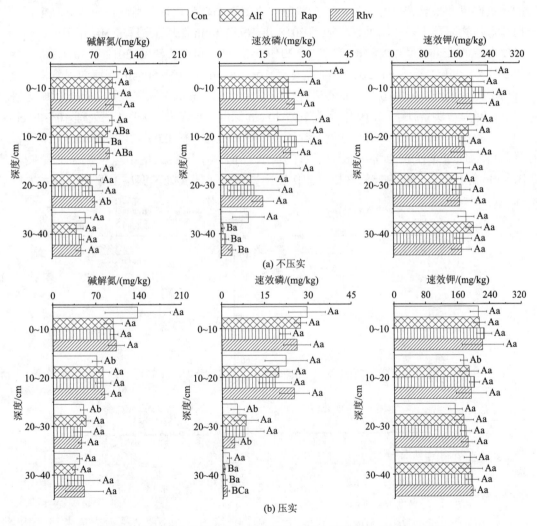

图 7-8　不同压实和覆盖作物处理下各土层土壤速效氮、磷、钾含量

不同大写字母代表同一压实处理方式下相同深度不同覆盖作物之间差异显著（$P < 0.05$）；不同小写字母代表不同压实处理方式下同一深度相同覆盖作物之间差异显著（$P < 0.05$）

7.3　生物耕作对作物生长的影响

7.3.1　生物耕作对作物根系生长的影响

2018 年和 2019 年不同压实和覆盖作物处理下玉米根重密度和根长密度如图 7-9 和图 7-10 所示。土壤压实显著影响 2018 年 60～70 cm 土层和 2019 年 0～10 cm 土层玉米的根长密度（$P < 0.05$，图 7-9 和图 7-10）。在不压实条件下，2018 年和 2019 年休闲处理的根重密度和根长密度都与其他三个覆盖作物处理的较为接近。然而在压实处理中，种植覆盖作物总体上较休闲处理增加了 2018 年 10～70 cm 深度土层和 2019 年 10～50 cm 深度土层的根重密度（2018 年 173.2%和 2019 年 35.6%）和根长密度（2018 年 50.9%和 2019 年 51.8%）。压实条件下，2018 年油菜处理 10～20 cm 和 40～50 cm 深度的根重密度显著高于休闲处理（$P < 0.05$）；油菜和苜蓿处理 50～60 cm 的根长密度显著高于休闲处理（$P < 0.05$）。压实条件下，2019 年苜蓿 10～20 cm 深度土层及萝卜+毛苕子处理 10～20 cm 和 30～40 cm 深度土层的根长密度都显著高于休闲处理（$P < 0.05$）。以上结果表明，种植覆盖作物促进了压实土壤中玉米根系的生长，但对不压实土壤中玉米根系无影响。Bertollo 等（2021）同样也发现种植覆盖作物主要增加了压实处理深层土壤大豆根系生物

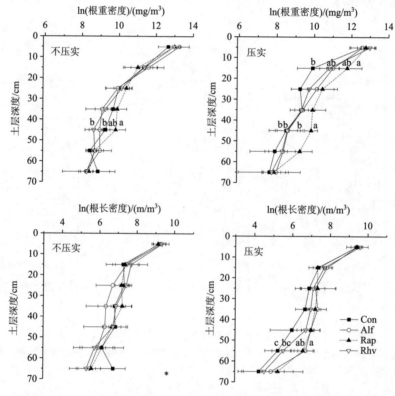

图 7-9　2018 年不同压实和覆盖作物处理下各土层玉米根重密度和根长密度

星号表示对应深度下压实和不压实处理差异显著；不同小写字母代表相同覆盖作物不同压实处理之间差异性显著（$P < 0.05$）

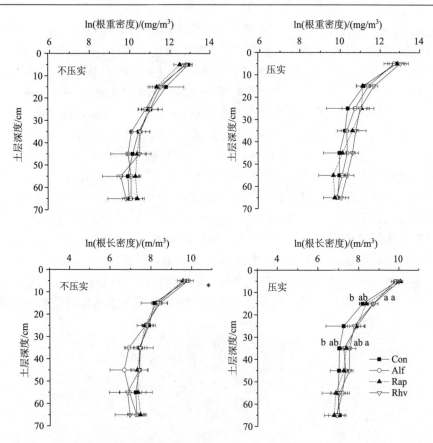

图 7-10　2019 年不同压实和覆盖作物处理下各土层玉米根重密度和根长密度

星号表示对应深度下压实和不压实处理差异显著；不同小写字母代表相同覆盖作物不同压实处理之间差异性显著（$P < 0.05$）

量和根长密度。这可能是与种植覆盖作物增加了土壤中生物孔隙的数量有关。据报道，压实土壤中作物根系更多地利用生物孔隙（Atkinson et al.，2020），而且只有小部分的生物孔隙能够被根系所利用，该比例通常低于 20%（White and Kirkegaard，2010）。覆盖作物根系产生的生物孔隙可以为作物根系生长提供低穿透阻力、高氧气浓度和高养分的空间，促进根系绕过压实土层吸收下层土壤水分和养分。在本节中，尽管压实土壤的容重较高，但压实与不压实处理根系的性状却比较接近，这也说明压实土壤中生物孔隙可能促进了玉米根系的生长。

7.3.2　生物耕作对作物产量的影响

2018 年和 2019 年玉米产量如图 7-11 所示，2018 年各处理玉米平均产量较 2019 年低 48.4%，表明玉米产量年际间变异较大，这主要是 2018 年降雨较多、涝渍频发造成的。不论前茬种植哪种覆盖作物，土壤压实显著降低了 2018 年玉米产量，但对 2019 年玉米产量没有影响。这一结果表明，土壤压实随着时间的推移可能有所缓解，主要是由于砂姜黑土的强胀缩性和土壤干湿交替。Pillai 和 McGarry（1999）指出，干湿交替是变性土退化结构恢复的关键过程。另外一个解释是，压实对作物产量的危害在湿润年份大于干旱年份(Lipiec et al., 2003)。因为，压实减少了土壤入渗，增加了渍水的风险(Chyba et al., 2014)；再者，在湿润年份，高含水量进一步加剧了压实土壤中不良的通气性(Schjønning et al., 2013)。因此，湿润年份，压实和渍水共同作用更不利于作物生长。在2018年和2019年，压实条件下萝卜+毛苕子和油菜处理较休闲处理增加8.65%~65.3%的玉米产量，都高于不压实条件下这两个处理的增产效果(7.58%~17.7%)。Chen和Weil(2011)认为，覆盖作物增加玉米产量主要是因为覆盖作物形成的根孔促进了玉米根系利用下层土壤水分，但这一解释只适用于干旱年份(2019年)。对于湿润年份(2018年)，覆盖作物根孔则通过促进土壤排水和增加土壤通气性来促进玉米生长。在2018年压实条件下萝卜+毛苕子处理的玉米产量较休闲处理显著增加了65.3%($P < 0.05$)；而苜蓿和油菜处理的玉米产量较休闲处理也分别增加了40.2%和42.4%，但未达到显著水平。在2019年，压实条件下油菜处理较休闲处理玉米产量显著提升19.9%($P < 0.05$)。Chen和Weil(2011)报道，萝卜和油菜都能够促进玉米生长。但是2019年与休闲处理相比，压实和不压实条件下苜蓿处理分别降低7.05%和13.6%的玉米产量，这可能与苜蓿耗水较多，影响后茬玉米在苗期的生长有关。从两年的试验结果看，覆盖作物促进后茬玉米生长的顺序为油菜≈萝卜+毛苕子混播>苜蓿。

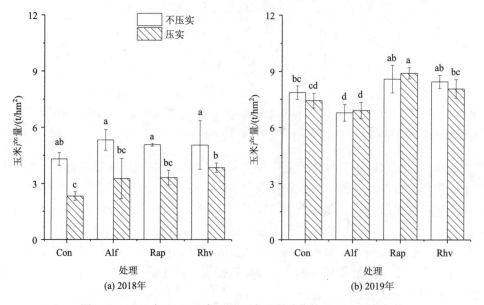

图7-11　2018年和2019年不同压实和覆盖作物处理下玉米产量

不同小写字母代表相同覆盖作物不同压实处理之间差异性显著($P < 0.05$)

7.4　生物孔隙与作物根系的互作机制

本节探讨不同压实状况下生物孔隙的存在对玉米根系生长行为及养分吸收的影响。试验中，使用直径为2 mm的不锈钢针在未压实(1.3 g/cm³)和压实(1.6 g/cm³)的土壤中创建生物孔隙。因此，本节一共包括4个处理：没有生物孔隙的未压实土壤(NC)、有生物孔隙的未压实土壤(NC+B)、没有生物孔隙的压实土壤(C)、有生物孔隙的压实土壤(C+B)。利用 X 射线计算机断层扫描技术(CT)对玉米根系结构及与生物孔隙的相互作用进行了三维定量分析。用 ^{15}N 标记的尿素测定了土柱下部(100~150 mm)肥料氮吸收情况。

7.4.1　生物孔隙对土壤穿透阻力的影响

与未压实土壤(NC 和 NC+B 处理)相比,压实土壤(C 和 C+B 处理)的穿透阻力显著提高,在没有生物孔隙的情况下提高了 164%,在有生物孔隙的情况下提高了 160%($P <$ 0.05)(图 7-12)。然而,无论土壤是否压实,人为生物孔隙的存在对土壤的穿透阻力都没有显著的影响($P > 0.05$)。

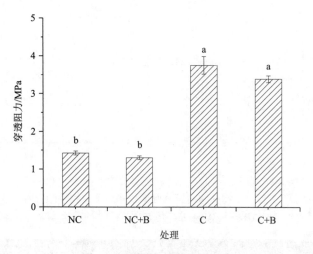

图 7-12　四种处理的穿透阻力

直方图中误差棒为均值的标准误差($n = 4$);不同的小写字母表示均值差异显著($P < 0.05$);NC、NC+B、C 和 C+B 分别代表未压实土壤、未压实土壤+生物孔隙、压实土壤和压实土壤+生物孔隙,下同

7.4.2　生物孔隙对玉米生长的影响

与未压实土壤(NC 和 NC+B 处理)相比,压实土壤(C 和 C+B 处理)的玉米叶面积显著减少,在没有生物孔隙时减少了 41%,存在生物孔隙时减少了 47%($P < 0.05$;图 7-13)。对于玉米地上生物量,C 处理比 NC 处理降低了 38%,C+B 处理比 NC+B 处理降低了 52%($P < 0.05$)(图 7-14)。而生物孔隙的存在对压实土壤和未压实土壤的叶面积和地上生物量均无显著影响($P > 0.05$)。X 射线 CT 技术测量的根体积、根表面积、总根长和根直径在 4 个处理间均无显著差异($P > 0.05$)(表 7-1;图 7-14)。此外,生物孔隙和土壤压实的存在对土柱下部或上部的根表面积没有显著影响($P > 0.05$;图 7-15)。Stirzaker 等(1996)发现,在直径为 3.2 mm 的生物孔隙的湿润土壤中,根系生长可能受到限制。造成这种结果的一个可能原因是根系和生物孔隙壁之间接触不良。Koebernick 等(2018)研究表明,根系与土壤的接触对植物生长至关重要。本节中,根系的直径远小于生物孔隙的直径(2 mm),这意味着大多数根系与生物孔隙壁的接触不好(表 7-1)。Stirzaker 等(1996)报道,在大麦中,大多数种子根和侧根的直径不超过 1.2 mm,当根系进入大的生物孔隙(3.2 mm)时,根与土壤的接

触不良是常见的。但有趣的是，Colombi 等（2017）研究发现，压实土壤中直径为 1.25 mm 的生物孔隙促进了玉米根系的生长，这是由于生物孔隙中根系与土壤的良好接触。因此，生物孔隙对植物生长的影响可能依赖于根与生物孔隙壁的直接接触。然而，一些研究表明，根毛可以帮助作物从孔隙中吸收水分，改善根与土壤的接触情况（White and Kirkegaard，2010；Haling et al.，2013）。在我们的研究中，由于分辨率的限制，很难观察到根系与土壤之间空气间隙中的根毛。这些限制可能导致我们低估了生物孔隙中根与土壤接触的程度。然而，我们发现 2 mm 直径的生物孔隙对植物生长的影响不大。这些观察结果表明，根系和生物孔隙之间大小的近似匹配可能对作物的生长产生积极的影响。

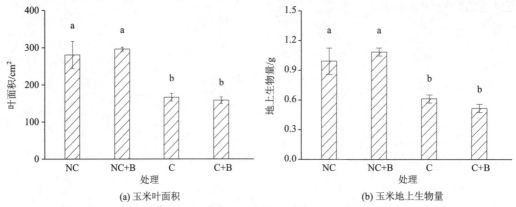

(a) 玉米叶面积　　　　　　　　　　　　(b) 玉米地上生物量

图 7-13　生物孔隙对玉米叶面积和地上生物量的影响

直方图中误差棒表示平均值的标准误差（$n = 4$）；不同小写字母表示 4 个处理之间有显著差异（$P < 0.05$）

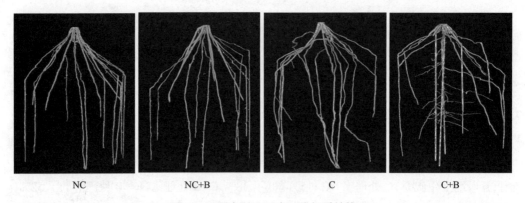

NC　　　　　　NC+B　　　　　　C　　　　　　C+B

图 7-14　四个处理玉米三维根系结构

表 7-1　基于 X 射线 CT 图像的玉米根系性状

处理	根体积/cm³	根表面积/cm²	总根长/cm	根直径/mm
NC	2.05(0.19)a	71.8(7.87)a	236(33.5)a	1.23(0.06)a
NC+B	1.81(0.17)a	67.9(5.16)a	244(19.0)a	1.20(0.05)a
C	1.88(0.07)a	68.1(3.63)a	257(16.4)a	1.30(0.06)a
C+B	1.68(0.13)a	66.3(5.69)a	262(33.2)a	1.18(0.07)a

注：不同的小写字母表示处理的均值有显著差异（$P < 0.05$）；括号中的数字是平均值的标准误差（$n = 4$）。

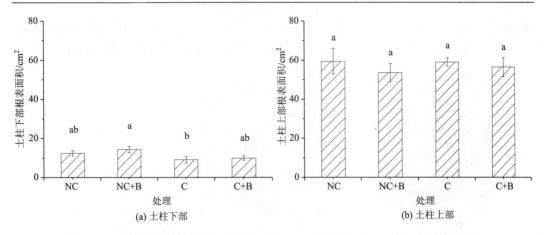

图 7-15　四个处理中位于土柱下部（100～150 mm）和上部（0～100 mm）的根表面积

直方图中误差棒表示平均值的标准误差（$n = 4$）；不同的小写字母表示平均值之间存在显著差异（$P < 0.05$）

7.4.3　生物孔隙与根系的交互作用

玉米根系对生物孔隙的响应在压实处理和未压实处理之间存在明显差异（图 7-16）。在压实土壤中，根系与生物孔隙的交互作用主要表现为在土柱的中心占领［图 7-16（f）］，且生物孔隙的数量是未压实土壤的 2.7 倍（$P < 0.05$）［图 7-17（a）］。然而，未压实土壤中根系穿过生物孔隙的数量是压实土壤的 2.4 倍（$P < 0.05$）［图 7-17（a）］。这一发现与 Atkinson 等（2020）的报告一致，即植物根系与大孔隙的交互方式不同，有穿过或占领两种，这主要取决于土壤强度。当土壤穿透阻力大于 2 MPa 时，根系生长受到限制（Bengough et al., 2011）。在我们的研究中，C+B 处理（3.4 MPa）的穿透阻力显著高于 NC+B 处理（1.3 MPa）（图 7-12）。这一差异意味着，压实土壤中的生物孔隙为根系生长提供了阻力最小的通道。然而，在土壤强度小于 2 MPa 的非压实土壤中，生物孔隙则不是根系生长所必需的。因此，土壤强度可能决定了根系进入生物孔隙的方式。在田间条件下，由于上层土壤静压力和土体内摩擦，土壤强度通常随土层深度的增加而增加（Gao et al., 2016b）。White 和 Kirkegaard（2010）在野外观察中发现，小麦根系更倾向于生长在较深土层的孔隙和裂缝中。Zhou 等（2021）观察到小麦根系向孔隙生长可能是深层根系生长的主要机制。因此，生物孔隙的存在有利于根系穿透到压实的底土中，并可能促进根系在深层底土中吸收水分和养分。此外，我们观察到在压实的土壤中，占领主要发生在土柱的中心［图 7-16（f）］。这一发现与 Pfeifer 等（2014）的研究一致，他们通过盆栽试验发现，位于土柱中间的生物孔隙有助于将大麦根系吸引到紧实土壤的中心。此外，大多数生物孔隙都没有与根系发生交互作用，这些孔隙在未压实和压实土壤中均占生物孔隙总数的 73%［图 7-17（b）］。White 和 Kirkegaard（2010）也报道了类似的结果，他们发现大多数孔隙没有被成熟的小麦根系所占据。Hatano 等（1988）指出，根系进入孔隙的概率取决于土壤中孔隙的数量。总的来说，根系与生物孔隙相互作用的机制仍不清楚。这些相互作用可能受到生物孔隙的性质（Hirth et al., 2005）和环境生长条件（Kautz et al., 2013）的影响。C+B 处理中根系与生物孔隙相交的体积和表面积均为 NC+B 处理的 2 倍（$P > 0.05$）［图 7-18（a）

和(b)]。在 NC+B 和 C+B 处理中，根系和土壤之间存在空气间隙，与孔隙相交的根直径在 1.14～1.15 mm 范围内，远小于生物孔隙的直径(2 mm)[图 7-16，图 7-18(c)]。

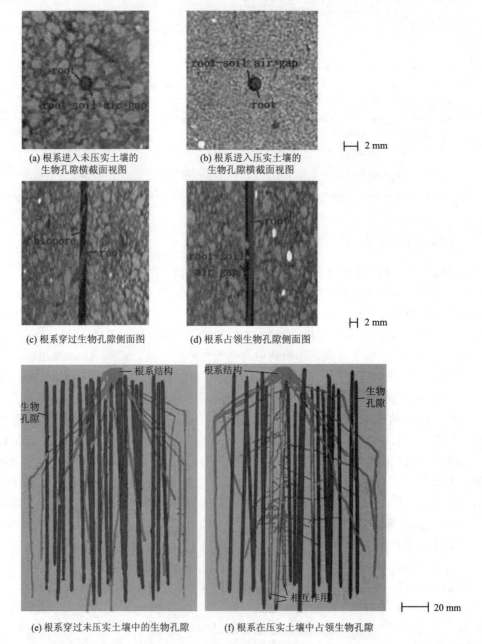

(a) 根系进入未压实土壤的
生物孔隙横截面视图

(b) 根系进入压实土壤的
生物孔隙横截面视图

(c) 根系穿过生物孔隙侧面图

(d) 根系占领生物孔隙侧面图

(e) 根系穿过未压实土壤中的生物孔隙

(f) 根系在压实土壤中占领生物孔隙

图 7-16　二维 X 射线 CT 图像显示根系进入未压实土壤和压实土壤生物孔隙的横截面视图、根系穿过和占领生物孔隙的侧面图及三维根系结构(绿色)与生物孔隙(红色)的相互作用(黄色)

(书后见彩图)

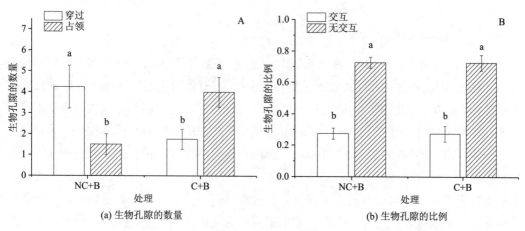

(a) 生物孔隙的数量　　　　　　　　(b) 生物孔隙的比例

图 7-17　在未压实和压实土壤中与根系发生相互作用的生物孔隙的数量和比例

直方图中误差棒表示平均值的标准误差 ($n = 4$)；不同的小写字母表示平均值之间存在显著差异 ($P < 0.05$)

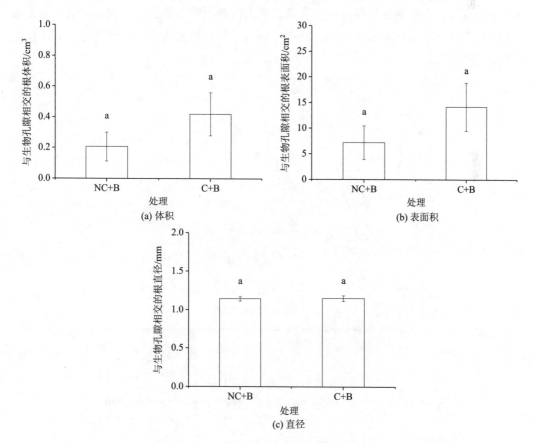

图 7-18　在未压实和压实土壤中与生物孔隙相交的根体积、表面积和直径

直方图中误差棒表示平均值的标准误差 ($n = 4$)；不同的小写字母表示平均值之间存在显著差异 ($P < 0.05$)

7.4.4　生物孔隙对肥料氮吸收的影响

与未压实土壤(NC 和 NC+B 处理)相比,压实土壤(C 和 C+B 处理)地上部肥料氮吸收显著降低,在没有生物孔隙的情况下降低了 86%,在有生物孔隙的情况下降低了 85%(P < 0.05)(图 7-19)。而在压实和未压实土壤中,生物孔隙的存在对肥料氮吸收没有影响(P > 0.05;图 7-19)。土柱下部(100~150 mm)的根表面积与地上部肥料氮吸收呈显著正相关关系[r = 0.72;P = 0.002;图 7-20(a)]。然而,将与生物孔隙相交的根表面积从回归模型中排除后,这种关系并没有改变[r = 0.72;P = 0.002;图 7-20(b)]。这些结果表明,土柱下部根表面积的增加有利于土壤养分的吸收,但直径为 2 mm 的生物孔隙的存在并不能促进养分的吸收,因为在生物孔隙中根系与土壤的接触较差。在一些研究中,根系与土壤接触不良会对根系吸收养分和水分产生负面影响(Kooistra et al., 1992;Goss et al., 1993)。此外,Whiteley 等(1982)发现,如果孔隙壁太硬或生物孔隙太大,根系可能在生物孔壁处弯曲。压实的生物孔隙壁也会使孔隙内的侧根难以重新进入土壤,这可能会限制植物对养分的吸收(Stirzaker et al., 1996)。因此,根系很难从孔隙直径远远大于其直径的生物孔隙中获益。

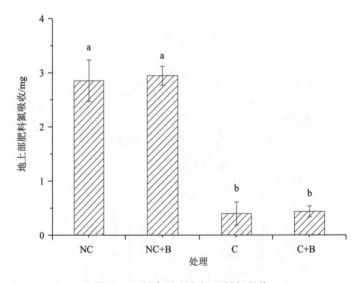

图 7-19　四个处理之间肥料氮吸收

直方图中误差棒为均值的标准误差(n = 4);不同的小写字母表示均值之间差异显著(P < 0.05)

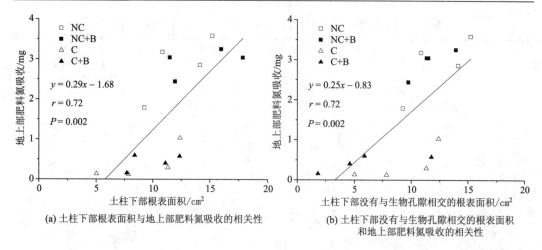

(a) 土柱下部根表面积与地上部肥料氮吸收的相关性　　　　(b) 土柱下部没有与生物孔隙相交的根表面积
　　　　　　　　　　　　　　　　　　　　　　　　　　　　　　和地上部肥料氮吸收的相关性

图 7-20　土柱下部根表面积与地上部肥料氮吸收之间的相关性及土柱下部根系没有与生物孔隙相交的
根表面积和地上部肥料氮吸收之间的相关性

7.5　生物孔隙特征对玉米生长的影响

本节模拟研究生物孔隙特征(直径和密度)对压实土壤中玉米生长的影响。设计了四组生物孔隙特征(表 7-2)：①孔隙直径影响，0.5 mm、1 mm 和 2 mm 直径的生物孔隙；②孔隙密度影响，在土柱(150 mm 高 × 60 mm 内径)中创造 5 个、10 个、20 个、80 个生物孔隙代表 1750 m^{-2}、3500 m^{-2}、7000 m^{-2}、28000 m^{-2} 的孔隙密度；为了阐明生物孔隙直径与密度之间的相互作用，另外考虑了两个条件，即③在相同的孔隙壁表面积(2513 mm^2)下，设置了 20 个 0.5 mm 直径的生物孔隙[0.5(20)]、10 个 1 mm 直径的生物孔隙[1(10)]和 5 个 2 mm 直径的生物孔隙[2(5)]；④在相同的孔隙度(0.342%)下，设置了 80 个 0.5 mm 直径的生物孔隙[0.5(80)]、20 个 1 mm 直径的生物孔隙[1(20)]和 5 个 2 mm 直径的生物孔隙[2(5)]。将不含生物孔隙的压实处理(1.6 g/cm^3)作为对照。对于有生物孔隙的压实处理，将直径为 0.5 mm、1 mm 和 2 mm 的不锈钢针穿过底层土壤(土层深度为 50～130 mm)，形成 0.5 mm、1 mm 和 2 mm 直径的垂直生物孔隙。创造的生物孔隙在土柱中均匀分布。因此，共包含 8 个处理：对照、0.5(5)、0.5(20)、0.5(80)、1(5)、1(10)、1(20)和 2(5)。括号前的数字 0.5、1 和 2 分别表示生物孔隙直径为 0.5 mm、1 mm 和 2 mm。括号中的数字 5、10、20 和 80 分别代表 1750 m^{-2}、3500 m^{-2}、7000 m^{-2} 和 28000 m^{-2} 的生物孔隙密度。利用 X 射线 CT 技术量化了玉米三维根系结构和生物孔隙的交互作用。通过施加 ^{15}N 标记的尿素来测定养分的吸收。

表 7-2　各处理的生物孔隙直径、数量(或密度)、壁表面积和孔隙度

条件	处理	孔隙直径 /mm	孔隙数量 (=密度/m⁻²)	孔隙壁表面积 /mm²	孔隙度 /%
相同孔隙数量	0.5(5)	0.5	**5** (=1750)	628	0.021
	1(5)	1	**5** (=1750)	1257	0.085
	2(5)	2	**5** (=1750)	2513	0.342
相同孔隙直径	0.5(5)	**0.5**	5 (=1750)	628	0.021
	0.5(20)	**0.5**	20 (=7000)	2513	0.085
	0.5(80)	**0.5**	80 (=28000)	10053	0.342
	1(5)	**1**	5 (=1750)	1257	0.085
	1(10)	**1**	10 (=3500)	2513	0.171
	1(20)	**1**	20 (=7000)	5027	0.342
相同孔隙壁表面积	0.5(20)	0.5	20 (=7000)	**2513**	0.085
	1(10)	1	10 (=3500)	**2513**	0.171
	2(5)	2	5 (=1750)	**2513**	0.342
相同孔隙度	0.5(80)	0.5	80 (=28000)	10053	**0.342**
	1(20)	1	20 (=7000)	5027	**0.342**
	2(5)	2	5 (=1750)	2513	**0.342**

注：表中加粗数字分别代表相同的孔隙数量、直径、壁表面积和孔隙度。

7.5.1　生物孔隙特征对地上生物量的影响

图 7-21 显示了生物孔隙特征对地上生物量的影响。在相同的孔隙密度($1750\ \mathrm{m^{-2}}$)下，地上生物量随着孔隙直径的增大而减少($P < 0.05$)。与对照相比，0.5 mm 和 1 mm 的生物孔隙分别提高了 41% 和 24% 的地上生物量($P < 0.05$)，而 2 mm 的生物孔隙则降低了 20% 的地上生物量($P > 0.05$)。在相同的孔隙壁表面积($2513\ \mathrm{mm^2}$)下，地上生物量随孔隙直径的增大而减小($P < 0.05$)。在相同的孔隙度(0.342%)下，1(20)和 0.5(80)处理的地上生物量比 2(5)处理分别提高 60%($P < 0.05$)和 35%。在相同孔隙直径(0.5 mm)下，0.5(20)处理对地上生物量的促进作用优于 0.5(5)和 0.5(80)处理，比 0.5(5)和 0.5(80)处理分别提高 17% 和 53%($P < 0.05$)。然而，对于 1 mm 直径的生物孔隙，地上生物量随孔隙密度的增加没有显著变化($P > 0.05$)。

7.5.2　生物孔隙特征对根系结构的影响

各处理中的三维根系结构和生物孔隙图像如图 7-22 所示。在孔隙密度、表面积和孔隙度相同的情况下，2(5)处理的根系较其他处理偏少。在相同的孔隙直径(0.5 mm 和 1 mm)下，根系进入生物孔隙的数量随着孔隙密度的增加而增加。0.5(20)处理的根系密度高于其他处理。与对照相比，0.5 mm 和 1 mm 直径的生物孔隙增加了根体积和根表面积，分别增加了 37%~54% 和 35%~53%($P < 0.05$)，而直径为 2 mm 的生物孔隙减少了根体积和根表面积，分别减少 33% 和 26%($P > 0.05$；图 7-23)。因此，生物孔隙对玉米生长的

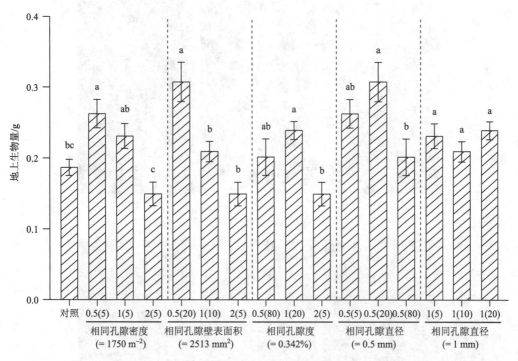

图 7-21　不同处理下生物孔隙对玉米地上部生物量的影响

直方图中误差棒表示平均值的标准误差($n = 3$)；不同的小写字母表示用垂直虚线划分的处理之间的平均值
有显著差异($P < 0.05$)

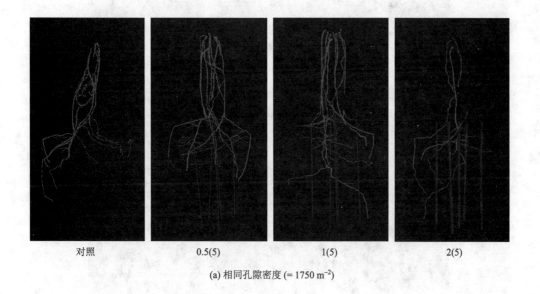

(a) 相同孔隙密度 (= 1750 m^{-2})

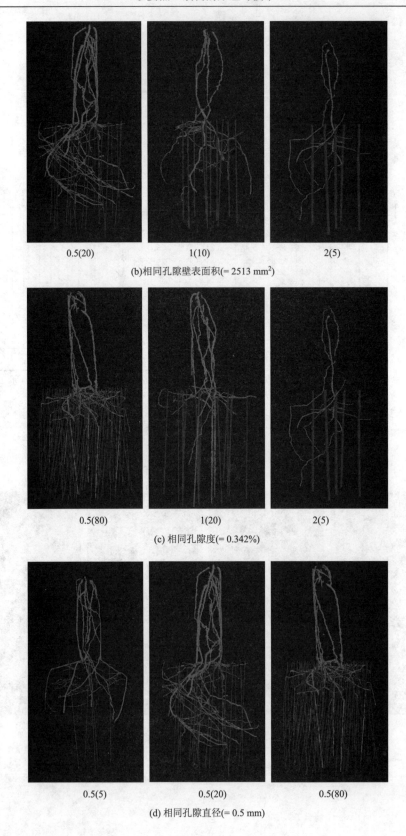

0.5(20)　　　　　　　1(10)　　　　　　　2(5)

(b)相同孔隙壁表面积(= 2513 mm²)

0.5(80)　　　　　　　1(20)　　　　　　　2(5)

(c) 相同孔隙度(= 0.342%)

0.5(5)　　　　　　　0.5(20)　　　　　　0.5(80)

(d) 相同孔隙直径(= 0.5 mm)

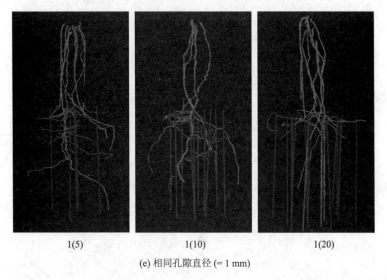

(e) 相同孔隙直径 (= 1 mm)

图 7-22　玉米三维根系结构对不同生物孔隙直径和密度的响应(书后见彩图)

影响取决于孔隙直径。Jakobsen 和 Dexter(1988)利用计算机模型也揭示了产量在孔径为 0.4 mm 时达到最大值，然后随着孔径的不断增大而下降。此外，Pfeifer 等(2014)发现，压实土壤中大麦幼苗根体积随着 1 mm 直径生物孔隙的存在而增加。然而，Stirzaker 等 (1996)发现，直径为 3.2 mm 的生物孔隙限制了大麦根系的生长。0.5 mm 和 1 mm 直径的生物孔隙促进根系生长的可能原因是在这些孔隙中根系与土壤的接触更好。Colombi 等(2017)的研究表明，生物孔隙中根系与土壤的良好接触取决于根系直径与孔隙直径的良好匹配。Atkinson 等(2009)发现，直径较小的孔隙有利于植物生长，因为它们可以提供土壤和根系之间良好的接触。在本试验中，生长 20 天后直径小于 0.5 mm 和 1 mm 的根系分别占总根长的 75% 和 93% 以上(图 7-24)。因此，在我们的研究中，与 2 mm 直径的生物孔隙相比，在 0.5 mm 和 1 mm 直径的生物孔隙中生长的玉米根系在苗期可能与孔隙壁有更好的接触，从而促进根系的生长。在孔隙壁表面积和孔隙度相同的情况下，根体积、根表面积和总根长均随孔隙直径的增大而显著减小($P < 0.05$；图 7-23)。在相同大孔隙直径下，0.5(20)处理的根体积、根表面积和总根长均大于 0.5(5)和 0.5(80)处理($P < 0.05$；图 7-23)。对于 1 mm 直径的生物孔隙，1(5)处理比 1(10)处理显著增加了 40%的根体积($P < 0.05$；图 7-23)。

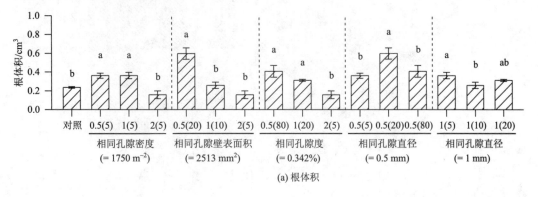

(a) 根体积

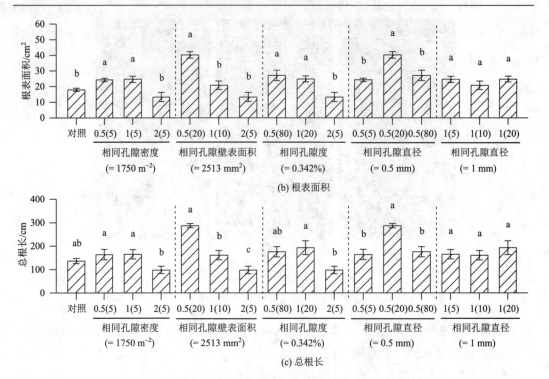

(b) 根表面积

(c) 总根长

图 7-23　X 射线 CT 成像在不同处理下玉米根体积、根表面积和总根长

直方图中误差棒表示平均值的标准误差 ($n=3$)；不同的小写字母表示用垂直虚线划分的处理之间的平均值有显著差异 ($P<0.05$)

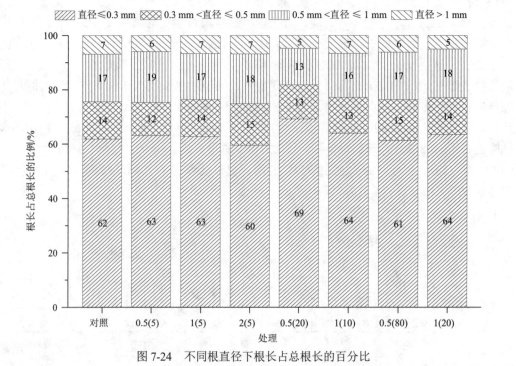

图 7-24　不同根直径下根长占总根长的百分比

7.5.3　生物孔隙特征对根孔交互的影响

在相同孔隙密度($1750\ m^{-2}$)下，孔隙直径对根系与生物孔隙相交的面积和根系占领或穿过生物孔隙的数量无显著影响($P > 0.05$；图 7-25)。在孔隙壁表面积相同的情况下，根系与生物孔隙相交的面积和根系占领生物孔隙的数量随着孔隙密度的降低而减少，但并不显著($P > 0.05$；图 7-25)；1(10)处理根系穿过生物孔隙的数量大于 0.5(20)和 2(5)处理[$P < 0.05$；图 7-25(c)]。在相同孔隙度下，1(20)处理的根系与生物孔隙相交的面积显著高于 0.5(80)和 2(5)处理[$P < 0.05$；图 7-25(a)]，且根系占领或穿过生物孔隙的数量

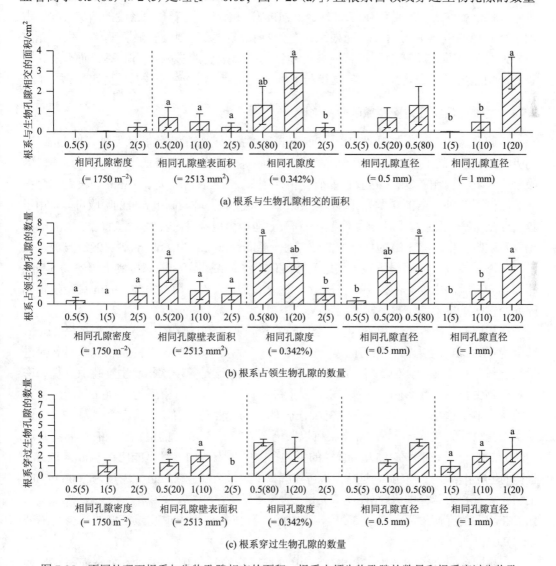

(a) 根系与生物孔隙相交的面积

(b) 根系占领生物孔隙的数量

(c) 根系穿过生物孔隙的数量

图 7-25　不同处理下根系与生物孔隙相交的面积、根系占领生物孔隙的数量和根系穿过生物孔隙的数量

直方图中误差棒表示平均值的标准误差($n = 3$)；不同的小写字母表示用垂直虚线划分的处理之间的平均值有显著差异($P < 0.05$)

随着孔隙密度的减小而减少[$P < 0.05$；图 7-25(b)和(c)]。在相同孔隙直径(0.5 mm 和 1 mm)条件下，根系与生物孔隙相交的面积($P < 0.05$)和根系占领($P < 0.05$)生物孔隙的数量均随孔隙密度的增大而增加(图 7-25)。然而，孔隙密度对根系穿过生物孔隙的数量没有显著影响($P > 0.05$)。造成占领和穿过生物孔隙结果不同的原因可能与土壤强度有关。我们在之前的研究中发现，在压实土壤中，根系倾向于占领而不是穿过生物孔隙，而在疏松土壤中，根系主要穿过生物孔隙(Xiong et al.，2022)。这一发现表明，在压实土壤中，生物孔隙密度可能对根系穿过生物孔隙数量的影响不大。此外，钢针在压实土壤中的穿透导致本节中的生物孔隙壁过于坚硬。一旦根系生长在坚硬孔隙壁的生物孔隙中时，就很难重新进入土壤(Stirzaker et al.，1996)。因此，随着孔隙密度的增加，根系占领生物孔隙的数量显著增加，而根系穿过生物孔隙的数量则没有显著变化。生物孔隙对根系与生物孔隙相交的面积和根系占领生物孔隙数量的影响与孔隙密度而不是孔隙直径密切相关。然而，生物孔隙直径和密度对根系穿过生物孔隙的数量影响不大。

7.5.4 生物孔隙特征对肥料氮吸收的影响

相同孔隙密度下，与对照相比，0.5 mm 和 1 mm 直径的生物孔隙促进了地上部 ^{15}N 的吸收，分别提高了 49%和 94%，而直径为 2 mm 的生物孔隙则降低了 60%的地上部 ^{15}N 吸收($P > 0.05$；图 7-26)。在我们的研究中，生长 20 天后直径大于 1 mm 的根系占总根长的比例不超过 7%(图 7-24)。因此，2 mm 直径的生物孔隙限制了养分的吸收可能是由于较大直径孔隙中根系与土壤接触不良。有研究表明，当根系进入较大直径(直径 3.2 mm)的生物孔隙时，根系与土壤的接触可能较差(Passioura，2002)。Kooistra 等(1992)发现，根系对硝态氮的吸收随着根系与土壤之间接触的减少而减少。因此，压实土壤中 0.5 mm 和 1 mm 直径的生物孔隙因根土接触较好促进了养分吸收，而根系与 2 mm 直径生物孔隙壁的接触不良限制了根系对氮的吸收。

在相同的孔隙壁表面积下，与直径 1 mm、密度为 3500 m^{-2} 的生物孔隙和直径 2 mm、密度为 1750 m^{-2} 的生物孔隙相比，直径 0.5 mm、密度为 7000 m^{-2} 的生物孔隙显著促进了地上部 ^{15}N 吸收($P < 0.05$；图 7-26)。据我们所知，这是第一次揭示生物孔隙直径和密度对植物生长的交互影响。在本节中，根系进入直径 0.5 mm、密度为 7000 m^{-2} 的生物孔隙的数量多于直径 1 mm、密度为 3500 m^{-2} 的生物孔隙和直径 2 mm、密度为 1750 m^{-2} 的生物孔隙[图 7-25(a)]。这一结果可以归因于直径 0.5 mm 的生物孔隙有更高的密度(7000 m^{-2})。而且，细根在 0.5 mm 直径的生物孔隙中与土壤的接触可能比在 1 mm 和 2 mm 直径的生物孔隙中好。因此，这些发现可能解释了为什么直径 0.5 mm、密度为 7000 m^{-2} 的生物孔隙有利于养分的吸收(图 7-26)。

在相同的孔隙度下，地上部 ^{15}N 吸收随孔隙直径的增大或孔隙密度的减少而降低($P < 0.05$；图 7-26)。

在相同孔隙直径(0.5 mm)下，0.5(20)处理比 0.5(5)和 0.5(80)处理分别提高 67%和 5%的地上部 ^{15}N 吸收($P > 0.05$；图 7-26)。这一结果表明，土壤中过少或过多的生物孔隙可能都不是根系生长最佳的物理状况。可能的原因是，过少的生物孔隙提供了较少的低阻力通道，但过多的生物孔隙也会导致根系与土壤的接触不良。在本节中，0.5(5)处理的生物孔隙数仅为 0.5(20) 处理的 25%，为根系生长提供的空间更小。Hatano 等 (1988) 发现，随着土壤中大孔隙数量的减少，根系进入孔隙的数量占根系总数的比例降低。在本节中，0.5(5) 处理下，与生物孔隙相互作用的根系非常少 (图 7-25)，这意味着大部分根系生长在压实的土壤基质中。因此，压实土壤中直径 0.5 mm、密度为 1750 m^{-2} 的生物孔隙对玉米生长的影响有限。此外，我们还发现，土壤中过多的生物孔隙可能也不会为根系生长创造最佳条件。Jakobsen 和 Dexter(1988) 也报道了类似的结果，他们通过模型模拟发现，当生物孔隙密度从 2000 m^{-2} 增加到 6000 m^{-2} 时，产量下降。Atkinson 等 (2009) 的研究也表明，小麦产量随着土壤孔隙度的增加而下降，这可能是根系与土壤的接触不良导致的。尽管在我们的研究中，0.5 mm 直径的生物孔隙中根系与孔隙壁的接触可能比 2 mm 直径的生物孔隙更好，但在 0.5 mm 直径的生物孔隙中直径小于 0.5 mm 的根系与孔隙壁的接触可能较差。本节中直径小于 0.3 mm 的根系占根系总数的 60%以上 (图 7-24)，且 0.5(80) 处理有更多根系进入生物孔隙 (图 7-25)。因此，我们推测，当生物孔隙密度增加到 28000 m^{-2} 时，与生物孔隙壁接触不良的细根增加，但并未增加根系对氮素的吸收 (图 7-26)。因此，适当数量的生物孔隙与其直径之间的平衡，如直径 0.5 mm、密度为 7000 m^{-2} 的生物孔隙，可确保足够数量的低阻力生物孔隙和足够的根土接触程度，从而为玉米苗期的生长提供有利的物理条件。对于 1 mm 直径的生物孔隙，1(5) 处理的地上部 ^{15}N 吸收量最高 ($P < 0.05$；图 7-26)。

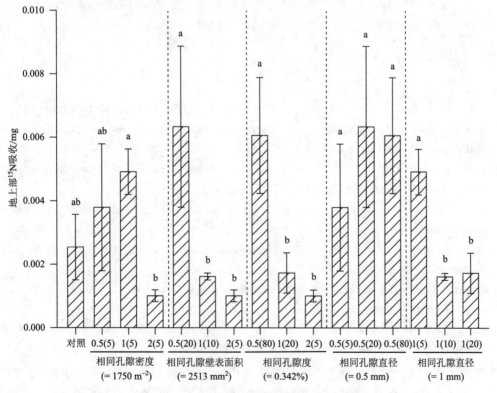

图 7-26　不同处理下玉米地上部 ^{15}N 的吸收

直方图中误差棒表示平均值的标准误差 ($n = 3$)；不同的小写字母表示用垂直虚线划分的处理之间的平均值有显著差异 ($P < 0.05$)

7.6　小　　结

（1）种植覆盖作物能够有效促进压实土壤中后茬玉米根系的生长和产量的提高，但是对不压实土壤中后茬玉米的生长影响较弱。因此，种植覆盖作物可以作为改善压实土壤中玉米生长的重要途径。

（2）在压实土壤中，根系倾向于在土柱中间占领生物孔隙，而在未压实土壤中，根系只穿过生物孔隙。2 mm 直径生物孔隙的存在为压实土壤中根系的生长提供了优先通道，但由于根系与生物孔隙壁的直接接触较差，导致对玉米苗期生长和养分吸收没有显著影响。这些结果表明，根系与孔隙壁之间的接触可能在作物生长中起着关键作用。

（3）压实土壤下，与 2 mm 直径的生物孔隙相比，0.5 mm 和 1 mm 直径的生物孔隙对玉米生长和氮吸收的促进作用更强。对于 0.5 mm 直径的生物孔隙，与 1750 m 和 28000 m^{-2}的孔隙密度相比，7000 m^{-2}孔隙密度显著促进了玉米生长。因此，孔隙直径和密度组合（即本章中的 0.5 mm 直径和 7000 m^{-2}密度）可以更好地促进压实土壤下作物的生长。根系与生物孔隙的交互作用主要受孔隙密度而不是孔隙直径的影响，且根系与生物孔隙相交的面积和根系占领生物孔隙的数量随孔隙密度的增大而增加。这些发现为生物孔隙减轻土壤压实对植物生长的负面影响提供了新的见解。例如，压实土壤中使用与后茬作物根系直径相似的覆盖作物品种，通过生物耕作可形成促进作物生长的生物孔隙特征。在未来的研究中，由生物耕作创造的自然生物孔隙应该被用来研究其田间效应，这对可持续农业发展具有重要意义。

参 考 文 献

严磊, 张中彬, 丁英志, 等. 2021. 覆盖作物根系对砂姜黑土压实的响应. 土壤学报, 58(1): 140-150.

Abdollahi L, Munkholm L J, Garbout A. 2014. Tillage system and cover crop effects on soil quality: II. Pore characteristics. Soil Science Society of America Journal, 78(1): 271-279.

Alaoui A, Lipiec J, Gerke H H. 2011. A review of the changes in the soil pore system due to soil deformation: A hydrodynamic perspective. Soil and Tillage Research, 115-116: 1-15.

Alvarez R, Steinbach H S, De Paepe J L. 2017. Cover crop effects on soils and subsequent crops in the pampas: A meta-analysis. Soil and Tillage Research, 170: 53-65.

Angers D A, Caron J. 1998. Plant-induced changes in soil structure: Processes and feedbacks. Biogeochemistry, 42: 55-72.

Atkinson B S, Sparkes D L, Mooney S J. 2009. The impact of soil structure on the establishment of winter wheat (*Triticum aestivum*). European Journal of Agronomy, 30(4): 243-257.

Atkinson J A, Hawkesford M J, Whalley W R, et al. 2020. Soil strength influences wheat root interactions with soil macropores. Plant, Cell & Environment, 43(1): 235-245.

Bengough A G, McKenzie B M, Hallett P D, et al. 2011. Root elongation, water stress, and mechanical impedance: A review of limiting stresses and beneficial root tip traits. Journal of Experimental Botany, 62(1): 59-68.

Bertollo A M, Moraes M T d, Franchini J C, et al. 2021. Precrops alleviate soil physical limitations for soybean root growth in an Oxisol from southern Brazil. Soil and Tillage Research, 206: 104820.

Blanco-Canqui H, Mikha M M, Presley D R, et al. 2011. Addition of cover crops enhances no-till potential for improving soil physical properties. Soil Science Society of America Journal, 75: 1471-1482.

Blanco-Canqui H, Ruis S J. 2020. Cover crop impacts on soil physical properties: A review. Soil Science Society of America Journal, 84: 1527-1576.

Blanco-Canqui H, Shaver T M, Lindquist J L, et al. 2015. Cover crops and ecosystem services: Insights from studies in temperate soils. Agronomy Journal, 107: 2449.

Chen G, Weil R R. 2010. Penetration of cover crop roots through compacted soils. Plant and Soil, 331(1-2): 31-43.

Chen G, Weil R R. 2011. Root growth and yield of maize as affected by soil compaction and cover crops. Soil and Tillage Research, 117: 17-27.

Chyba J, Kroulík M, Krištof K, et al. 2014. Influence of soil compaction by farm machinery and livestock on water infiltration rate on grassland. Agronomy Research, 12: 59-64.

Colombi T, Braun S, Keller T, et al. 2017. Artificial macropores attract crop roots and enhance plant productivity on compacted soils. Science of the Total Environment, 574: 1283-1293.

Cotrufo M F, Wallenstein M D, Boot C M, et al. 2013. The microbial efficiency-matrix stabilization (MEMS) framework integrates plant litter decomposition with soil organic matter stabilization: Do labile plant inputs form stable soil organic matter? Global Change Biology, 19(4): 988-995.

Elkins C B. 1985. Plant roots as tillage tools. Journal of Terramechanics, 22(3): 177-178.

Gao W, Hodgkinson L, Jin K, et al. 2016a. Deep roots and soil structure. Plant, Cell & Environment, 39(8): 1662-1668.

Gao W, Whalley W R, Tian Z, et al. 2016b. A simple model to predict soil penetrometer resistance as a function of density, drying and depth in the field. Soil and Tillage Research, 155: 190-198.

Ghestem M, Sidle R C, Stokes A. 2011. The influence of plant root systems on subsurface flow: Implications for slope stability. BioScience, 61(11): 869-879.

Goss M J, Miller M H, Bailey L D, et al. 1993. Root growth and distribution in relation to nutrient availability and uptake. European Journal of Agronomy, 2(2): 57-67.

Haling R E, Brown L K, Bengough A G, et al. 2013. Root hairs improve root penetration, root soil contact, and phosphorus acquisition in soils of different strength. Journal of Experimental Botany, 64(12): 3711-3721.

Han E, Li F, Perkons U, et al. 2021. Can precrops uplift subsoil nutrients to topsoil? Plant and Soil, 463: 329-345.

Hatano R, Iwanaga K, Okajima H, et al. 1988. Relationship between the distribution of soil macropores and root elongation. Soil Science and Plant Nutrition, 34(4): 535-546.

Hinsinger P, Bengough A G, Vetterlein D, et al. 2009. Rhizosphere: Biophysics, biogeochemistry and ecological relevance. Plant and Soil, 321: 117-152.

Hirth J R, McKenzie B M, Tisdall J M. 2005. Ability of seedling roots of *Lolium perenne* L. to penetrate soil from artifical biopores is modified by soil bulk density, biopore angle and biopore relief. Plant and Soil, 272(1): 327-336.

Jakobsen B F, Dexter A R. 1988. Influence of biopores on root growth, water uptake and grain yield of wheat (*Triticum aestivum*) based on predictions from a computer-model. Biology and Fertility of Soils, 6(4): 315-321.

Kaspar T C, Radke J K, Laflen J M. 2001. Small grain cover crops and wheel traffic effects on infiltration, runoff, and erosion. Journal of Soil and Water Conservation, 56: 160-164.

Kautz T, Lüsebrink M, Patzold S, et al. 2014. Contribution of anecic earthworms to biopore formation during cultivation of perennial ley crops. Pedobiologia, 57(1): 47-52.

Kautz T, Perkons U, Athmann M, et al. 2013. Barley roots are not constrained to large-sized biopores in the subsoil of a deep Haplic Luvisol. Biology and Fertility of Soils, 49(7): 959-963.

Keller T, Colombi T, Ruiz S, et al. 2021. Soil structure recovery following compaction: Short-term evolution of soil physical properties in a loamy soil. Soil Science Society of America Journal, 85: 1002-1020.

Koebernick N, Daly K R, Keyes S D, et al. 2019. Imaging microstructure of the barley rhizosphere: Particle packing and root hair influences. New Phytologist, 221(4): 1878-1889.

Koebernick N, Schlüter S, Blaser S R, et al. 2018. Root-soil contact dynamics of *Vicia faba* in sand. Plant and Soil, 431(1-2): 417-431.

Kooistra M J, Schoonderbeek D, Boone F R, et al. 1992. Root-soil contact of maize, as measured by a thin-section technique. III. Effects on shoot growth, nitrate and water uptake efficiency. Plant and Soil, 139(1): 131-138.

Lipiec J, Medvedev V V, Birkas M, et al. 2003. Effect of soil compaction on root growth and crop yield in Central and Eastern Europe. International Agrophysics, 17: 61-69.

MacMillan J, Adams C B, Hinson P O, et al. 2022. Biological nitrogen fixation of cool-season legumes in agronomic systems of the Southern Great Plains. Agrosystems, Geosciences & Environment, 5: e20244.

Nosalewicz A, Lipiec J. 2014. The effect of compacted soil layers on vertical root distribution and water uptake by wheat. Plant and Soil, 375: 229-240.

Or D, Keller T, Schlesinger W H. 2021. Natural and managed soil structure: On the fragile scaffolding for soil functioning. Soil and Tillage Research, 208: 104912.

Osipitan O A, Dille J A, Assefa Y, et al. 2018. Cover crop for early season weed suppression in crops: Systematic review and meta-analysis. Agronomy Journal, 110: 2211-2221.

Passioura J B. 2002. Soil conditions and plant growth. Plant, Cell & Environment, 25(2): 311-318.

Pfeifer J, Kirchgessner N, Walter A. 2014. Artificial pores attract barley roots and can reduce artifacts of pot experiments. Journal of Plant Nutrition and Soil Science, 177(6): 903-913.

Pillai U P, McGarry D. 1999. Structure repair of a compacted vertisol with wet-dry cycles and crops. Soil Science Society of America Journal, 63: 201-210.

Ruis S J, Blanco-Canqui H, Elmore R W, et al. 2020. Impacts of cover crop planting dates on soils after four years. Agronomy Journal, 112: 1649-1665.

Schjønning P, Lamandé M, Berisso F E, et al. 2013. Gas diffusion, non-Darcy air permeability, and computed tomography images of a clay subsoil affected by compaction. Soil Science Society of America Journal, 77: 1977-1990.

Six J, Bossuyt H, Degryze S, et al. 2004. A history of research on the link between (micro) aggregates, soil biota, and soil organic matter dynamics. Soil and Tillage Research, 79(1): 7-31.

Steele M K, Coale F J, Hill R L. 2012. Winter annual cover crop impacts on no-till soil physical properties and organic matter. Soil Science Society of America Journal, 76: 2164-2173.

Stirzaker R J, Passioura J B, Wilms Y. 1996. Soil structure and plant growth: Impact of bulk density and biopores. Plant and Soil, 185(1): 151-162.

Thapa R, Mirsky S B, Tully K L. 2018. Cover crops reduce nitrate leaching in agroecosystems: A global meta-analysis. Journal of Environmental Quality, 47(6): 1400-1411.

Tian Z, Gao W, Kool D, et al. 2018. Approaches for estimating soil water retention curves at various bulk densities with the extended Van Genuchten Model. Water Resources Research, 54: 5584-5601.

Unger P W, Vigil M F. 1998. Cover crop effects on soil water relationships. Journal of Soil and Water Conservation, 53: 200-207.

Villamil M B, Bollero G A, Darmody R G, et al. 2006. No-till corn/soybean systems including winter cover crops. Soil Science Society of America Journal, 70: 1936-1944.

White R G, Kirkegaard J A. 2010. The distribution and abundance of wheat roots in a dense, structured subsoil– Implications for water uptake. Plant, Cell & Environment, 33(2): 133-148.

Whiteley G M, Hewitt J S, Dexter A R. 1982. The buckling of plant roots. Physiologia Plantarum, 54(3): 333-342.

Xiong P, Zhang Z B, Wang Y K, et al. 2022. Variable responses of maize roots at the seedling stage to artificial biopores in noncompacted and compacted soil. Journal of Soils and Sediments, 22: 1155-1164.

Yunusa I A M, Newton P J. 2003. Plants for amelioration of subsoil constraints and hydrological control: The primer-plant concept. Plant and Soil, 257: 261-281.

Zhang Z B, Peng X H. 2021. Bio-tillage: A new perspective for sustainable agriculture. Soil and Tillage Research, 206: 104844.

Zhou H, Whalley W R, Hawkesford M J, et al. 2021. The interaction between wheat roots and soil pores in structured field soil. Journal of Experimental Botany, 72(2): 747-756.

第8章 不同培肥措施对砂姜黑土改良的影响

砂姜黑土主要分布在我国的黄淮海平原，面积约为 400 万公顷，地处暖温带向亚热带过渡的季风气候区，光、热、水资源较为丰富，是我国重要的粮食主产区。但由于其质地黏重，物理性状差，有机质含量偏低、养分匮乏等不良特征，严重影响作物的正常生长，导致土壤的生产力水平较低，成为我国面积最大的集中连片中低产区之一。针对砂姜黑土这些不良性状，通过合理的培肥措施，进行土壤物理、化学、生物一系列改良，是进一步稳定和提高砂姜黑土区粮食单产的重要途径。砂姜黑土区每年都有大量的农作物秸秆和畜禽粪便产生，它们都是重要的有机物料，如果加以合理的综合利用，不仅可以变废为宝，减少环境污染，还可以培肥土壤，减少化肥的使用量，节约农业生产成本，促进区域农业可持续发展。

8.1 不同培肥措施对土壤物理性质的影响

砂姜黑土是我国集中连片中低产田之一，低产原因主要与其物理性状差，特别是与高土壤容重、强土壤收缩特征、无团粒结构等不良性状有关(孙长华，1999)。本节依托安徽蒙城长期施肥定位试验平台，研究长期单施化肥、秸秆还田及厩肥与化肥配施对砂姜黑土容重、持水能力、收缩能力、团聚体形成与稳定性的影响，提出适宜砂姜黑土物理性状改良的培肥措施。

该试验共设置 6 个处理，分别为不施肥(Control)、单施氮磷钾化肥(NPK)、半量麦秸配施化肥(NPKLS)、全量麦秸配施化肥(NPKHS)、猪粪配施化肥(NPKPM)和牛粪配施化肥(NPKCM)。每个处理有 4 个重复，每个小区面积为 75 m² (15 m×5 m)，采用完全随机区组排列。N(尿素，含 N 46%)、P(过磷酸钙，含 P_2O_5 12%)、K(氯化钾，含 K_2O 60%)的用量分别为 180 kg/hm²、90 kg/hm² 和 135 kg/hm²。有机物料半量麦秸为 3750 kg/hm²，全量麦秸为 7500 kg/hm² (麦秸秆基 C、N、P、K 的含量分别为 482 kg/hm²、5.5 kg/hm²、1.2 kg/hm² 和 11.5 kg/hm²)，新鲜猪粪 15000 kg/hm²(猪粪干基 C、N、P、K 的含量分别为 366 kg/hm²、17 kg/hm²、9.0 kg/hm² 和 9.0 kg/hm²)，新鲜牛粪 30000 kg/hm²(牛粪干基 C、N、P、K 的含量分别为 374 kg/hm²、8.0 kg/hm²、4.0 kg/hm² 和 4.0 kg/hm²)。所有的化肥和有机物料均在小麦种植前(每年 10 月份左右)一次性施入，大豆种植时不再施用任何肥料。各处理小区耕作方式(旋耕)和其他田间管理措施均一致。

该试验始于 1982 年，试验开始时耕层(0~20 cm)土壤基本理化性质为：耕层土壤容重 1.45 g/cm³，pH 7.4(土水比为 1∶2.5)，有机碳含量 5.8 g/kg，全氮含量 0.96 g/kg，全磷含量 0.28 g/kg，碱解氮含量 84.5 mg/kg，有效磷含量 9.8 mg/kg，速效钾含量 125 mg/kg。作物体系为小麦-大豆轮作。

8.1.1　长期施肥对土壤容重的影响

试验地耕层(0~20 cm)初始土壤容重为 1.45 g/cm³,连续施肥 34 年后土壤容重发生了明显的变化,而且不同处理之间的差异明显(图 8-1)。不施肥和单施化肥处理的土壤容重较初始值分别降低了 9.67%和 11.7%,说明多年种植作物,适当耕翻土壤、减少机具进地次数,可以不同程度地降低砂姜黑土的紧实度。与不施肥处理相比,长期增施有机物料均可显著降低土壤容重(P < 0.05),其中牛粪与化肥配施处理下降幅度最大(13.7%),增施高量麦秸处理下降幅度次之(7.63%),而长期单施化肥与不施肥处理间差异不显著(P > 0.05)。由此可见,长期增施有机物料能够有效地降低砂姜黑土的容重,改善土壤紧实状况。

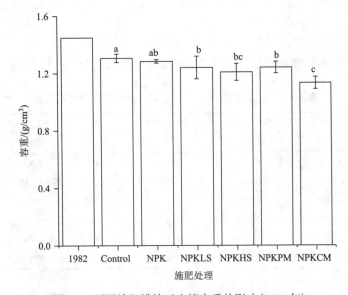

图 8-1　不同施肥措施对土壤容重的影响(2016 年)

Control 为不施肥处理;NPK 为单施化肥处理;NPKLS 为化肥+低量秸秆还田处理;NPKHS 为化肥+高量秸秆还田处理;NPKPM 为化肥配施猪粪处理;NPKCM 为化肥配施牛粪处理;不同小写字母表示不同施肥处理间差异显著(P < 0.05);下同

8.1.2　长期施肥对水分特征曲线的影响

降水分配不均,土壤供水保水性能较差,土壤易旱也是砂姜黑土低产的因素之一(王道中等,2015)。利用 van Genuchten 方程拟合得到不同长期施肥处理下土壤水分特征曲线及孔隙分布曲线(图 8-2)。从各施肥处理下土壤水分特征曲线拟合参数来看(表 8-1),R^2 均大于 0.990,均方根误差最大值为 0.009,说明实测值与拟合值之间的离散程度非常小。不同施肥处理之间,残余含水量(θ_r)、饱和含水量(θ_s)和进气值倒数(α)存在一定程度的差异,厩肥和化肥配施较不施肥和单施化肥提高了土壤的饱和含水量和残余含水量,残余含水量在牛粪与化肥配施处理下最大,低量秸秆还田处理下最小;饱和含水量在牛粪与化肥配施处理下最大,不施肥处理下最小。牛粪与化肥配施处理还明显增大了土壤进气点的水吸力,而低量秸秆还田处理则相反。

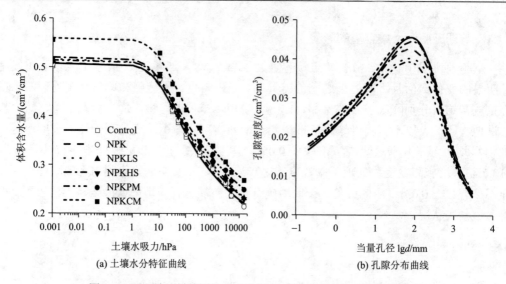

(a) 土壤水分特征曲线 (b) 孔隙分布曲线

图 8-2　不同施肥措施对土壤水分特征曲线和孔隙分布曲线的影响

表 8-1　不同施肥措施下耕层土壤水分特征曲线模型参数

处理	残余含水量 θ_r/(cm³/cm³)	饱和含水量 θ_s/(cm³/cm³)	进气值倒数 α	形状因子 n	决定系数 R^2	均方根误差 RMSE
Control	0.138	0.507	0.113	1.199	0.991	0.009
NPK	0.085	0.508	0.137	1.151	0.995	0.007
NPKLS	0.082	0.516	0.153	1.136	0.995	0.007
NPKHS	0.139	0.520	0.130	1.184	0.995	0.007
NPKPM	0.138	0.514	0.122	1.159	0.996	0.006
NPKCM	0.174	0.559	0.108	1.189	0.996	0.006

　　与不同施肥处理相比，土壤田间持水量和萎蔫系数表现为 NPKCM>NPKPM≈NPKHS≈NPKLS>NPK≈Control。由于土壤长期增施有机物料同时提高了土壤田间持水量和萎蔫系数，各处理土壤有效水分库容无显著差异(表 8-2)。整体上看，长期增施有机物料显著改善了土壤结构，提高了土壤的持水能力，有助于作物的持续供水。

表 8-2　不同施肥措施对耕层土壤持水特性的影响　　　　（单位：cm³/cm³）

处理	田间持水量	萎蔫系数	有效水分库容
Control	0.321 ± 0.02 d	0.217 ± 0.01 d	0.104 ± 0.01 b
NPK	0.327 ± 0.02 cd	0.215 ± 0.02 d	0.107 ± 0.01 ab
NPKLS	0.339 ± 0.02 bc	0.232 ± 0.02 c	0.107 ± 0.02 ab
NPKHS	0.334 ± 0.02 bcd	0.230 ± 0.01 c	0.103 ± 0.02 ab
NPKPM	0.348 ± 0.02 b	0.250 ± 0.02 b	0.098 ± 0.01 b
NPKCM	0.376 ± 0.02 a	0.269 ± 0.02 a	0.112 ± 0.02 a

　　注：田间持水量为 330 hPa 水势下土壤体积含水量；萎蔫系数为 15000 hPa 水势下土壤体积含水量；土壤有效水分库容为田间持水量与萎蔫系数间的差值；不同小写字母表示不同处理间差异显著($P<0.05$)，下同。

8.1.3　长期施肥对土壤收缩特征曲线的影响

Peng 和 Horn(2005)提出的土壤收缩曲线模型能够有效拟合不同施肥处理下的土壤收缩曲线($R^2 > 0.990$，$P < 0.01$；图 8-3)。模型拟合参数 χ、p、q 虽无实际物理意义，但共同决定了曲线的形状及相对位置(表 8-3)。各处理收缩曲线均被 3 个特征点分成 4 个典型收缩阶段：结构收缩、比例收缩、残余收缩及零收缩阶段(表 8-4)。其中比例收缩阶段占据各收缩曲线的主要部分，占总体积变化的 57.8%~64.5%，占总水分损失的28.6%~41.2%。在比例收缩阶段，土壤体积的减少量几乎等于土壤中水分的减少量，该阶段比例高表明土壤收缩能力强，结构较差。土壤结构收缩阶段占据各收缩曲线总体积变化的 9.58%~16.1%，占总水分损失的 15.0%~23.0%。该阶段土壤失水较多，但土壤形变较小，结构收缩阶段比例增加说明土壤结构较好。残余收缩和零收缩阶段分别占各收缩曲线总体积变化的 19.9%~25.8%和 2.08%~5.06%。残余收缩和零收缩阶段土壤的体积减小量小于土壤中水分的损失量，但也会带来一定程度的形变。

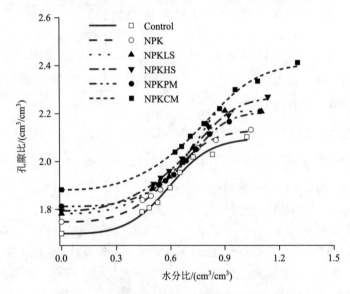

图 8-3　不同施肥措施对土壤收缩特征曲线的影响

表 8-3　不同施肥措施下耕层土壤收缩特征参数

处理	χ	p	q	R^2	RMSE	Slope	COLE
Control	1.46	6.37	0.57	0.990	0.013	1.03 ± 0.35 a	0.074 ± 0.01 ab
NPK	1.35	8.34	0.36	0.997	0.006	0.92 ± 0.26 a	0.068 ± 0.01 b
NPKLS	1.18	64.42	0.04	0.999	0.004	0.97 ± 0.29 a	0.074 ± 0.02 ab
NPKHS	1.10	9.31	0.27	0.996	0.008	0.94 ± 0.25 a	0.082 ± 0.02 a
NPKPM	1.18	10.31	0.32	0.999	0.004	0.92 ± 0.23 a	0.068 ± 0.02 b
NPKCM	0.99	7.63	0.32	0.997	0.010	0.88 ± 0.19 a	0.083 ± 0.01 a

注：χ，p，q 分别为收缩曲线模型的拟合参数；R^2 为模型决定系数；RMSE 为均方根误差；Slope 为收缩曲线拐点处斜率；COLE 为土壤线性伸展系数。

表 8-4　不同施肥处理下各收缩阶段的土壤水分比和孔隙比　　　　（单位：%）

处理	水分比 ϑ					孔隙比 e				
	$\vartheta_s - \vartheta_0$	ϑ_{ss}	ϑ_{ps}	ϑ_{rs}	ϑ_{zs}	$e_s - e_0$	e_{ss}	e_{ps}	e_{rs}	e_{zs}
Control	1.02 c	22.7 a	32.1 b	20.7 b	25.2 ab	0.40 bc	16.1 a	60.5 ab	19.9 a	3.41 a
NPK	1.04 c	23.0 a	30.9 c	22.1 ab	24.0 ab	0.38 c	13.3 ab	59.7 b	23.0 a	3.93 a
NPKLS	1.10 bc	15.0 b	34.4 b	27.6 a	23.1 ab	0.48 bc	9.58 c	61.5 ab	25.3 a	3.57 a
NPKHS	1.14 b	15.1 b	38.3 ab	29.2 a	17.4 b	0.48 ab	9.70 c	63.5 a	24.1 a	2.61 a
NPKPM	1.09 bc	17.0 b	28.6 c	23.4 ab	30.9 a	0.40 c	11.2 bc	57.8 b	25.8 a	5.06 a
NPKCM	1.30 a	15.4 b	41.2 a	29.0 a	14.4 b	0.51 a	11.0 bc	64.5 a	22.4 a	2.08 a

注：ϑ_s 为饱和时土壤水分比，ϑ_0 为烘干时土壤水分比；ϑ_{ss}、ϑ_{ps}、ϑ_{rs}、ϑ_{zs} 分别为结构收缩、比例收缩、残余收缩、零收缩阶段土壤水分比；e_s 为饱和时土壤孔隙比，e_0 为烘干时土壤孔隙比；e_{ss}、e_{ps}、e_{rs}、e_{zs} 分别为结构收缩、比例收缩、残余收缩、零收缩阶段土壤孔隙比。

一般认为土壤线性伸展系数（COLE）高于 0.06 时便会对作物生长产生严重危害（da Silva et al., 2017）。不同施肥处理下 COLE 均高于 0.06（表 8-3），达到强收缩幅度。相较于单施化肥处理，秸秆还田、牛粪与化肥配施处理显著提高了砂姜黑土收缩能力（$P < 0.05$）：土壤比例收缩阶段水分比（ϑ_{ps}）和孔隙比（e_{ps}）显著增大（表 8-4），COLE 显著提高，这可能是因为长期增施有机物料显著提高了土壤孔隙度和土壤持水能力（表 8-2），使得土壤具有更大的收缩空间。

8.1.4　长期施肥对土壤团聚体组成及稳定性的影响

良好的土壤团聚体是保持土壤结构和肥力的物质基础，其组成分布及稳定性是评价土壤物理质量的重要指标。从表 8-5 可以看出，不同粒级团聚体含量因施肥处理不同而差异显著。在四种粒级团聚体中，大团聚体（0.25～2.0 mm）比例最大，占 40.5%～54.7%；其次是微团聚体（0.053～0.25 mm），占 19.9%～37.6%；再次是较大团聚体（> 2.0 mm），占 4.45%～23.0%；粉黏粒组分（< 0.053 mm）最少，占 8.55%～11.4%。相对于不施肥处理，单施化肥处理对砂姜黑土各粒级团聚体组成和团聚体稳定性并没有显著影响（$P > 0.05$）。相对于单施化肥处理，秸秆还田处理下较大团聚体（> 2.0 mm）比例显著提高了 151%～171%（$P < 0.05$）；而猪粪、牛粪与化肥配施处理下则降低了 22%～48%。牛粪与化肥配施、猪粪与化肥配施、全量秸秆还田和半量秸秆还田处理下大团聚体（0.25～2.0 mm）比例分别提高了 35.1%、25.7%、11.6% 和 9.9%（$P < 0.05$）。牛粪与化肥配施、猪粪与化肥配施、全量秸秆还田和半量秸秆还田处理下微团聚体（0.053～0.25 mm）比例分别下降了 27.1%、13.3%、47.1% 和 41.0%（$P < 0.05$）。值得注意的是，相对于单施化肥处理，无论是全量秸秆还田还是半量秸秆还田均显著提高了土壤团聚体稳定性（$P < 0.05$）；而猪粪、牛粪与化肥的配施并没有提高土壤团聚体稳定性（$P > 0.05$）。

表 8-5　不同施肥措施对砂姜黑土土壤结构稳定性的影响

处理	团聚体组成比例/%				团聚体稳定性/mm
	较大团聚体 > 2.0 mm	大团聚体 0.25～2.0 mm	微团聚体 0.053～0.25 mm	粉黏粒组分 < 0.053 mm	
Control	11.1 b	43.8 cd	31.7 bc	9.95 ab	1.15 b
NPK	8.49 bc	40.5 d	37.6 a	11.4 a	1.00 bc
NPKLS	21.3 a	44.5 c	22.2 d	9.42 b	1.64 a
NPKHS	23.0 a	45.2 c	19.9 d	8.55 b	1.72 a
NPKPM	4.45 cd	50.9 b	32.6 b	9.26 b	0.90 c
NPKCM	6.65 c	54.7 a	27.4 c	8.79 b	1.03 bc

注：不同小写字母代表不同施肥处理之间差异显著（$P < 0.05$）。

　　34 年连续施用 15 t/(hm²·a)猪粪、30 t/(hm²·a)牛粪虽显著提高了土壤有机碳、球囊霉素、微生物量碳等胶结物质的含量，但是对土壤团聚体稳定性并没有显著影响。土壤团聚体形成与稳定不仅与有机物料的数量、质量和分解时间有关，同时也与胶结物质和分散剂的含量有关(Abiven et al., 2009)。值得注意的是，随着交换性 Na^+ 含量的增加，土壤团聚体稳定性呈现逐渐下降的趋势(图 8-4)。因此，我们推测交换性 Na^+ 作为一种分散剂，它的累积可能是长期施用猪粪、牛粪导致砂姜黑土土壤团聚体稳定性下降的一个原因(Guo et al.，2018)。现如今，为了增加动物生产性能，动物饲料常以矿物盐作为必需的饲料添加剂。Yao 等(2007)在广东省收集了 62 份动物粪便的样品，发现其含盐量非常高。这从侧面佐证了砂姜黑土长期施用厩肥尽管提高了生物胶结剂含量，但是并没有很好地提高土壤团聚体稳定性。

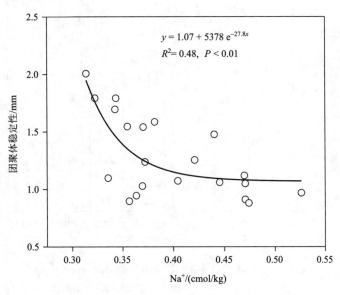

图 8-4　土壤团聚体稳定性与交换性 Na^+ 之间的关系

8.2　不同培肥措施对土壤有机碳的影响

土壤有机碳库及其化学结构的变化不仅受外源有机物料投入数量的影响，还与其质量有着密切的关系(Guo et al.，2019)。因此，本节依托安徽蒙城长期施肥定位试验平台，研究长期单施化肥、秸秆还田及厩肥与化肥配施对砂姜黑土固碳速率、有机碳库及化学结构的影响，以期为提升砂姜黑土区地力和农业可持续发展提供理论依据。

8.2.1　长期施肥下总有机碳的变化

与不施肥处理相比，34 年连续单施化肥处理使耕层(0～20 cm)土壤有机碳含量显著提高了 16%($P < 0.05$)(图 8-5)。相对于单施化肥处理，秸秆还田处理、厩肥与化肥配施处理下土壤有机碳含量显著提高了 16%～132%($P < 0.05$)。与 1982 年相比，有机碳储量相当于增加了 3.02～25.02 t/hm²。长期施肥增加有机碳固定至少有两个途径：首先，秸秆和厩肥本身作为一种外源性的有机物料，外源碳输入对于直接提升土壤有机碳含量具有很大的贡献；其次，施肥促进作物的生长和根系的发育，使归还到土壤中的根茬碳投入量增加，这在一定程度上间接地增加了土壤有机碳的固定。值得注意的是，不施肥处理下有机碳含量相对于初始有机碳含量(5.86 g/kg)增加了 28%。由此可见，不施肥处理下小麦和大豆根茬碳投入量可以维持和调节有机质的分解(Kundu et al.，2007)。

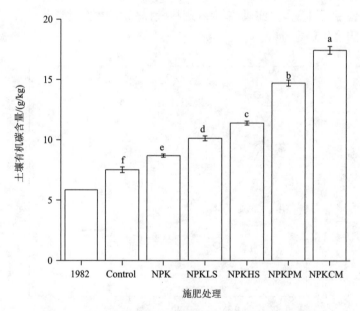

图 8-5　不同施肥措施对土壤总有机碳的影响(2016 年)

不同小写字母表示不同施肥处理间差异显著($P < 0.05$)

8.2.2　长期施肥下不同有机碳组分的变化

利用 Six 等(2002)提出的有机碳物理分组方法，将土壤总有机碳划分为粗颗粒有机碳组分(cPOM，250～2000 μm)、微团聚体间细颗粒有机碳组分(fPOM，53～250 μm)、微团聚体内的颗粒有机碳组分(iPOM，53～250 μm)、微团聚体中的粉黏粒组分(S + C_mM，53～250 μm)和大团聚体中粉黏粒组分(S + C_M，< 53 μm)。按照其功能进一步划分为三个碳库，cPOM 组分和 fPOM 组分被称为非保护性有机碳库，iPOM 组分被称为物理保护性有机碳库，S + C_mM 组分和 S + C_M 组分被称为生物化学保护性有机碳库。通过湿筛法、密度悬浮法和六偏磷酸钠分散后，各施肥处理下的碳回收率为90%～98%。在有机碳的五个组分中，S + C_mM 组分所占比例最大(42%～50%)，其次是 S + C_M 组分(20%～42%)，比例较小的是 iPOM 组分(4%～12%)、fPOM 组分(2%～10%)和 cPOM 组分(2%～4%)。长期施肥显著改变了有机碳各物理组分(表 8-6)。相对于不施肥处理，除 cPOM 组分以外，单施化肥显著提高了其他几个组分的含量($P < 0.05$)。对于单施化肥处理，cPOM 组分和 fPOM 组分在猪粪(分别为147%和153%)、牛粪(分别为221%和313%)与化肥配施处理下提高幅度最大，这可能是因为 cPOM 组分和 fPOM 组分主要受外源碳输入的影响。

表 8-6　不同施肥措施对砂姜黑土有机碳各物理组分碳含量的影响(2016 年)　（单位：g/kg）

| 处理 | cPOM | 微团聚体 (53～250 μm) | | | S+C_M |
		fPOM	iPOM	S+C_mM	
Control	0.12 d	0.17 e	0.30 f	3.37 f	3.05 b
NPK	0.19 cd	0.40 d	0.48 e	3.81 e	3.66 a
NPKLS	0.18 d	0.62 cd	0.61 d	4.23 d	3.68 a
NPKHS	0.28 c	0.71 c	0.84 c	5.03 c	3.67 a
NPKPM	0.47 b	1.01 b	1.14 b	7.15 b	3.43 a
NPKCM	0.61 a	1.65 a	2.01 a	8.78 a	3.47 a

注：不同小写字母代表不同施肥处理之间差异显著($P < 0.05$)。

8.2.3　长期施肥下有机碳化学结构特征

土壤有机碳化学结构利用 ^{13}C-NMR 核磁共振波谱仪(Bruker Avance III 400MHz)进行测定。根据化学位移将波谱图划分为四大功能区(Kögel-Knabner, 1997；李娜等，2019)，分别为：①烷基碳区($\delta = 0$～45，alkyl C)，系脂肪族化合物中甲基碳或聚亚甲基碳；②烷氧碳区($\delta = 45$～110，O-alkyl C)，主要来自碳水化合物(纤维素、半纤维素等)，也有的来自蛋白质和木质素侧链；③芳香碳区($\delta = 110$～160，aromatic C)，主要来自单宁、木质素和不饱和烯烃等；④羧基碳区($\delta = 160$～220，carbonyl C)，大多来自于脂肪酸、氨基酸、酰胺、酯、酮醛类物质的吸收。其中，烷氧碳来源于新鲜植物中的多糖，是易分解的有机碳组分(Krull et al., 2003)。而烷基碳和芳香碳主要来源于植物的生物聚合物、微生物代谢产物、木质素和单宁等，属难分解的、较稳定的有机碳组分(Kögel-Knabner et al.，1992）。在四种主要的碳官能团中，首先是烷氧碳所占比例最大（50.9%～55.2%），其次是烷基碳（22.5%～26.1%），所占比例最小的是芳香碳（12.2%～14.3%）和羧基碳（8.6%～10.0%）。相对于不施肥处理，单施化肥并没有改变土壤有机碳化学结构（表 8-7）。相对于单施化肥处理，厩肥与化肥配施处理显著增加了烷基碳和芳香碳的含量，降低了烷氧碳的含量（$P < 0.05$），这是因为猪粪、牛粪在施入土壤之前先要进行堆肥，造成易分解的有机碳组分流失（如烷氧碳），难分解的有机碳组分增加（如烷基碳和芳香碳）。然而，秸秆还田的两个处理均对土壤有机碳各官能团所占比例没有显著影响（$P > 0.05$）。

表 8-7　不同施肥措施对砂姜黑土有机碳各官能团比例的影响（2016 年）

处理	烷基碳 （0～45）/%	烷氧碳 （45～110）/%	芳香碳 （110～160）/%	羧基碳 （160～220）/%	烷基碳/烷氧碳
Control	24.4 b	54.6 a	12.3 b	8.6 a	0.45 b
NPK	23.7 b	54.3 a	12.4 b	9.7 a	0.44 b
NPKLS	22.5 b	55.2 a	12.4 b	10.0 a	0.41 b
NPKHS	23.2 b	55.2 a	12.2 b	9.4 a	0.42 b
NPKPM	25.5 a	51.6 b	13.7 a	9.2 a	0.49 a
NPKCM	26.1 a	50.9 b	14.3 a	8.8 a	0.51 a

注：不同小写字母代表不同施肥处理之间差异显著（$P < 0.05$）。

通常用烷基碳与烷氧碳的比值反映土壤有机质烷基化程度的高低，可作为评价有机物分解程度高低的一个敏感性指标（Baldock et al.，1997）。相比于其他几个施肥处理，厩肥与化肥配施处理均显著提高了烷基碳与烷氧碳的比值（$P < 0.05$）（表 8-7）。由此可见，长期施用厩肥导致土壤有机质烷基化程度增加，难分解的有机碳比例提高。其原因可能在于厩肥的施用提高了作物产量，从而导致更多的作物根茬等进入土壤，提高了土壤微生物活性，对有机质中烷氧碳的利用程度增加，从而有助于提高土壤有机碳的稳定性（王雪芬，2012）。

8.2.4　长期施肥下土壤碳投入量的变化

不施肥和单施化肥处理的碳投入主要来自于小麦、大豆根茬，而秸秆和厩肥配施化肥处理不仅提高了作物根茬来源的碳投入，还通过秸秆还田投入大量的外源有机碳，因此，大幅度提高了总碳投入量（图 8-6）。不同施肥条件下，秸秆还田（3.24～4.38 t/hm²）、厩肥与化肥配施（5.35～7.45 t/hm²）处理下年均总碳投入量要远远高于单施化肥（2.16 t/hm²）和不施肥（0.23 t/hm²）处理下的碳投入量。就作物根茬来源的碳投入量而言，通过小麦根茬带入的碳投入量（0.13～1.76 t/hm²）要远远高于大豆根茬带入的碳投入量（0.04～0.88 t/hm²）。施肥显著增加了作物根茬的生物归还量。与不施肥处理相比，单施化肥、秸秆还田和厩肥与化肥配施处理下作物根茬的年均碳投入量分别提高了 9.35倍、9.74～10.4 倍、10.8～11.7 倍。

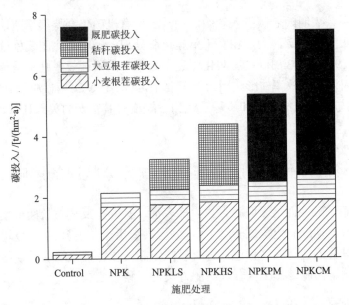

图 8-6　不同施肥措施对土壤碳投入的影响

8.2.5　长期施肥下土壤碳投入与碳固定之间的关系

与不施肥处理相比，长期施肥显著提高了土壤碳固定速率。其中，猪粪、牛粪与化肥配施处理下土壤固碳速率最高，分别为 0.57 t/(hm²·a) 和 0.66 t/(hm²·a)，是不施肥处理的 7.16 倍和 8.25 倍。尽管单施化肥、秸秆还田、厩肥与化肥配施处理下的碳投入量远高于不施肥处理，但是固碳效率(碳投入被土壤固定的百分数)并不是最高的，秸秆还田、厩肥与化肥配施处理下的平均固碳效率分别为 7.23%、9.76%(图 8-7)。碳投入和碳固定呈

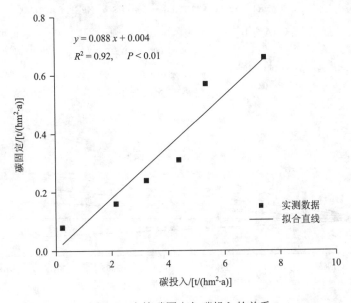

图 8-7　土壤碳固定与碳投入的关系

线性正相关关系，表明随着碳投入量的增加，土壤有机碳仍会持续不断地增加，说明砂姜黑土仍具有很大的固碳潜力。相对于单施化肥处理，厩肥与化肥配施处理下的土壤固碳效率提高了 19.6%～43.8%。厩肥与化肥配施处理下的固碳效率几乎是单施化肥处理下的一半。这是因为固碳效率的影响因素十分复杂，它不仅受土壤性质的影响 (Liang et al., 2016)，同时也与碳投入的数量和质量及饱和亏缺度有着密切的关系 (Li et al., 2010; Zhao et al., 2016)。

8.3 不同培肥措施对土壤养分状况的影响

土壤中的氮、磷、钾是土壤肥力的内部表征，其变化反映着长期土壤培肥的效果。本节以安徽蒙城长期施肥定位试验为平台，分析砂姜黑土冬小麦-夏大豆轮作体系下土壤全氮、全磷、碱解氮、有效磷和速效钾含量的年际变化特征，阐明长期施肥对砂姜黑土养分状况的影响，为砂姜黑土区合理施肥方案提供科学依据。

8.3.1 长期施肥对全氮和碱解氮含量的影响

土壤中的氮主要靠化学氮肥、植物残体归还和外源有机肥补充。从图 8-8 可以看出，1983～2016 年长期不施肥处理土壤全氮含量整体呈缓慢下降趋势；单施化肥处理全磷含量年际间变化幅度不大，基本保持在一个平稳状态，表明在现有的产量水平下，每年向土壤中施入 180 kg/hm² 纯氮就可以满足冬小麦-夏大豆轮作作物对氮素养分的需求；低量、高量秸秆还田处理的土壤全氮含量随着种植年限的增加表现为缓慢上升趋势，增幅整体上优于单施化肥；在化肥的基础上，增施猪粪和牛粪处理可明显增加土壤全氮含量，年增长速率分别为 0.019 g/kg 和 0.038 g/kg。

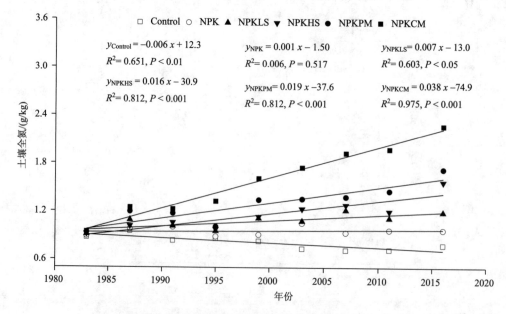

图 8-8 长期施肥下砂姜黑土全氮含量的变化

　　土壤碱解氮含量决定了土壤供应作物直接吸收氮素的能力。如图 8-9 所示，长期不施肥处理下土壤碱解氮含量随着种植年限的增加呈缓慢下降的趋势；土壤中的秸秆还田、猪粪与化肥配施处理的土壤碱解氮含量呈略微增加的趋势；在化肥的基础上，增施牛粪能够显著提高土壤碱解氮含量，年增长率为 1.957 mg/kg，说明长期施用牛粪并配合化肥可以保持和提高土壤氮素潜在的供应能力。

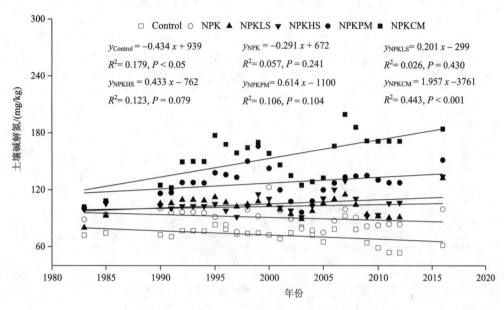

图 8-9　长期施肥下砂姜黑土碱解氮含量的变化

8.3.2　长期施肥对全磷和有效磷含量的影响

　　土壤全磷含量直接反映了土壤磷库的大小和潜在的供磷能力。从图 8-10 可以看出，长期不施肥处理的土壤全磷含量随着试验年限的增加呈平缓及略微下降的趋势；单施化肥、低量和高量秸秆还田处理的土壤全磷含量每年分别以 0.005 g/kg、0.004 g/kg 和 0.004 g/kg 的速度累积；在化肥的基础上，增施猪粪与牛粪处理的土壤全磷含量随种植年限呈显著增加的趋势，年增长率分别为 0.022 g/kg 和 0.016 g/kg。总体来看，长期的厩肥与氮、磷、钾化肥配合施用，可极大地提高砂姜黑土全磷含量，其效果好于单施化肥和秸秆还田处理，是不断提升砂姜黑土供磷能力的重要措施。

　　土壤有效磷水平的高低直接影响着土壤对植物供磷能力的强弱。如图 8-11 所示，34年连续不施肥后砂姜黑土耕层中有效磷的含量已从 1982 年的 9.8 mg/kg 下降到 2016 年的 2.66 mg/kg，已经远低于砂姜黑土严重缺磷的标准（7 mg/kg）（孙克刚等，2010）；长期单施化肥后尽管每年有效磷含量略有增加，但是最后 10 年基本维持在 16 mg/kg 左右，处于中等水平（12～18 mg/kg）；低量、高量秸秆还田每年分别以 0.186 mg/kg 和 0.338 mg/kg的速度上升，但最后 10 年基本维持在 15～28 mg/kg，处于平稳状态；在化肥的基础上增施猪粪和牛粪，土壤有效磷的含量每年分别以 2.698 mg/kg 和 1.700 mg/kg 的速度累积，其平均增速约是秸秆还田的 10 倍。值得注意的是，猪粪、牛粪与化肥配施分别在试验种植第 16 年和第 9 年土壤有效磷超过了砂姜黑土区极高水平 (> 40 mg/kg)，甚至超过了磷的环境临界浓度值水平 (Hua et al., 2016)。因此，在长期大量施用厩肥的土壤上可以考虑减少磷肥施用量，充分利用土壤中积累的磷素。

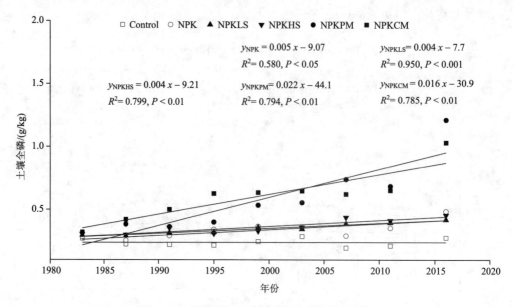

图 8-10　长期施肥下砂姜黑土全磷含量的变化

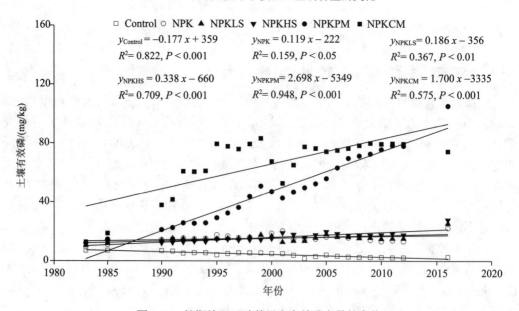

图 8-11　长期施肥下砂姜黑土有效磷含量的变化

8.3.3　长期施肥对速效钾含量的影响

如图 8-12 所示，长期不施肥条件下，在 1983～1997 年砂姜黑土速效钾含量每年以 3.6 mg/kg 的速度下降，在 1997～2016 年土壤速效钾含量又以每年 3.3 mg/kg 的速度逐渐累积，这可能是因为不施肥处理下小麦、大豆作物钾素吸收量在 1997 年后呈逐年下降趋势（花可可等，2017）。在冬小麦-夏大豆轮作体系中，如果每年向土壤中施入 135 kg/hm^2 的 K$_2$O，34 年来土壤速效钾含量基本维持在 58 mg/kg 左右。在化肥的基础上，全量麦秸还田（160 kg/hm^2）、增施猪粪（164 kg/hm^2）处理的外源钾素年均投入量明显高于单施化肥处理（112 kg/hm^2），因而其土壤速效钾年累积速度（1.5～1.7 mg/kg）约为单施化肥处理（0.5 mg/kg）的 3 倍。增施牛粪处理的外源钾素年均投入量最高［215 kg/(hm^2·a)］，可极大地提高土壤速效钾含量，土壤速效钾的年累积速度（9.2 mg/kg）约为单施化肥处理的 18 倍，其效果也优于秸秆还田、猪粪与化肥配施处理，在快速提升砂姜黑土速效钾的供应能力方面更有优势。

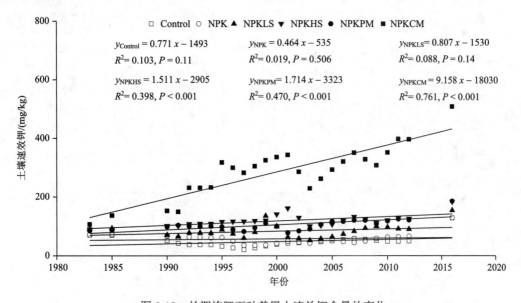

图 8-12　长期施肥下砂姜黑土速效钾含量的变化

8.4　不同培肥措施对土壤微生物群落结构的影响

施肥作为当前农业生产的主要措施之一，长期不同的施肥会对砂姜黑土微生物群落结构和多样性具有深远影响。因此，本节依托安徽蒙城长期施肥定位试验平台，利用 454 高通量测序技术，研究长期单施化肥、秸秆还田及厩肥与化肥配施对砂姜黑土真菌、细菌微生物多样性和群落结构的影响，为土壤微生态系统健康发展等方面提供科学的理论依据。

8.4.1　长期施肥对砂姜黑土真菌多样性的影响

不同施肥措施对砂姜黑土真菌多样性产生了显著的影响。如图 8-13(a)所示，长期不施肥处理的真菌多样性显著低于其他处理，这可能是因为长期不施肥下土壤养分得不到及时补充，导致真菌生长所需的碳源物质不足，以分解有机物为生的真菌种类最终消失(孙瑞波，2015)。与不施肥处理相比，单施化肥处理虽然使真菌的丰富度提高了 5.4%，但效果并不显著，而且还可能会带来一些不利影响。不施肥和单施化肥处理下真菌物种多样性长期处于较低水平，这也意味着抵御环境变化的能力和生态系统稳定性较弱(Sun et al.，2016)。在施用化肥的基础上，增施物料处理使真菌的丰富度得到了不同程度的提高，特别是猪粪与化肥配施处理尤为显著($P < 0.05$)，与不施肥和单施化肥处理相比分别提高了 34%和 27%。真菌群落的均匀度则与丰富度表现出不同的结果[图 8-13(b)]。不施肥、单施化肥、秸秆还田、牛粪与化肥处理真菌的均匀度相似，而猪粪与化肥配施处理的均匀度却显著降低($P < 0.05$)。

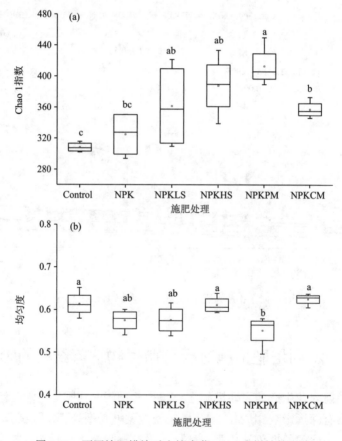

图 8-13　不同施肥措施对土壤真菌 alpha 多样性的影响

8.4.2　长期施肥下砂姜黑土真菌群落结构

通过 Miseq 测序，经过质量过滤和去除嵌合体比对后，共得到 812748 条优质序列。为了对各施肥处理进行比较，每个样品随机抽取了 20000 条序列进行统计分析。我们发现，砂姜黑土真菌主要由子囊菌门（Ascomycota）、担子菌门（Basidiomycota）、壶菌门（Chytridiomycota）、球囊菌门（Glomeromycota）、接合菌门（Zygomycota）5 个门类的真菌和一些没有明确分类的真菌组成，其中子囊菌门是绝对优势门类，占总体真菌的 90% 以上（图 8-14）。Sun 等（2016）对本试验中所施用的牛粪、猪粪进行了检测，发现猪粪、牛粪的真菌群落组成、相对丰度均与土壤有显著的差别。猪粪中子囊菌门约占真菌总群落的 80%，担子菌门的相对丰度也较高（约 18%），其余约 2% 为一些未鉴定的真菌；牛粪中约 75% 的真菌为担子菌门，子囊菌门的相对丰度接近 25%。此外，与牛粪相比，猪粪中含有更多的土壤中所没有的真菌种类，这说明通过施用猪粪引入的真菌可能会比牛粪更强烈地影响土壤真菌群落。

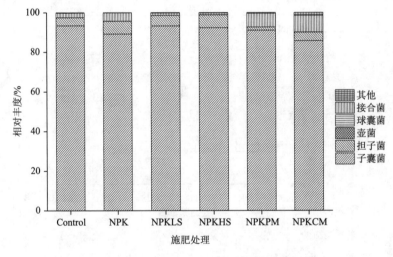

图 8-14　长期施肥下土壤真菌群落组成

不同施肥处理导致了真菌群落的显著改变。施用猪粪、牛粪的处理中接合菌门的相对丰度显著高于其他处理。相较于不施肥处理，单施化肥、牛粪与化肥配施处理使子囊菌门分别降低了 4.6% 和 5.8%；单施化肥、低量和高量秸秆还田处理分别使担子菌门增加了 59.3%、30.7% 和 57.4%，而猪粪与化肥配施处理却使担子菌门降低了 60.8%。总体上来看，厩肥与化肥配施对砂姜黑土真菌群落的影响要小于秸秆还田处理。值得注意的是，在单施化肥的处理中并没有检测到独有的真菌种类，这可能意味着真菌物种多样性和生态位的丢失（孙瑞波，2015）。

8.4.3　长期施肥对砂姜黑土细菌多样性的影响

用 Chao1 指数、香农指数（Shannon index）和 Faith's 系统发育多样性指数（Faith's PD）来表征土壤细菌群落的 alpha 多样性。从图 8-15 可以看出，不同施肥处理对土壤细菌 alpha

多样性的影响显著不同。与不施肥处理相比，长期单施化肥使细菌 alpha 多样性显著降低($P < 0.05$)，这主要是由长期施肥引起的土壤酸化所导致的(孙瑞波等，2015)。秸秆还田与化肥配施和单施化肥处理的细菌多样性水平相似，说明秸秆还田并没有对细菌多样性的恢复起到显著帮助；然而，在化肥的基础上，增施猪粪或者牛粪均使细菌 alpha 多样性得到显著上升($P < 0.05$)，这是因为厩肥中独有的一些微生物种类可能会随着厩肥的施用而进入土壤并定殖，从而提高细菌群落的多样性。就整体的细菌多样性而言，厩肥与化肥的长期配施更加有利于细菌多样性的保持。

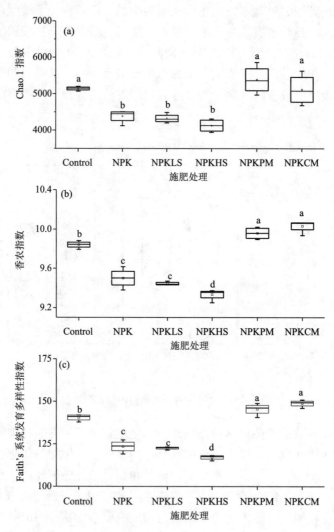

图 8-15　不同施肥措施对土壤细菌 alpha 多样性的影响

8.4.4　长期施肥下砂姜黑土细菌群落结构

对 24 个土壤样品进行 454 高通量测序，共得到 124138 条优质序列，经过比对，其中约 99.1%的序列被归类为细菌。我们发现，砂姜黑土细菌主要由放线菌门(Actinobacteria)、酸杆菌门(Acidobacteria)、绿弯菌门(Chloroflexi)、拟杆菌门(Bacteroidetes)、Alpha-变形菌门(Alphaproteobacteria)、Beta-变形菌门(Betaproteobacteria)、Delta-变形菌门(Deltaproteobacteria)、Gamma-变形菌门(Gammaproteobacteria)和芽单胞菌门(Gemmatimonadetes)组成,约占总细菌群落的80%(图 8-16)。长期施肥下砂姜黑土细菌群落发生显著变化,然而不同施肥处理导致的群落变化不尽相同。相对于不施肥处理,长期单施化肥使放线菌的相对丰度降低了 19.5%,但却使酸杆菌的相对丰度提高了19.3%,这是因为长期单施用化肥引起的低 pH(pH = 5)使得嗜酸、耐酸细菌(如酸杆菌)在细菌群落中的比例增大。尽管秸秆还田导致土壤碳含量的增加在一定程度上也会影响细菌群落,抑制一些寡营养型细菌的生长,但是大量秸秆还田(pH≈5)并没有缓解由化肥施用导致的酸化问题,使放线菌的相对丰度分别降低了 25.8%、18.9%,酸杆菌的相对丰度分别增加了 13.7%和 11.7%。虽然猪粪(猪粪中的厚壁菌门、拟杆菌门、放线菌门分别占猪粪总细菌群落的 58.7%、14.2%、11.6%)、牛粪(牛粪中的厚壁菌门、拟杆菌门、放线菌门分别占牛粪总细菌群落的 43.9%、41%、0.73%)的增施会将大量的细菌带入土壤,但是其中大部分细菌都没有在土壤中定植下来。最主要的原因可能是牲畜肠道环境和土壤环境具有较大的差异,导致大部分细菌无法适应土壤环境而死亡(孙瑞波,2015)。

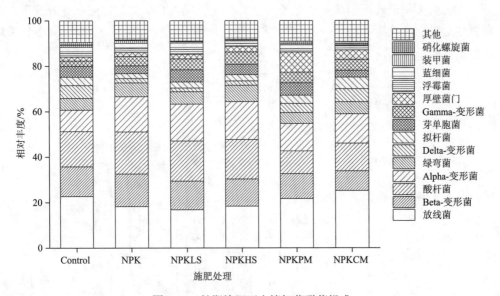

图 8-16　长期施肥下土壤细菌群落组成

8.5　不同培肥措施对作物生长的影响

砂姜黑土区旱地作物主要以小麦、玉米和大豆为主。砂姜黑土有机质含量偏低、养分贫乏等不良土壤属性,是导致作物生产性能低且不稳的主要原因。然而,砂姜黑土区光、热、水等自然资源条件优越,农业生产有很大的增产潜力和提升空间。因此,本节依托安徽蒙城长期施肥定位试验,探讨小麦-大豆轮作体系下长期投入氮磷钾化肥、秸秆还田和厩肥与氮磷钾化肥配施对小麦、大豆产量的影响，以及土壤容重、有机碳、速效养分与作物产量的关系，旨在为砂姜黑土区作物高产稳产提供理论依据。

8.5.1　长期施肥对小麦与大豆产量的影响

　　安徽蒙城长期施肥定位试验于 1982 年开始，1994～1997 年为小麦、玉米轮作，其余均为小麦、大豆轮作。其中小麦、大豆品种为当地主栽品种，每 5～10 年更换一次（王道中等，2015）。如图 8-17 和图 8-18 所示，长期不施肥条件下小麦和大豆产量极低，2012～2016 年平均产量分别仅为 480 kg/hm² 和 290 kg/hm²，与试验开始后 1983～1992 年小麦和大豆平均产量相比，降低了 60.9% 和 66.3%，这与土壤养分长期得不到有效补充有关。单施化肥、低量秸秆还田、高量秸秆还田、猪粪与化肥配施和牛粪与化肥配施处理下小麦产量总体上呈上升趋势，2012～2016 年小麦平均产量较试验开始后 1983～1992 年平均产量分别提高 54.9%、49.9%、49.7%、46.8% 和 39.7%。然而，与小麦变化趋势所不同的是，单施化肥、低量秸秆还田和高量秸秆还田处理下大豆产量总体上呈略微的下降趋势，2012～2016 年大豆平均产量较试验开始后 1983～1992 年平均产量分别降低了 5.72%、8.18% 和 2.03%，这可能是因为土壤中施入的小麦秸秆在腐解过程中易造成土壤养分、水分的大量消耗而阻碍大豆生长；猪粪与化肥配施和牛粪与化肥配施处理下大豆产量总体上呈上升趋势，2012～2016 年大豆平均产量较试验开始后 1983～1992 年平均产量分别提高了 7.48% 和 28.2%。

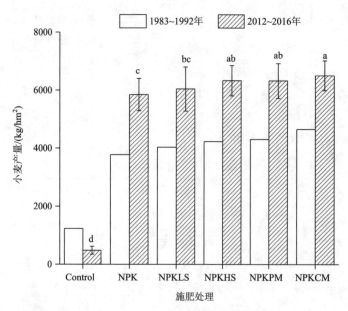

图 8-17　不同施肥措施对小麦产量的影响

不同小写字母表示不同施肥处理间差异显著（$P < 0.05$）

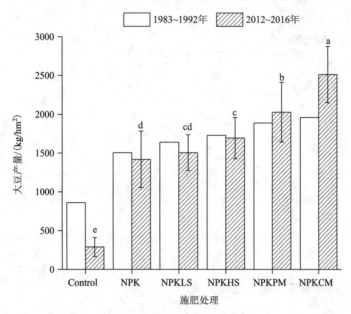

图 8-18　不同施肥措施对大豆产量的影响

不同小写字母表示不同施肥处理间差异显著($P < 0.05$)

2012～2016 年不同施肥处理下小麦和大豆平均产量有着显著的影响。相对于不施肥处理，长期施肥显著提高了小麦和大豆的产量($P < 0.05$)，这说明施肥是砂姜黑土作物产量的保障措施。较单施化肥处理而言，猪粪、牛粪与化肥配施处理下小麦产量分别提高了 8.17% 和 11.3%($P < 0.05$)。同样地，在这两个处理下大豆产量也显著提高了 43.0% 和 77.2%($P < 0.05$)。此外，高量秸秆还田处理下小麦和大豆产量均显著提高了 8.27% 和 19.4%($P < 0.05$)，而低量秸秆还田处理则没有显著影响($P > 0.05$)。尽管大豆季不施肥，但是厩肥与化肥配施处理下大豆的增产效果明显高于小麦，这可能是因为每年大约有三分之二的降水发生在大豆生长季(6～9 月)，充足的水源更加有利于大豆生长(Qin et al., 2015)。

8.5.2　土壤容重与作物产量的关系

土壤容重反映土壤的紧实状况，一般来说，适宜作物生长需要的土壤容重范围为 1.2～1.4 g/cm^3，土壤容重过高会影响根系生长及对水分、养分的吸收能力，不利于作物生长(王道中等，2015)。一方面，砂姜黑土质地黏重，胀缩性强(COLE > 0.06，表 8-3)，脱水时土壤的剧烈收缩会显著增加土壤容重；另一方面，由于该区域农机具的机械压实及连年浅旋耕，加之农民重用地轻养地、重化肥轻有机肥，导致 62.5% 的样点土壤容重超过了 1.4 g/cm^3(熊鹏等，2021)。如图 8-19 所示，土壤容重与小麦、大豆产量呈极显著的线性负相关关系($P < 0.001$)，土壤容重每增加 0.1 g/cm^3，小麦减产约 1536 kg/hm^2，大豆减产约 720 kg/hm^2。特别是当土壤容重超过 1.4 g/cm^3 时，将会对小麦和大豆根系生长发育带来不利影响，可能会导致小麦产量低于 2430 kg/hm^2，大豆产量低于 701 kg/hm^2，这说明高容重仍然是限制砂姜黑土作物产量的关键因子之一。

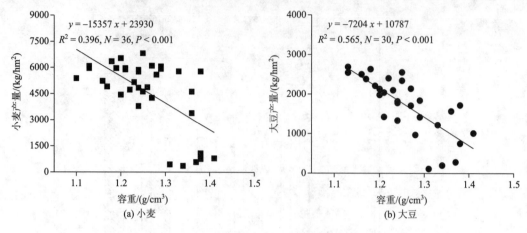

图 8-19　土壤容重与作物产量的关系

8.5.3　土壤有机碳含量与作物产量的关系

砂姜黑土普遍存在"旱""涝""僵""瘦"等不良土壤性状，而土壤有机碳水平偏低又是限制砂姜黑土产能提升的主要障碍因素。从图 8-20 可以看出，小麦和大豆的产量与土壤有机碳含量呈极显著的对数关系（$P < 0.001$），土壤有机碳含量在 5～11.5 g/kg 范围内，小麦、大豆产量随有机碳含量的增加大幅提高；而在有机碳含量超过 11.5 g/kg 时，小麦、大豆产量的增幅减小。这表明，在低肥力土壤上提高土壤有机碳含量更有利于作物产量的提高。长期采用有机物料与氮磷钾肥配施可显著提高土壤有机碳含量，是提高作物产量的有效途径。

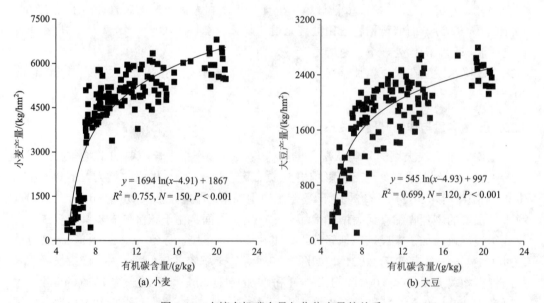

图 8-20　土壤有机碳含量与作物产量的关系

8.5.4　土壤速效养分含量与作物产量的关系

土壤氮、磷和钾是作物生长必需的营养元素，长期以来通过培肥措施提升土壤氮、磷、钾含量一直是提高土壤肥力的主要途径。从图 8-21 可以看出，无论是小麦，还是大豆，其产量均与土壤碱解氮、有效磷和速效钾含量呈极显著的对数关系（$P < 0.001$），土壤碱解氮含量低于 80 mg/kg、土壤有效磷含量低于 20 mg/kg、土壤速效钾含量低于 125 mg/kg 时，随着土壤速效养分含量的提高，作物产量增幅明显；但土壤碱解氮、有效磷、速效钾分别超过以上含量时，增产效果变差。砂姜黑土除了有机质含量水平较低外，更是严重缺磷少氮，钾含量也很低。因此，在改良砂姜黑土时，应增施氮磷钾肥等无机肥，提高效益；有机物料与无机肥配合施用，增产效果会更好。

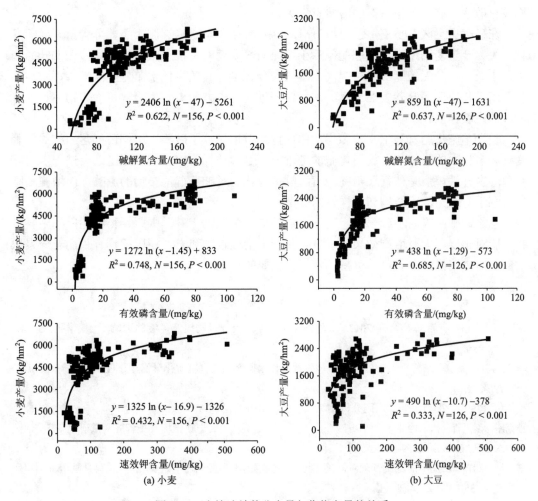

图 8-21　土壤速效养分含量与作物产量的关系

8.6　小　结

长期施用厩肥可以显著降低土壤容重，增加土壤通气性，也会提高土壤的蓄水、保水能力，但是当前施用的厩肥早已不再是传统的农家肥，长期过量施用含盐量较高的畜禽粪便，在农用过程中也可能对农田土壤结构带来一定风险，砂姜黑土上应谨慎施用。

与不施肥处理相比，单施化肥、秸秆还田和施用厩肥均显著提高了土壤有机碳各物理组分，这主要与碳投入的数量有关；与单施化肥处理相比，秸秆还田和施用厩肥显著提高了微团聚体中的颗粒有机碳和粉黏粒组分，说明物理、化学保护作用是砂姜黑土的主要增碳机制。施用厩肥显著改变了有机碳化学结构特征，但单施化肥和秸秆还田处理则没有改变，这主要与碳投入的质量有关。

在砂姜黑土区冬小麦-夏大豆轮作体系中，长期单施氮磷钾肥土壤养分含量年际间变化不大，全量麦秸还田与化肥配施后土壤速效养分随着种植年限的增加呈缓慢上升的趋势，牛粪与化肥配施能够显著提高土壤的养分含量，其效果优于单施化学氮磷钾肥和秸秆还田，在快速提升砂姜黑土氮、磷、钾的供应能力方面更有优势，可为作物生长创造良好的土壤环境。

长期单施化肥有利于真菌多样性的保持，但也导致了砂姜黑土细菌群落结构的显著变化和多样性的降低。在施用化肥的基础上，尽管秸秆还田、增施厩肥都会进一步提高真菌的多样性，但是秸秆还田并没有缓解单施化肥对细菌群落结构的影响，而增施厩肥更有利于对细菌群落结构和多样性的保持。

总之，施肥提高了砂姜黑土的肥力进而提高了作物产量。厩肥、秸秆还田配施氮磷钾化肥对小麦、大豆增产效果优于单施化肥，增施厩肥和秸秆还田还具有长期养分累积效应，对砂姜黑土区农业的可持续发展有重要的意义。

参 考 文 献

花可可, 王道中, 郭志彬, 等. 2017. 施肥方式对砂姜黑土钾素利用及盈亏的影响. 土壤学报, 54(4): 978-988.

李娜, 盛明, 尤孟阳, 等. 2019. 应用 ^{13}C 核磁共振技术研究土壤有机质化学结构进展. 土壤学报, 56(4): 796-812.

孙长华. 1999. 砂姜黑土低产原因分析及综合治理. 治淮, 11: 32-33.

孙克刚, 李丙奇, 和爱玲, 等. 2010. 砂姜黑土区麦田土壤有效磷丰缺指标及推荐施磷量研究. 干旱地区农业研究, 28(2): 159-182.

孙瑞波. 2015. 长期不同施肥管理对砂姜黑土微生物群落与功能的影响. 南京: 中国科学院南京土壤研究所: 35-80.

孙瑞波, 郭熙盛, 王道中, 等. 2015. 长期施用化肥及秸秆还田对砂姜黑土细菌群落的影响. 微生物学通报, 42(10): 2049-2057.

王道中, 花可可, 郭志彬. 2015. 长期施肥对砂姜黑土作物产量及土壤物理性质的影响. 中国农业科学, 48(23): 4781-4789.

王雪芬. 2012. 长期施肥对红壤基本性质、有机碳库及其化学结构的影响. 南京: 南京农业大学: 45-67.

熊鹏, 郭自春, 李玮, 等. 2021. 淮北平原砂姜黑土玉米产量与土壤性质的区域分析. 土壤, 53(2): 391-397.

Abiven S, Menasseri S, Chenu C. 2009. The effects of organic inputs over time on soil aggregate stability – A literature analysis. Soil Biology and Biochemistry, 41(1): 1-12.

Baldock J A, Oades J M, Nelson P N, et al. 1997. Assessing the extent of decomposition of natural organic materials using solid-state ^{13}C NMR spectroscopy. Soil Research, 35(5): 1061-1084.

da Silva L, Sequinatto L, Almeida J A, et al. 2017. Methods for quantifying shrinkage in Latossolos (Ferralsols) and Nitossolos (Nitisols) in Southern Brazil. Revista Brasileira de Ciência do Solo, 41: 1-13.

Guo Z C, Zhang Z B, Zhou H, et al. 2018. Long-term animal manure application promoted biological binding agents but not soil aggregation in a Vertisol. Soil and Tillage Research, 180: 232-237.

Guo Z C, Zhang Z B, Zhou H, et al. 2019. The effect of 34-year continuous fertilization on the SOC physical fractions and its chemical composition in a Vertisol. Scientific Reports, 9(1): 2505.

Hua K K, Zhang W J, Guo Z B, et al. 2016. Evaluating crop response and environmental impact of the accumulation of phosphorus due to long-term manuring of vertisol soil in northern China. Agriculture, Ecosystems and Environment, 219: 101-110.

Kögel-Knabner I. 1997. ^{13}C and ^{15}N NMR spectroscopy as a tool in soil organic matter studies. Geoderma, 80(3): 243-270.

Kögel-Knabner I, de Leeuw J W, Hatcher P G. 1992. Nature and distribution of alkyl carbon in forest soil profiles: Implications for the origin and humification of aliphatic biomacromolecules. Science of the Total Environment, 117-118: 175-185.

Krull E S, Baldock J A, Skjemstad J O. 2003. Importance of mechanisms and processes of the stabilisation of soil organic matter for modelling carbon turnover. Functional Plant Biology, 30(2): 207-222.

Kundu S, Bhattacharyya R, Prakash V, et al. 2007. Carbon sequestration and relationship between carbon addition and storage under rainfed soybean–wheat rotation in a sandy loam soil of the Indian Himalayas. Soil and Tillage Research, 92(1): 87-95.

Li Z P, Liu M, Wu X, et al. 2010. Effects of long-term chemical fertilization and organic amendments on dynamics of soil organic C and total N in paddy soil derived from barren land in subtropical China. Soil and Tillage Research, 106(2): 268-274.

Liang F, Li J W, Yang X Y, et al. 2016. Three-decade long fertilization-induced soil organic carbon sequestration depends on edaphic characteristics in six typical croplands. Scientific Reports, 6: 30350.

Peng X H, Horn R. 2005. Modeling soil shrinkage curve across a wide range of soil types. Soil Science Society of America Journal, 69(3): 584-592.

Qin W, Wang D X, Guo X S, et al. 2015. Productivity and sustainability of rainfed wheat-soybean system in the North China Plain: Results from a long-term experiment and crop modelling. Scientific Reports, 5: 17514.

Six J, Conant R T, Paul E A, et al. 2002. Stabilization mechanisms of soil organic matter: Implications for C-saturation of soils. Plant and Soil, 241(2): 155-176.

Sun R B, Dsouza M, Gilbert J A, et al. 2016. Fungal community composition in soils subjected to long-term chemical fertilization is most influenced by the type of organic matter. Environmental Microbiology, 18(12): 5137-5150.

Yao L X, Li G L, Tu S H, et al. 2007. Salinity of animal manure and potential risk of secondary soil salinization through successive manure application. Science of the Total Environment, 383(1): 106-114.

Zhao Y N, Zhang Y Q, Liu X Q, et al. 2016. Carbon sequestration dynamic, trend and efficiency as affected by 22-year fertilization under a rice–wheat cropping system. Journal of Plant Nutrition and Soil Science, 179(5): 652-660.

第9章 不同施氮水平下秸秆还田对砂姜黑土改良的影响

我国主要粮食作物(玉米、小麦、水稻)秸秆年产量达 8.5 亿 t 左右，但综合利用率仅为 83%，每年大约有 2 亿 t 的秸秆通过不同途径被焚烧或废弃，造成了自然资源的巨大浪费和生态环境的严重污染。《"十四五"循环经济发展规划》明确，到 2025 年我国农作物秸秆综合利用率保持在 86%以上。因此，如何因地制宜地提升秸秆综合利用水平，对于促进农业绿色可持续发展和生态环境保护等具有重要的指导意义。

秸秆还田是秸秆综合利用的主要途径，对农田具有良好的生态效应。大量的研究表明，秸秆还田不仅能够改善土壤结构，还能增加土壤有机碳含量及微生物群落的活性，进而提高作物产量。砂姜黑土区是我国小麦、玉米主产区，实行冬小麦-夏玉米一年两熟轮作制度，秸秆生产量巨大。在低温干旱的冬小麦季，该区域玉米秸秆还田后腐解较慢，大部分残留在土壤耕作层，不仅会影响冬小麦播种质量和出苗，还会出现微生物分解玉米秸秆与小麦生长争夺氮素现象，严重影响了当地农民秸秆直接还田的积极性。因此，砂姜黑土区玉米秸秆直接还田时应及时增施氮肥或配施促腐剂，此举既满足秸秆快速分解的需要，又能保证冬小麦正常生长。

9.1 不同施氮水平下秸秆还田对土壤物理性质的影响

施用氮肥会促进作物生长、增加土壤碳投入量(Zhao et al., 2018)，进而有利于土壤团聚体的形成(Bronick and Lal, 2005)。然而，过量施用氮肥也可能会给土壤结构稳定性带来不利影响(Blanco-Canqui et al., 2014)。根据我们近几年在砂姜黑土区对小麦-玉米轮作体系的调查，当地农民为了获得高产，化学氮肥的施用量基本在 325～805 kg/(hm²·a)。同时，约有 80%以上的农户目前实行秸秆全量还田。因此，本节利用安徽蒙城小麦-玉米秸秆还田长期定位试验平台，研究长期秸秆还田同时配施不同量的化学氮肥对砂姜黑土容重和团聚体稳定性的影响，为砂姜黑土区进行合理的秸秆还田和氮肥用量提供理论依据。

本试验采用两因素六水平的随机区组设计。其中秸秆处理为秸秆全量粉碎还田和秸秆移除两种方式；氮肥施用为 0 kg/hm²、360 kg/hm²、450 kg/hm²、540 kg/hm²、630 kg/hm² 和 720 kg/hm² 六个水平，分别用 N0、N360、N450、N540、N630 和 N720 表示。每个处理设三个重复，每个小区的面积为 21.6 m² (5.4 m × 4 m)。除 N0 外，其余处理均施用磷钾肥且用量相等，年施用量分别为 P_2O_5 180 kg/hm²、K_2O 180 kg/hm²。各处理下氮、磷、钾肥小麦季施用量占年施用量的 45%，玉米季施用量则占 55%。其中，55%(小麦季)和 45%(玉米季)的氮肥在播种时作为基肥施用到土壤中，其余的氮肥在作物拔节期作为追肥施用。磷钾肥作为基肥在播种时一次性施入土壤中。氮肥为尿素，磷肥为过磷酸钙，钾肥为氯化钾。小麦 10 月中旬播种，6 月初收获；玉米 6 月中下旬播种，9 月底收获。

供试小麦和玉米品种分别为'济麦 22'和'郑单 958'。

试验始于 2008 年，开始时耕层(0～20 cm)土壤基本理化性质为：耕层土有机碳含量 8.22 g/kg，全氮含量 0.99 g/kg，全磷含量 0.67 g/kg，碱解氮含量 57.8 mg/kg，有效磷含量 21.6 mg/kg，速效钾含量 197 mg/kg。

9.1.1 不同施氮水平下秸秆还田对土壤容重的影响

秸秆还田配施氮肥对砂姜黑土耕层(0～20 cm)土壤容重有着显著的影响(图 9-1 和图 9-2)，总体上表现为秸秆还田显著降低了耕层土壤容重($P < 0.05$)，而单施氮肥对容重并没有显著影响($P > 0.05$)。秸秆移除 4 年后(2012 年)，各施氮处理的土壤容重在 1.24～1.31 g/cm³，而秸秆还田 4 年后土壤容量在 1.14～1.20 g/cm³ 范围内，后者较前者下降了 4.03%～9.52%，其中以秸秆还田配施 630 kg/hm² 氮肥的降幅最高；值得注意的是，秸秆还田配施 720 kg/hm² 后土壤容重较配施 630 kg/hm² 氮肥增加了 4.39%。秸秆移除 11 年后(2019 年)，各施氮处理的土壤容重在 1.26～1.28 g/cm³，而秸秆还田 11 年后土壤容重在 1.11～1.27 g/cm³ 范围内，后者较前者下降了 0.2%～11.9%，其中以秸秆还田配施 630 kg/hm² 氮肥的降幅最高；同样地，秸秆还田配施 720 kg/hm² 氯肥后土壤容重较配施 630 kg/hm² 增加了 6.26%。与秸秆还田 4 年后的土壤容重相比，秸秆还田 11 年后不施肥氮肥土壤容重又增加 5.42%，配施 720 kg/hm² 水平下土壤容重会降低 4.38%。由此可见，秸秆还田下多年的不施氮肥或者过量施氮肥都可能会造成土壤板结。

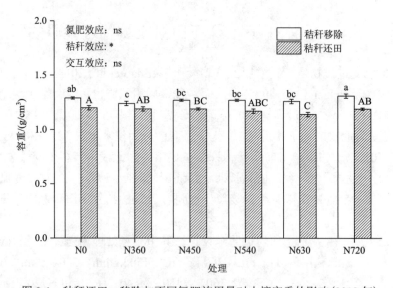

图 9-1　秸秆还田、移除与不同氮肥施用量对土壤容重的影响(2012 年)

不同小写字母代表秸秆移除条件下不同氮肥施用量处理之间差异显著($P < 0.05$)；不同大写字母代表秸秆还田条件下不同氮肥施用量之间差异显著($P < 0.05$)；***表示 $P < 0.001$ 水平差异显著，**表示 $P < 0.01$ 水平差异显著，*表示 $P < 0.05$ 水平差异显著，ns 表示 $P = 0.05$ 水平差异不显著；下同

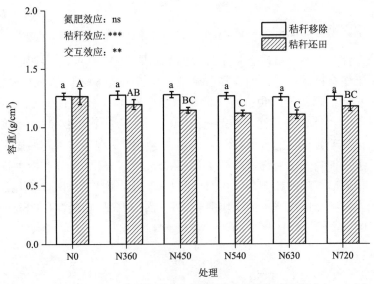

图 9-2　秸秆还田、移除与不同氮肥施用量对土壤容重的影响（2019 年）

9.1.2　不同施氮水平下秸秆还田对土壤团聚体稳定性的影响

秸秆还田和氮肥配施对土壤团聚体稳定性具有显著的影响（图 9-3）。在秸秆移除条件下，土壤团聚体稳定性随氮肥施用量的增加呈显著下降的趋势（$P < 0.05$），当施氮量从 0 kg/hm² 增加到 720 kg/hm² 时，团聚体稳定性下降了 18.3%。在秸秆还田条件下，土壤团聚体稳定性虽略有下降趋势，但是处理之间差异不显著（$P > 0.05$）。秸秆还田与秸秆移除相比，在 N0、N360、N450、N540、N630 和 N720 水平下土壤团聚体稳定性分别提高了 25.9%、31.4%、35.2%、46%、48.4%和 41.6%。由此可以看出，过量施用氮肥会对土壤团聚体的形成带来不利影响，但是秸秆还田则有效地缓解了团聚体稳定性下降的进程。

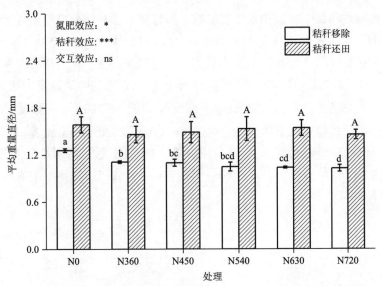

图 9-3　秸秆还田、移除与不同氮肥施用量对土壤团聚体稳定性的影响（2019 年）

9.1.3 影响土壤团聚体稳定的主要因素

团聚体稳定性与土壤有机碳含量呈显著的负相关关系[图 9-4(a)]，表明尽管长期单施氮肥提高了土壤有机碳含量，但也显著降低了土壤团聚体稳定性，这与之前很多研究报道的土壤有机碳的增加同时也会提高团聚体稳定性并不一致(Bronick and Lal, 2005; Su et al., 2006)。这可能也与其他胶结剂(如球囊霉素、微生物生物量碳)的变化有关。单施氮肥并没有提高球囊霉素的含量[图 9-4(b)]，这可能是因为过量施用氮肥限制了丛枝菌根的生长，进而抑制了球囊霉素的产生(Jeske et al., 2018)。此外，微生物生物量碳随施氮量的增加呈逐渐下降的趋势($P < 0.05$)[图 9-4(c)]，这与土壤 pH 变化的趋势一致。这是因为过量施氮肥会造成严重的土壤酸化，进而抑制微生物活性(Liebig et al., 2002)。这些不利的影响都会给土壤团聚体的形成带来一定的影响。

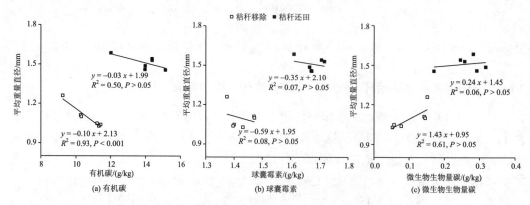

图 9-4　土壤团聚体稳定性与有机碳、球囊霉素、
微生物生物量碳之间的关系

除了球囊霉素和微生物生物量碳的影响，单施氮肥导致团聚体稳定性下降还可能与分散剂(如 NH_4^+)的变化有关(Blanco-Canqui et al., 2014; Haynes and Naidu, 1998)。Haynes 和 Naidu(1998)指出，当土壤中 NH_4^+ 积累到一定程度时会像 Na^+ 一样对土壤团聚体起到一定的分散作用。本节发现，NH_4^+ 的含量在秸秆移除条件下随着施氮量的增加逐渐增加，且与团聚体稳定性呈显著负相关关系[图 9-5(c)]，说明 NH_4^+ 的积累可能是过量施用氮肥导致砂姜黑土团聚体稳定性下降的一个原因(Guo et al., 2022)。Enwall 等(2005)指出，经过 34 年施用硫酸铵肥料后会降低土壤微生物硝化 NH_4^+ 的能力，特别是在土壤 pH 低的条件下。硝化能力的减弱会加速土壤中 NH_4^+ 的积累，这就会对团聚体的形成带来不利影响(Haynes and Naidu, 1998)。

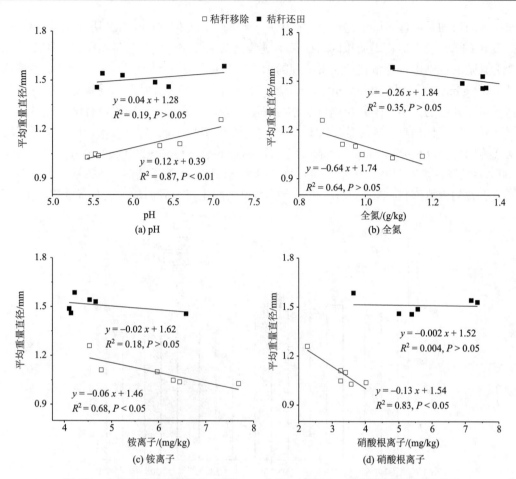

图 9-5　土壤团聚体稳定性与土壤 pH、全氮、铵离子、硝酸根离子之间的关系

9.2　不同施氮水平下秸秆还田对土壤养分状况的影响

黄淮海平原作为我国小麦、玉米的主产区，秸秆产量随着粮食单产水平的提高而增加。秸秆中含有大量的有机质物质和较丰富的氮、磷、钾等营养元素，是一种重要的有机物料。秸秆直接还田作为秸秆资源综合利用的一种方式，不仅在一定程度上可以实现养分替代，降低化学氮肥的施用量(柴如山等，2019；李一和王秋兵，2020)，还可以提高土壤养分含量，培肥土壤(Zhao et al., 2020; Islam et al., 2022)。因此，本节基于安徽蒙城小麦-玉米轮作体系长期秸秆还田定位试验平台，研究长期秸秆还田与不同氮肥用量配施对砂姜黑土养分状况的影响，进而了解秸秆全量还田条件下氮肥的合理用量对土壤养分含量的调节作用。

9.2.1　不同施氮水平下秸秆还田对土壤 pH 的影响

如图 9-6 所示，本试验土壤 pH 在 5.35～7.14。秸秆移除条件下，土壤 pH 均随氮肥施用量的增加呈显著下降的趋势($P < 0.05$)，当施氮量从 0 kg/hm^2 增加到 720 kg/hm^2 时，土壤 pH 降低了 1.67，说明该区域引起土壤酸化的主要原因就是过量施用化学氮肥。在施用氮肥的基础上，全量秸秆还田处理的土壤 pH 也呈逐渐下降趋势($P < 0.05$)，当施氮量从 0 kg/hm^2 增加到 720 kg/hm^2 时，土壤 pH 降低了 1.79；并且在相同施氮量条件下，秸秆还田处理的土壤 pH 甚至略低于秸秆移除处理，说明秸秆还田并没有缓解过量施用氮肥导致的酸化问题。据我们近几年的调查发现，砂姜黑土区小麦-玉米轮作体系氮肥的常规施用为 300~800 kg/hm^2，远高于专家们推荐的总量(150~200 kg/hm^2)(张福锁等，2008)。虽然目前氮肥减施已经受到人们重视，但农民为了追求高产，却忽视了过量施用氮肥引起的土壤酸化。因此，延缓和防止砂姜黑土酸化在今后仍是一项非常重要的工作。

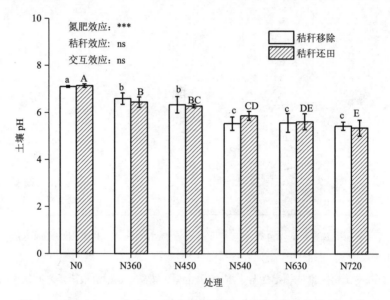

图 9-6　秸秆还田、移除与不同氮肥施用量对土壤 pH 的影响(2019 年)

9.2.2　不同施氮水平下秸秆还田对土壤有机碳含量的影响

如图 9-7 所示，与不施氮肥处理相比，秸秆移除后，土壤有机碳含量随着氮肥施用量的增加呈缓慢增加的趋势，N360、N450、N630 和 N720 水平下土壤有机碳含量分别比 N0 水平增加了 11.1%、11.6%、21.6%、23.8%和22.6%。秸秆还田处理下的土壤有机碳含量随氮肥施用量的增加也呈逐渐增加趋势。在同等氮肥施用量条件下，秸秆还田的土壤有机碳含量显著高出秸秆移除的 25.6%~36%，其中以配施 450 kg/hm^2 效果最好。值得注意的是，在不施氮肥的条件下，秸秆还田 11 年后土壤有机碳含量相对于试验初始土壤有机碳含量(8.22 g/kg)增加了 46.2%。秸秆还田一直被视作是提升砂姜黑土有机碳含量的重要途径(Guo et al.，2019)，从目前的结果来看，氮肥施入能够增加土壤有机碳累积，但是秸秆还田与适量的氮肥施用量结合对土壤有机碳的累积作用更加明显。

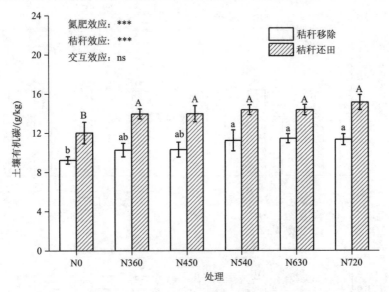

图 9-7　秸秆还田、移除与不同氮肥施用量对土壤有机碳含量的影响(2019 年)

9.2.3　不同施氮水平下秸秆还田对土壤氮的影响

秸秆还田和氮肥用量对土壤全氮、碱解氮含量的影响各有差异。当施氮量从 0 kg/hm² 增加到 450 kg/hm² 时，秸秆移除条件下土壤全氮含量提高了 21.2%；随后从 450 kg/hm² 增加到 720 kg/hm² 时，土壤全氮含量基本保持不变，甚至略有下降[图 9-8(a)]。在秸秆还田条件下，当施氮量从 0 kg/hm² 增加到 630 kg/hm² 时，土壤全氮含量提高了 30.9%；当氮肥用量继续增加到 720 kg/hm² 时，土壤全氮含量有所下降，但差异不显著。在相同施氮量条件下，N0、N360、N450、N540、N630 和 N720 水平秸秆还田后土壤全氮含量比秸秆移除分别高出 24.3%、46.2%、22.8%、36.2%、36.1%和 24.7%。这可能是因为经微生物分解的秸秆释放了大量的氮，从而提高了土壤中全氮的含量。

当施氮量从 0 kg/hm² 增加到 630 kg/hm² 时，秸秆移除条件下土壤碱解氮含量提高了 40.7%；当氮肥施用量达到 720 kg/hm² 水平时，土壤碱解氮含量反而下降了 4.82%，但差异不显著[图 9-8(b)]。秸秆还田条件下，当施氮量从 0 kg/hm² 增加到 720 kg/hm² 时，土壤碱解氮含量提高了 34.7%。在相同施氮量条件下，秸秆还田配施 720 kg/hm² 水平下土壤碱解氮含量较秸秆移除条件下的增幅和不施氮肥水平下的增幅基本一致。

9.2.4　不同施氮水平下秸秆还田对土壤磷的影响

无论是秸秆移除还是秸秆还田，土壤全磷含量均随着氮肥施用量的增加呈先增加后降低的趋势[图 9-9(a)]。当施氮量从 0 kg/hm² 增加到 540 kg/hm² 时，秸秆移除、秸秆还田处理下土壤全磷含量分别提高 17.3%、15.6%；然而当施氮量从 540 kg/hm² 增加到 720 kg/hm² 时，秸秆移除、秸秆还田处理下土壤全磷含量反而分别降低了 7.98%、5.33%；在同等氮肥施用量条件下，秸秆还田比秸秆移除土壤全磷含量显著高出 2.78%～11.4%，其中以配施 360 kg/hm² 的增幅最高。

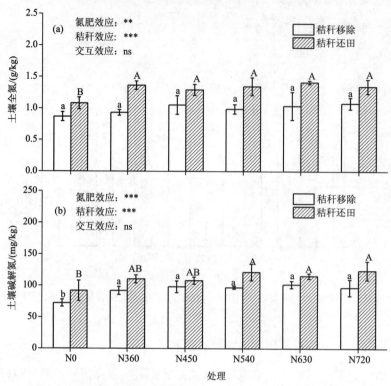

图 9-8　秸秆还田、移除与不同氮肥施用量对土壤全氮、碱解氮含量的影响(2019 年)

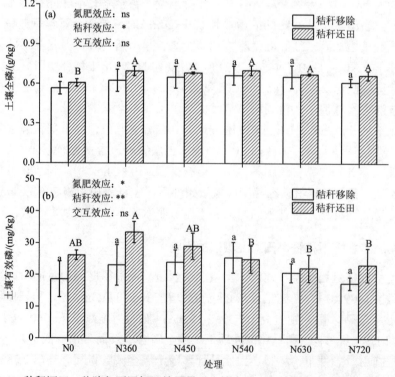

图 9-9　秸秆还田、移除与不同氮肥施用量对土壤全磷、有效磷含量的影响(2019 年)

　　类似地，在秸秆移除或还田条件下，土壤有效磷含量也表现为随着氮肥施用量的增加呈先增加后降低的趋势［图 9-9(b)］。但不同的是，当氮肥施用量从 0 kg/hm² 增加到 540 kg/hm² 时，秸秆移除条件下土壤有效磷含量提高了 36.9%；当氮肥施用量从 540 kg N/hm² 增加到 720 kg/hm² 时，土壤有效磷含量反而降低了 31.8%。在秸秆还田条件下，当氮肥施用量从 0 kg/hm² 增加到 360 kg/hm² 时，土壤有效磷含量提高了 27.8%；当氮肥施用量从 360 kg/hm² 增加到 720 kg/hm² 时，土壤有效磷含量反而降低了 30.9%。在相同氮肥施用量条件下，秸秆还田较秸秆移除，以配施 360 kg/hm² 氮肥的增幅最高(44.9%)。

9.2.5　不同施氮水平下秸秆还田对土壤钾的影响

　　如图 9-10(a) 所示，无论是秸秆移除还是秸秆还田，当氮肥施用量从 0 kg/hm² 增加到 720 kg/hm² 时，土壤全钾含量分别下降了 5.17%、3.71%。秸秆移除下，土壤速效钾含量随着氮肥施用量的增加呈先增加后降低的趋势［图 9-10(b)］。当氮肥施用量从 360 kg/hm² 增加到 540 kg/hm² 时，土壤速效钾含量提高了 11.2%；当氮肥施用量达到 720 kg/hm² 时，土壤速效钾含量反而降低了 11.7%。秸秆还田下，在 360 kg/hm² 氮肥水平下土壤速效钾含量较不施氮肥水平高出 4.47%；而当氮肥施用量从 360 kg/hm² 增加到 720 kg/hm² 时，土壤速效钾含量反而下降了 9.34%。在秸秆还田条件下，N360、N450、N540、N630 和 N720 水平下土壤速效钾含量分别较秸秆移除条件下增加59.6%、42%、26.3%、39.8%和47.5%。由此可以看出，秸秆还田可以很好地补充土壤速效钾，但过量施用氮肥可能会造成土壤中钾素的损失。

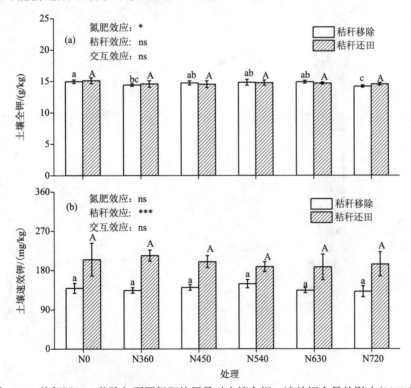

图 9-10　秸秆还田、移除与不同氮肥施用量对土壤全钾、速效钾含量的影响(2019 年)

9.3　不同施氮水平下秸秆还田对土壤微生物群落的影响

　　土壤微生物是土壤生态系统重要的组成部分，在土壤养分转化循环方面起着重要的作用。施用化肥及秸秆还田会对农田微生物群落结构及多样性产生显著的影响（王伏伟等，2015）。一方面，秸秆还田为微生物提供了充足的碳源，促进微生物生长，提高了微生物活性（钱海燕等，2012）；另一方面，土壤微生物活性的提高也会加快秸秆的腐解（刘倩倩，2019）。本节将应用 Illumina 平台 Miseq 高通量测序技术研究秸秆还田下不同氮肥施用量对土壤微生物群落的影响，从微生物角度了解秸秆还田的生态效应，为秸秆还田与合理施用氮肥、保护土壤微生物等方面的工作提供科学依据。

9.3.1　不同施氮水平下秸秆还田对土壤真菌多样性的影响

　　用 OTU 指数、Shannon 指数和 Pielou's 指数来表征土壤真菌群落的多样性。从图 9-11 可以看出，在秸秆移除条件下，OTU 指数随着氮肥施用量的增加呈先增加后降低的趋

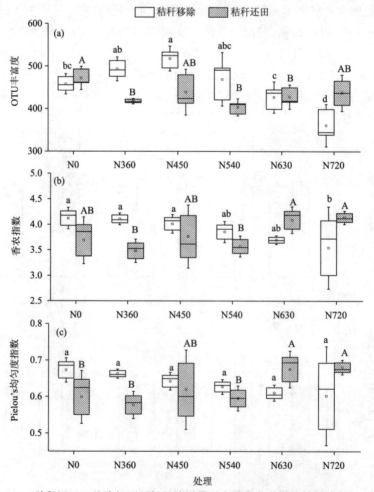

图 9-11　秸秆还田、移除与不同氮肥施用量对土壤真菌多样性的影响（2019 年）

势,具体表现为:当氮肥施用量从 0 kg/hm² 增加到 450 kg/hm² 时,OTU 指数上升了 13.1%;当氮肥施用量从 450 kg/hm² 增加到 720 kg/hm² 时, OTU 指数降低了 30.3%;Shannon 指数和 Pielou's 指数均随着氮肥施用量的增加呈逐渐降低的趋势,当氮肥施用量从 0 kg/hm² 增加到 720 kg/hm² 时分别降低了 14%、10.4%。秸秆还田条件下,当氮肥施用量从 0 kg/hm² 增加到 720 kg/hm² 时, OTU 指数下降了 7.34%,Shannon 指数和 Pielou's 指数分别增加了 12.3%、1.7%,各处理之间差异不显著。相关分析表明, OTU 指数与 pH($r = 0.478, P < 0.01$)呈显著正相关关系,说明由施用氮肥导致的酸化可能是引起土壤真菌多样性下降的重要因素。

9.3.2　不同施氮水平下秸秆还田对土壤真菌群落的影响

将不同处理下所获得的序列进行分类学分析,在本试验中我们发现砂姜黑土真菌主要由子囊菌门(Ascomycota)、毛霉菌门(Mucoromycota)、担子菌门(Basidiomycota)、壶菌门(Chytridiomycota)和一些未分类的真菌组成,其相对丰度分别为 31.3%～69.3%、15.2%～44.3%、9.9%～19.3%、0%～1.8%、1.2%～11.3%(图 9-12)。子囊菌门、毛霉菌门和担子菌门为优势菌群,三者相对丰度之和占土壤真菌总量的 88.8%～98.6%。单因素方差分析发现,不同优势菌门对氮肥施用量的响应不同。在秸秆移除条件下,当氮肥施用量从 0 kg /hm² 增加到 720 kg/hm² 时,子囊菌门和担子菌门的相对丰度分别下降了 4.11%、

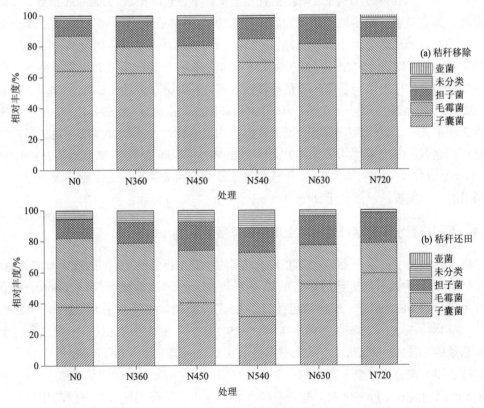

图 9-12　秸秆还田、移除与不同氮肥施用量对土壤真菌群落的影响(2019 年)

5.16%，而毛霉菌门的相对丰度增加了 5.74%，在不同氮肥水平之间没有显著差异。在秸秆还田条件下，当氮肥施用量从 0 kg/hm² 增加到 720 kg/hm² 时，子囊菌门的相对丰度显著增加了 56%，毛霉菌门的相对丰度显著下降了 55.6%；担子菌门的相对丰度虽然增加了 55.5%，但是不同处理之间差异不显著。相关分析表明，子囊菌门与铵态氮含量（$r = 0.662$, $P < 0.01$）呈显著正相关关系，与有机碳（$r = -0.501$, $P < 0.01$）、全氮（$r = -0.536$, $P < 0.01$）、碱解氮（$r = -0.346$, $P < 0.05$）、全磷（$r = -0.335$, $P < 0.05$）、有效磷（$r = -0.499$, $P < 0.01$）、速效钾（$r = -0.639$, $P < 0.01$）呈显著负相关关系；毛霉菌门与 pH（$r = 0.371$, $P < 0.05$）、速效钾（$r = 0.486$, $P < 0.01$）、有效磷（$r = 0.391$, $P < 0.05$）、硝态氮（$r = 0.345$, $P < 0.05$）呈显著正相关关系，与铵态氮（$r = -0.621$, $P < 0.01$）呈显著负相关关系；担子菌门与有机碳（$r = 0.375$, $P < 0.05$）、全氮（$r = 0.406$, $P < 0.05$）、碱解氮（$r = 0.337$, $P < 0.05$）、全磷（$r = 0.382$, $P < 0.05$）呈显著正相关关系。

9.3.3　不同施氮水平下秸秆还田对土壤细菌多样性的影响

用 OTU 指数、Shannon 指数和 Pielou's 指数来表征土壤细菌群落的多样性。从图 9-13 可以看出，在秸秆移除条件下，OTU 指数、Shannon 指数、Pielou's 指数随着氮肥施用量的增加呈显著的下降趋势（$P < 0.05$），当氮肥施用量从 0 kg/hm² 增加到 720 kg/hm² 时分别下降了 30.8%、9.71%、5.24%。秸秆还田条件下，OTU 指数、Shannon 指数、Pielou's 指数随着氮肥施用量的增加呈先增加后降低的趋势，具体表现为：当氮肥用量从 0 kg /hm² 增加到 360 kg/hm² 时分别上升了 3.85%、1.44%、0.96%；当氮肥施用量从 360 kg/hm² 增加到 720 kg/hm² 时分别降低了 29.8%、9.16%、4.92%；在相同氮肥施用量条件下，秸秆还田处理的多样性指数均显著高于秸秆移除处理。相关分析表明，OTU 指数（$r = 0.813$, $P < 0.01$）、Shannon 指数（$r = 0.793$, $P < 0.01$）、Pielou's 指数（$r = 0.699$, $P < 0.01$）与 pH 呈显著正相关关系，说明氮肥施用量能显著影响细菌多样性，施氮量越高，对其多样性的抑制作用越强；OTU 指数（$r = -0.778$, $P < 0.01$）、Shannon 指数（$r = -0.845$, $P < 0.01$）、Pielou's 指数（$r = -0.809$, $P < 0.01$）与铵态氮呈显著负相关关系，这可能是因为过量施用氮肥易造成土壤板结，不利于细菌的生长。

9.3.4　不同施氮水平下秸秆还田对土壤细菌群落的影响

将土壤细菌在门水平上相对丰度大于 5%的定义为优势门（不包括未分类和其他），12 组土壤样品中共有的优势门为变形菌门（Proteobacteria）、放线菌门（Actinobacteria）、酸杆菌门（Acidobacteria）、绿弯菌门（Chloroflexi），其相对丰度分别为 22.5%~42.8%、19%~29.1%、7.4%~23.6%、8%~16.9%（图 9-14）。这些优势门的相对丰度之和占土壤细菌总量的 81.3%~89.4%。当氮肥施用量从 0 kg/hm² 增加到 720 kg/hm² 时，秸秆移除和秸秆还田处理分别使变形菌门的相对丰度显著增加了 66.1%、50.9%。当氮肥施用量从 0 kg/hm² 增加到 630 kg/hm² 时，秸秆移除和秸秆还田处理分别使放线菌门的相对丰度降低了 1.7%、19.9%，当氮肥施用量达到 720 kg/hm² 时，秸秆移除和秸秆还田处理分别

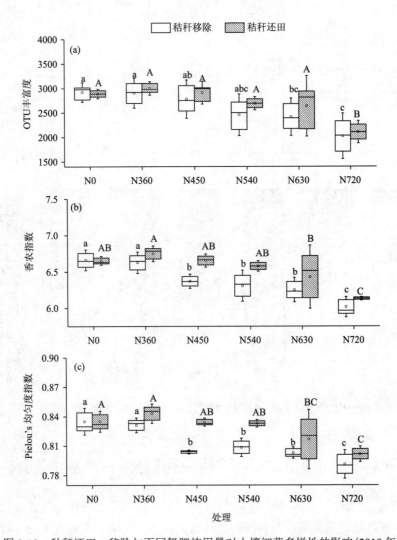

图 9-13 秸秆还田、移除与不同氮肥施用量对土壤细菌多样性的影响(2019 年)

使放线菌门的相对丰度又增加了 8.9%、31.8%。相关分析表明，变形菌门与 pH($r = -0.602, P < 0.01$)呈显著负相关关系，与有机碳($r = 0.577, P < 0.01$)、全氮($r = 0.503, P < 0.01$)、碱解氮($r = 0.491, P < 0.01$)、全磷($r = 0.520, P < 0.01$)、硝态氮($r = 0.594, P < 0.01$)呈显著正相关关系。以上研究结果表明，单施氮肥及秸秆还田和氮肥配施提高了土壤养分的含量，进而对变形菌门的生长具有极大的促进作用，使其相对丰度增加(刘倩倩，2019)。

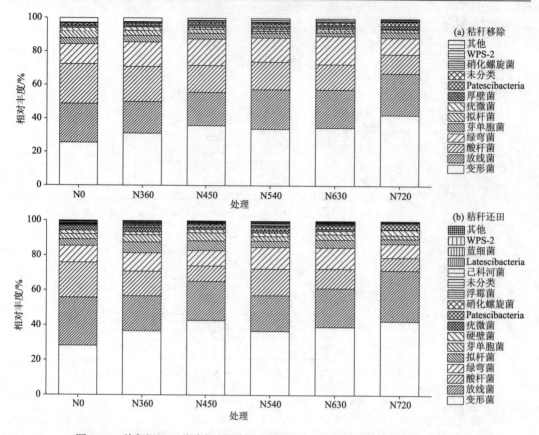

图 9-14 秸秆还田、移除与不同氮肥施用量对土壤细菌群落的影响(2019 年)

9.4 不同施氮水平下秸秆还田对作物产量的影响

冬小麦-夏玉米轮作是砂姜黑土区典型的种植制度,在黄淮海平原粮食生产中发挥了重要作用。施用氮肥是实现作物高产的重要措施。我们前期调查发现,与小麦推荐施氮量 240 kg/hm^2(雷之萌等,2016)和玉米推荐施氮量 270 kg/hm^2(杨永辉等,2013)相比,该地区很多农户普遍存在过量施氮肥这一现象。过量施用氮肥不仅对土壤结构带来不利影响,还会导致土壤中累积大量氮素,表观损失量显著增加,利用率降低(李玮等,2015)。秸秆还田是提升砂姜黑土地力的重要措施,但是由于秸秆还田量大,短期分解过程中会与土壤微生物争夺氮素进而会影响作物正常生长。基于此,本节利用 11 年定位试验研究长期秸秆还田和不同用量氮肥配施对小麦、玉米作物产量的影响,为本地区合理施用氮肥和粮食丰产稳产提供理论依据。

9.4.1 小麦和玉米产量年际变化特征

如图 9-15 所示,无论是秸秆移除还是秸秆还田,不施氮肥后冬小麦产量总体上呈下降趋势,年平均分别降低 337 kg/hm^2、219 kg/hm^2;10 年后产量处于一个极低水平,秸秆移除、秸秆还田下小麦产量分别为 1761.5 kg/hm²、2069 kg/hm²，这与长期得不到养分补充有关。当氮肥施用量在 360 kg/hm²、450 kg/hm² 水平时，秸秆移除下小麦产量总体上每年均以 147 kg/hm² 左右的速度下降，而秸秆还田条件下小麦产量总体上每年分别以 167 kg/hm²、122 kg/hm² 的速度下降。当氮肥施用量在 540 kg/hm² 时，秸秆移除下小麦产量下降速度约为秸秆还田下的 2 倍。然而，在 630 kg/hm² 的施氮水平时，秸秆还田下小麦产量下降速度约为秸秆移除下的 5 倍。值得注意的是，当氮肥施用量达到 720 kg/hm² 时，秸秆移除下小麦产量每年以 21.1 kg/hm² 的速度下降，而秸秆还田下小麦产量每年以 26.8 kg/hm² 的速度增加。

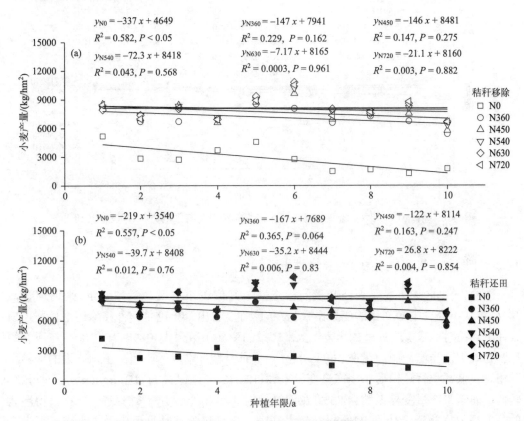

图 9-15　秸秆还田、移除配施氮肥对小麦产量年际变化特征的影响（2008～2018 年）

与冬小麦产量变化相似，无论是秸秆移除还是秸秆还田，不施氮肥后夏玉米产量总体上也呈下降趋势（图 9-16），年平均分别降低 429 kg/hm²、391 kg/hm²；10 年后产量仍然处于一个极低水平，秸秆移除、秸秆还田下玉米产量分别为 5059 kg/hm²、5428 kg/hm²。当氮肥施用量在 360 kg/hm²、450 kg/hm² 水平时，秸秆移除下玉米产量每年分别以 24 kg/hm²、51 kg/hm² 的速度下降，而秸秆还田条件下玉米产量每年分别以 78.3 kg/hm²、5.524 kg/hm² 的速度增加。当氮肥施用量在 540 kg/hm² 时，秸秆移除下玉米产量下降速度约为秸秆还田的 2 倍。值得注意的是，当氮肥施用量超过 540 kg/hm² 时，无论是秸秆移除还是秸秆还田，玉米产量的下降速度均随着氮肥施用量的增加而上升。

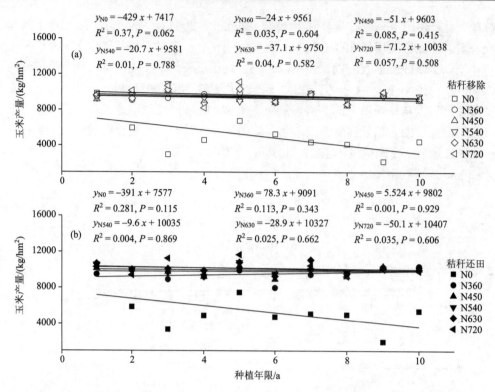

图 9-16　秸秆还田、移除配施氮肥对玉米产量年际变化特征的影响(2008～2018 年)

9.4.2　小麦和玉米变异系数及可持续性指数

作物产量的变异系数表征产量的稳定性,其值越小表明产量越稳定(张珂珂等,2021)。从小麦、玉米产量的变异系数(表 9-1)可以看出,无论是秸秆移除还是秸秆还田条件下,长期不施氮肥处理的小麦、玉米产量的变异系数最大(38%～47.7%)。在所有的氮肥处理中,当氮肥施用量在 360 kg/hm² 水平时,秸秆移除后小麦、玉米产量的变异系数相对较低;秸秆还田后小麦产量变异系数(12.3%)在施氮量为 450 kg/hm² 水平时相对较低,而玉米产量变异系数(4.83%)在施氮量为 540 kg/hm² 水平时相对较低;值得注意的是,当氮肥施用量达到 720 kg/hm² 水平时,秸秆移除、秸秆还田后的小麦、玉米产量变异系数均较高,平均值分别为 14.6%、8.73%。由此可以看出,玉米产量比小麦产量更加稳定;无论是秸秆移除、秸秆还田都需要在适宜的氮肥水平下才能使作物产量更加稳定。

作物产量的可持续性指数作为衡量耕作土壤能否持续生产的重要指标,其值越大表明可持续性越高(刘强等,2021)。从小麦、玉米产量的可持续性指数(表 9-1)可以看出,无论是秸秆移除还是秸秆还田条件下,本试验中长期不施氮肥处理下小麦、玉米产量可持续性指数均为最低。当氮肥施用量在 360 kg/hm² 水平时,秸秆移除后小麦(0.73)、玉米(0.92)产量可持续性相对较高;秸秆还田后小麦(0.72)、玉米(0.89)产量可持续性均在施氮量为 450 kg/hm² 水平时相对较高;值得注意的是,当氮肥施用量达到 720 kg/hm² 水平时，秸秆移除、秸秆还田后的小麦、玉米产量可持续性均较低，平均值分别为 0.68、0.79。以上结果表明，秸秆还田配施低量氮肥后作物产量可持续性更高。

表 9-1　秸秆还田、移除配施氮肥对小麦、玉米变异系数及可持续性指数的影响

类型	处理	小麦		玉米	
		变异系数/%	可持续性	变异系数/%	可持续性
移除	N0	47.7	0.28	42.2	0.30
	N360	13.1	0.73	4.12	0.92
	N450	15.9	0.68	5.70	0.87
	N540	13.2	0.68	6.75	0.81
	N630	15.0	0.64	5.91	0.87
	N720	14.7	0.65	9.40	0.78
还田	N0	38.0	0.34	41.1	0.31
	N360	12.4	0.71	7.41	0.85
	N450	12.3	0.72	5.23	0.89
	N540	13.2	0.72	4.83	0.88
	N630	16.5	0.66	5.43	0.87
	N720	14.5	0.70	8.05	0.80

注：变异系数 = (作物年产量标准差/作物年平均产量)×100；产量可持续性 = (作物年平均产量−作物年产量标准差)/作物年产量最大值。

9.4.3　秸秆还田下小麦和玉米适宜的施氮量

与不施氮肥处理相比，无论是秸秆移除还是秸秆还田条件下，长期施用氮肥均显著提高了冬小麦、夏玉米产量(图 9-17)。当氮肥施用量从 162 kg/hm² 增加到 283.5 kg/hm² 时，秸秆移除后小麦产量从 7130 kg/hm² 上升到 8126 kg/hm²，当氮肥施用量继续增加 40.5 kg/hm² 时，小麦产量反而降低了 81.3 kg/hm²；然而，秸秆还田后小麦产量随氮肥施用量的增加呈逐渐增加的趋势，当氮肥施用量从 162 kg/hm² 增加到 324 kg/hm² 时，小麦产量提高了 23.6%。当氮肥施用量在 0～202.5 kg/hm² 时，秸秆移除下小麦的增产效果优于秸秆还田；当氮肥施用量超过 202.5 kg/hm² 时，秸秆还田下小麦的增产效果更加明显。对十年来小麦年平均产量与小麦季施氮量进行拟合，发现秸秆移除、秸秆还田条件下小麦产量与施氮量均呈二次曲线关系，说明秸秆移除、秸秆还田后小麦获得高产适宜的施氮量分别为 287 kg/hm²、330 kg/hm²。

玉米产量随氮肥施用量的增加呈逐渐增加的趋势，当氮肥施用量从 198 kg/hm² 增加到 396 kg/hm² 时，秸秆移除、秸秆还田条件下玉米产量分别提高了 17.4%、21%。在相同施氮量的水平下，秸秆还田后玉米的增产效果均优于秸秆移除。对十年来玉米年平均产量与玉米季施氮量进行拟合，发现秸秆移除、秸秆还田条件下玉米产量与施氮量均呈二次曲线关系，说明秸秆移除、秸秆还田后玉米获得高产适宜的施氮量分别为 320 kg/hm²、335 kg/hm²。

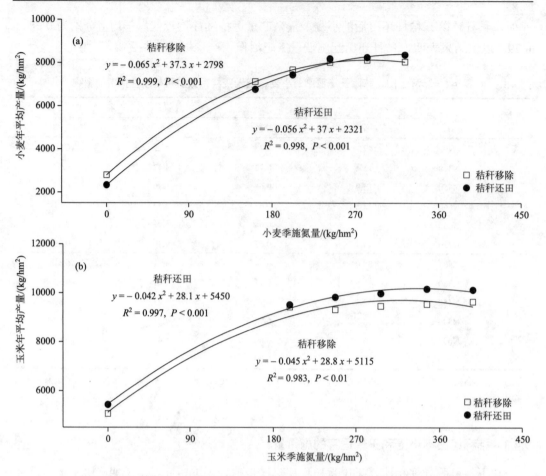

图 9-17　秸秆还田、移除配施氮肥对作物年平均产量的影响（2008～2018 年）

9.5　不同秸秆促腐剂施用效果的对比研究

直接还田是砂姜黑土区当前最主要的秸秆利用方式，占综合利用率的 60%～80%（樊琼，2020）。从目前砂姜黑土区应用推广的情况来看，小麦秸秆直接还田在改善土壤质量和提高作物产量方面都具有显著的积极作用，但在冬小麦季期间玉米秸秆直接还田存在着影响播种、加重病虫害等问题，可能会对冬小麦生长造成一些负面影响（Islam et al.，2022），进而影响当地农民对秸秆直接还田的积极性。利用促腐剂催腐秸秆，在秸秆快速腐解的同时也促进了秸秆中有效养分的快速释放，从而为作物增产提供肥力保障（杨欣润等，2020）。目前，我国市面上登记的促腐剂产品已超过 40 种（张鑫，2014），其腐熟效果大多体现在堆腐还田上。然而，在田间直接将菌剂撒到还田秸秆上，由于菌剂存活率低、活性弱，快速促腐效果均不理想。因此，本节选用联合研发的 2 种菌剂和市面上促腐效果较好的 7 种促腐剂进行玉米秸秆还田腐解效果对比研究，旨在筛选出适宜砂姜黑土区气候、土壤、秸秆等特点的秸秆促腐剂，为提高当地农作物秸秆综合利用提供科学依据。

9.5.1　不同秸秆促腐剂室内效果的对比研究

将 100 g 粒径< 2 mm 的风干砂姜黑土和 0.36 g 风干玉米秸秆(2~3 cm)放入塑料小盆，然后添加不同量的促腐剂，混匀后装入 PVC 环刀(直径 5 cm，高度 6 cm)中，加蒸馏水调节土壤含水量为 22%左右，静置于 10℃条件下培养，培养期间不添加任何物料。分别在培养 30、60、90 天后从土壤中分拣并冲洗净秸秆附着的泥土，然后烘干称重，计算秸秆腐解速率。室内培养试验(表 9-2)表明，在其他条件相同的情况下，添加联合研发菌剂 A、联合研发菌剂 B、市场促腐剂 D、市场促腐剂 E、市场促腐剂 G 和市场促腐剂 H 对玉米秸秆的腐解率在 30、60、90 天时一直显著高于不添加促腐剂的对照($P <$ 0.05)，其腐解率相较于对照平均提高幅度为 60.4%、64.4%、44.5%、52.0%、54.3%和 44.0%。从室内玉米秸秆腐解效果来看，联合研发菌剂 A、B 和市场促腐剂 E、G 具有加速玉米秸秆腐解的效果，但是田间的应用效果还需要通过田间埋袋试验进一步验证。

表 9-2　不同秸秆促腐剂对玉米秸秆腐解率的影响

秸秆促腐剂	秸秆腐解率/%					
	30 天	较对照提高幅度	60 天	较对照提高幅度	90 天	较对照提高幅度
不施菌剂(对照)	23.2 ± 2.52 c	—	33.5 ± 4.70 c	—	37.2 ± 5.56 c	—
联合研发菌剂 A	36.8 ± 5.70 ab	58.6	52.2 ± 5.70 ab	55.7	62.1 ± 4.50 a	66.9
联合研发菌剂 B	36.8 ± 4.26 ab	58.8	57.5 ± 5.78 a	71.6	60.6 ± 3.56 a	62.9
市场促腐剂 C	34.7 ± 7.33 b	49.6	41.0 ± 12.3 bc	22.3	57.0 ± 2.50 ab	53.2
市场促腐剂 D	41.6 ± 2.11 a	79.3	49.6 ± 4.92 ab	48.0	51.9 ± 6.44 b	39.6
市场促腐剂 E	35.0 ± 4.89 b	50.9	50.5 ± 4.66 ab	50.7	57.4 ± 4.45 ab	54.4
市场促腐剂 F	29.9 ± 9.47 bc	28.8	42.4 ± 4.56 b	26.5	49.9 ± 6.74 b	34.1
市场促腐剂 G	41.4 ± 7.56 ab	78.6	45.6 ± 5.65 b	36.0	55.2 ± 3.07 ab	48.4
市场促腐剂 H	38.7 ± 4.02 ab	67.1	45.3 ± 8.53 b	35.2	48.2 ± 7.83 b	29.7
市场促腐剂 I	41.9 ± 3.07 ab	80.6	36.7 ± 8.33 bc	9.60	44.3 ± 10.5 bc	19.0

注：不同小写字母代表不同促腐剂处理之间差异显著($P < 0.05$)。

9.5.2　不同秸秆促腐剂田间效果的对比研究

称取 10 g 左右 3~5 cm 的玉米秸秆装入孔径为 200 目的双层腐解袋内层(10 cm× 5 cm)，同时在内层分别加入四种室内促腐效果较好的菌剂(联合研发菌剂 A、B 和市场促腐剂 E、G)，在外层(15 cm×10 cm)加入一定量的鲜土，将装好的腐解袋，一份埋入深度 2.5 cm 左右，另一份埋入深度 12.5 cm 左右，并在地表做好标记。在埋袋 30 d、60 d、90 d、150 d、240 d 后，将取得的样品用水冲洗干净，烘干、称重，计算玉米秸秆腐解率。由图 9-18 总体上可以看出，秸秆的腐解率均随腐解时间的延长而增大;无论是在 0~5 cm 还是 10~15 cm 深度土层内，0~60 d 均为快速腐解期，平均腐解速率为 0.039 g/d 和 0.054 g/d;在 60~150 d 时，气温和地温逐日快速下降，冬季低温下，玉米秸秆腐熟缓慢，累积腐解率仅提高了 10.81%和 9.83%；150 d 后随着土壤温度逐渐升高，秸秆腐解速度逐渐加快，秸秆累积腐解率在试验 240 d 结束时分别达到 60.14%和 64.62%。

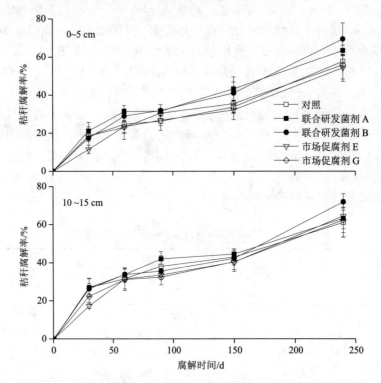

图 9-18　不同促腐剂条件下不同土层深度内玉米秸秆腐解特征对比

　　不同促腐剂条件下玉米秸秆腐解率也存在差异。在腐解 60 d 时，联合研发菌剂 A、B 下的玉米秸秆腐解率较对照处理在 0～5 cm 深度土层内分别提高 26.7%和 17.06%，在 10～15 cm 深度土层内分别提高 6.80%和 6.27%，然而市场促腐剂 E、G 均没有有效地促进秸秆的腐解(图 9-18)。从 2020 年 12 月 10 日拍摄的照片(图 9-19)可以明显地看出，施用联合研发菌剂 A、B 后，地表残留的秸秆较少，而不施用促腐剂和施用市场促腐剂 E、G 后，地表仍可见大量尚未变色的还田夏玉米秸秆和杂草。特别是在 60～150 d 的冬季低温下，联合研发菌剂 A 的玉米秸秆腐解率较对照处理在 0～5 cm 和 10～15 cm 深度土层内分别平均提高 24.1%和 6.90%，联合研发菌剂 B 和市场促腐剂 G 较对照处理仅在 0～5 cm 深度土层内分别平均提高 21.5%和 10.6%，市场促腐剂 E 在 0～5 cm 和 10～15 cm 深度土层内没有起到较好的作用(图 9-18)。实验结束时，对四种促腐剂施用效果进行比较发现，联合研发菌剂 A、B 相较于对照在 0～5 cm 深度土层内秸秆腐解率平均提高的幅度分别为 20.0%和 15.0%，在 10～15 cm 深度土层内秸秆腐解率平均提高的幅度分别为 4.87%和 2.79%(图 9-19)，表明联合研发促腐剂 A、B 更加有利于砂姜黑土区玉米秸秆的腐解。

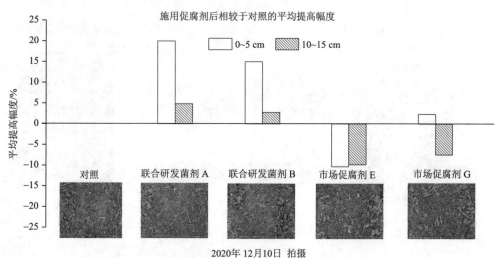

2020年 12月10日　拍摄

图 9-19　不同促腐剂条件下玉米秸秆的促腐效果

9.5.3　联合研发菌剂促腐效果田间验证

在玉米秸秆还田的基础上，设置 2 个促腐剂施用处理(不添加促腐剂和添加联合研发的促腐剂)和 2 个作物处理(种植和无种植)。每个处理 4 次重复，无小麦种植区小区面积为 3 m^2，小麦种植区小区面积为 5 m^2。化肥按照当地推荐施用量使用。2021 年 4 月，在每个无小麦种植小区挖掘剖面，采集 0～10 cm 和 10～20 cm 深度土层的秸秆，观测玉米秸秆腐解效果。从 2021 年 2 月 24 日在地表拍摄的照片可以看出，对照区的地表有明显残留尚未变色的秸秆，试验区地表秸秆腐解较多且颜色变暗(图 9-20)。从 2021 年 4 月 28 日剖面不同土层秸秆残留分布情况来看，无论是 0～10 cm 还是 10～20 cm 深度土层内，施用促腐剂处理的腐解效果均显著高于对照处理区，其秸秆腐解率分别提高 27.0%和 18.5%。由此可见，在砂姜黑土区玉米秸秆还田时施用联合研发的促腐剂有明显的生物腐熟降解功能。

拍摄时间：2021年1月9日

拍摄时间：2021年2月24日

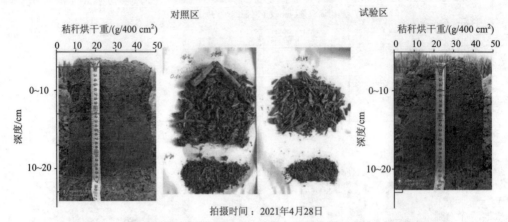

拍摄时间：2021年4月28日

图 9-20　施用促腐剂秸秆还田后与对照相比的促腐效果(书后见彩图)

9.6　小　　结

砂姜黑土区是我国粮食的主产区之一，当地农民习惯以大量施用氮肥来追求作物高产。在砂姜黑土区冬小麦-夏玉米轮作体系下，单施氮肥或者单独秸秆还田均可以不同程度地提高土壤耕层有机碳、全氮、碱解氮等养分含量。相比不施氮肥而言，秸秆还田与氮肥配施改善土壤养分状况的作用效果更加显著，但氮肥施用量不宜过高。过量施用氮肥不仅会加剧土壤酸化，还会导致土壤中有效磷和速效钾的流失；同时，过量施用氮肥会带来大量的 NH_4^+，进而导致土壤板结，土壤大孔隙减少，严重影响作物生长的物理环境；此外，随着施氮量的增加，变形菌门增加，而酸杆菌门呈现相反的格局。因此，在集约化的农业生态系统中过量施用氮肥给土壤结构造成的负面影响不容忽视。而且，在今后追求作物高产高效的氮素养分管理研究中要特别重视氮肥减施问题。目前的研究结果表明，该地区秸秆还田后获得小麦、玉米最大经济效益时的氮肥用量分别为 330 kg/hm^2、335 kg/hm^2。

在干旱、低温的条件下，玉米收获时秸秆还田量大且初期腐解缓慢，影响了下茬冬小麦的播种质量、出苗和生长。秸秆促腐剂本身是一种含有多种微生物菌群的有机物料，不仅能够通过提高微生物活性促进秸秆快速腐解，而且腐解过程中释放的养分可以稳定提高土壤养分含量。经过室内培养试验、田间埋袋试验和田间微区试验的研究，从 9 个促腐剂中筛选出联合研发的菌剂 A。该促腐剂在玉米秸秆粉碎还田后，与肥料同时撒施入土壤中，不仅可以加速秸秆腐解，而且减轻和防止过多秸秆还田给小麦生长带来的不利影响。推荐将该菌剂作为砂姜黑土区冬小麦-夏玉米轮作制度下玉米秸秆还田的首选秸秆促腐剂。

参 考 文 献

柴如山, 王擎运, 叶新新, 等. 2019. 我国主要粮食作物秸秆还田替代化学氮肥潜力. 农业环境科学学报, 38(11): 2583-2593.

樊琼. 2020. 安徽省基于秸秆综合利用的循环农业模式研究. 合肥: 安徽农业大学: 33-35.

雷之萌, 韩上, 武际, 等. 2016. 淮北砂姜黑土区小麦氮肥适宜用量研究. 现代农业科技, 10: 194-195.

李玮, 乔玉强, 陈欢, 等. 2015. 玉米秸秆还田配施氮肥对冬小麦土壤氮素表观盈亏及产量的影响. 植物营养与肥料学报, 21: 561-570.

李一, 王秋兵. 2020. 我国秸秆资源养分还田利用潜力及技术分析. 中国土壤与肥料, 1: 119-126.

刘倩倩. 2019. 长期秸秆还田配施氮肥对砂姜黑土肥力及细菌多样性的影响. 阜阳: 阜阳师范学院.

刘强, 穆兴民, 王新民, 等. 2021. 长期不同施肥方式对旱地轮作土壤养分和作物产量的影响. 干旱地区农业研究, 39(3): 122-128.

钱海燕, 杨滨娟, 黄国勤, 等. 2012. 秸秆还田配施化肥及微生物菌剂对水田土壤酶活性和微生物数量的影响. 生态环境学报, 21(3): 440-445.

王伏伟, 王晓波, 李金才, 等. 2015. 施肥及秸秆还田对砂姜黑土细菌群落的影响. 中国生态农业学报, 23(10): 1302-1311.

杨欣润, 许邶, 何治逢, 等. 2020. 整合分析中国农田腐秆剂施用对秸秆腐解和作物产量的影响. 中国农业科学, 53(7): 1359-1367.

杨永辉, 武继承, 梅雷, 等. 2013. 施氮量对砂姜黑土玉米生长及水分利用效率的影响. 河南农业科学, 42(11): 55-59.

张福锁, 王激清, 张卫峰, 等. 2008. 中国主要粮食作物肥料利用率现状与提高途径. 土壤学报, 45(5): 915-924.

张珂珂, 宋晓, 郭斗斗, 等. 2021. 长期施肥措施下潮土土壤碳氮及小麦产量稳定性的变化特征. 华北农学报, 36(3): 142-149.

张鑫. 2014. 国内秸秆腐熟剂种类及生产应用情况. 科技致富向导, 27: 32.

Blanco-Canqui H, Ferguson R B, Shapiro C A, et al. 2014. Does inorganic nitrogen fertilization improve soil aggregation? Insights from two long-term tillage experiments. Journal of Environmental Quality, 43: 995-1003.

Bronick C J, Lal R. 2005. Soil structure and management: A review. Geoderma, 124(1): 3-22.

Enwall K, Philippot L, Hallin S. 2005. Activity and composition of the denitrifying bacterial community respond differently to long-term fertilization. Applied and Environmental Microbiology, 71(12): 8335-8343.

Guo Z C, Li W, Islam M, et al. 2022. Nitrogen fertilization degrades soil aggregation by increasing ammonium ions and decreasing biological binding agents on a Vertisol after 12 years. Pedosphere, 32(4): 629-636.

Guo Z C, Zhang Z B, Zhou H, et al. 2019. The effect of 34-year continuous fertilization on the SOC physical fractions and its chemical composition in a Vertisol. Scientific Reports, 9(1): 2505.

Haynes R J, Naidu R. 1998. Influence of lime, fertilizer and manure applications on soil organic matter content and soil physical conditions: A review. Nutrient Cycling in Agroecosystems, 51(2): 123-137.

Islam M U, Guo Z C, Jiang F H, et al. 2022. Does straw return increase crop yield in the wheat-maize cropping system in China? A meta-analysis. Field Crops Research, 279: 108447.

Jeske E S, Tian H, Hanford K, et al. 2018. Long-term nitrogen fertilization reduces extraradical biomass of arbuscular mycorrhizae in a maize (*Zea mays* L.) cropping system. Agriculture, Ecosystems & Environment, 255: 111-118.

Liebig M A, Varvel G E, Doran J W, et al. 2002. Crop sequence and nitrogen fertilization effects on soil properties in the western corn belt. Soil Science Society of America Journal, 66: 596-601.

Su Y Z, Wang F, Suo D R, et al. 2006. Long-term effect of fertilizer and manure application on soil-carbon sequestration and soil fertility under the wheat–wheat–maize cropping system in northwest China. Nutrient Cycling in Agroecosystems, 75(1): 285-295.

Zhao X, Liu B Y, Liu S L, et al. 2020. Sustaining crop production in China's cropland by crop residue retention: A meta-analysis. Land Degradation and Development, 31: 694-709.

Zhao Y, Wang M, Hu S, et al. 2018. Economics- and policy-driven organic carbon input enhancement dominates soil organic carbon accumulation in Chinese croplands. Proceedings of the National Academy of Sciences, 115(16): 4045-4050.

第10章 不同结构改良剂对砂姜黑土改良的影响

应用土壤改良剂是改造中低产田的有效途径，它可以促进土壤团粒的形成、改良土壤结构、提高肥力、改善土壤保水保肥性、提高粮食产量。粉煤灰和生物炭是两种常见的改良剂，粉煤灰是燃煤电厂在生产过程中排放出的固体废渣，生物炭则是作物秸秆在缺氧或限氧的情况下热解得到的一种稳定、多孔且高度芳香化的富碳物质（Blanco-Canqui, 2017）。利用秸秆制备的生物炭和粉煤灰原料来源广泛、生产工艺简单、价格相对低廉，有利于改善土壤性质和提高作物生产力（张美芝等，2021）。针对砂姜黑土黏粒含量高（> 30%）、容重大（> 1.3 g/cm³）等问题，国内许多学者开展添加改良剂，如生物炭（Lu et al., 2014；侯晓娜等，2015）、粉煤灰（马新明等，1998；郑学博等，2012；王小纯等，2002；Rahman et al., 2018）和有机物料（宗玉统，2013）等物质对砂姜黑土孔隙结构改良效果的研究，并分析其对作物生长的影响。

10.1 不同改良剂对土壤物理性质的影响

砂姜黑土具有高土壤容重、高土壤强度、高收缩膨胀、高砂姜含量和低渗透性等不良性状，导致难耕难耙（宗玉统，2013）。此外，该区域作物种植多采用浅旋耕技术，导致耕层薄、结构紧实，使作物根系分布变浅（谢迎新等，2015）。砂姜黑土物理质量的恶化不仅影响作物生长，而且严重制约了作物水肥资源的高效利用，成为我国主要集中连片的中低产田之一。因此，针对砂姜黑土的不良性状，运用改良剂来改善砂姜黑土的土壤物理质量，对我国粮食安全具有重要的理论与现实意义。

10.1.1 粉煤灰对土壤物理性质的影响

马新明等（1998）研究了粉煤灰对砂姜黑土的改良效果，试验地位于河南省平舆县，对粉煤灰用量设置了4个水平：不施为对照（CK），施用30 t/hm²、60 t/hm²和90 t/hm²分别代表处理Ⅰ、Ⅱ和Ⅲ。结果表明，与对照相比，施用粉煤灰处理降低了土壤容重，增加了孔隙度（表10-1），处理Ⅰ、Ⅱ和Ⅲ使土壤容重分别降低了3.51%、4.05%和7.40%，使土壤孔隙度分别提高3.36%、3.95%和7.11%。

表 10-1 粉煤灰处理对土壤容重和孔隙度的影响

处理	土壤容重/(g/cm³)	土壤孔隙度/%
CK	1.310	50.6
Ⅰ	1.264	52.3
Ⅱ	1.257	52.6
Ⅲ	1.213	54.2

粉煤灰改良砂姜黑土具有明显的增温作用,特别是 5 cm 和 10 cm 深度土层的增温效果更加明显(表 10-2),土壤温度随着粉煤灰用量的增加而增加,而 15 cm 深度的增温效果不明显。在 5 cm 深度土层,处理Ⅰ、Ⅱ和Ⅲ分别比对照增温 1.05℃、1.55℃和 1.93℃;在 10 cm 深度土层,各处理的增温值依次为 0.7℃、1.29℃和 1.35℃;而在 15 cm 深度土层,各处理土壤温度分别比对照降低 0.8℃、1.33℃和 0.57℃。

表 10-2　粉煤灰处理对土壤温度的影响　　　　　　　　(单位:℃)

处理	5 cm 深度土层	10 cm 深度土层	15 cm 深度土层
CK	34.07	31.50	30.90
Ⅰ	35.12	32.20	30.10
Ⅱ	35.62	32.79	29.57
Ⅲ	36.00	32.85	30.33

施用粉煤灰对 10 cm 和 20 cm 深度土层内土壤含水量有明显的影响。由图 10-1 可知,在一定条件下,向砂姜黑土中添加粉煤灰具有提高土壤保水能力的作用。播种后 15 d,10 cm 深度土层粉煤灰处理[图 10-1(a)]与对照相比,土壤绝对含水量依次增加 23.74%、26.99% 和 36.40%,20 cm 深度土层内各处理[图 10-1(b)]分别增加 6.08%、11.86% 和 17.64%;播种后 45 d(灌水后 3 d),10 cm 深度土层内,处理Ⅰ的土壤含水量与对照基本持平,而处理Ⅱ和处理Ⅲ分别比对照提高 14.15% 和 17.71%,20 cm 深度土层各处理比对照分别增加 3.95%、11.07% 和 11.07%。但是,随着连续的高温干旱,于播种后 56 d 时,10 cm 深度土层表现出失墒现象,而 20 cm 深度土层土壤含水量则表现出相对稳定。

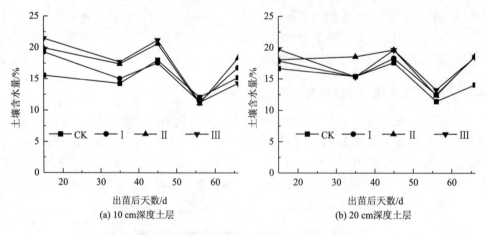

图 10-1　粉煤灰处理对土壤含水量的影响

10.1.2　生物炭对土壤物理性质的影响

生物炭施入土壤能降低土壤容重,其多孔结构有利于保持土壤水分。Oguntunde 等(2008)的研究表明,生物炭疏松多孔,施用生物炭的土壤容重降低 9%,总孔隙度从 45.7%

增加到 50.6%，土壤饱和导水率从 6.1 cm/h 增加到 11.4 cm/h。生物炭的施用显著增加了土壤水分含量，可能原因在于生物炭的多孔结构增加了土壤孔隙，滞留了土壤水分，从而提高土壤涵养水源的能力。生物炭对砂姜黑土团聚体形成稳定性的影响结果不一致。Rahman 等（2018）研究表明，施用 1%玉米秸秆生物炭对团聚体形成没有影响；侯晓娜（2015）也认为，单施 5%的花生壳生物炭没有影响团聚体稳定性；而 Lu 等（2014）发现，当水稻壳生物炭施用量在 4%以上时砂姜黑土团聚体稳定性显著增强，内聚力和剪切力显著减小，削弱了其收缩膨胀能力。

Rahman 等（2018）研究了干湿交替条件下玉米秸秆生物炭对砂姜黑土团聚体形成的影响（图 10-2），发现单施生物炭并没有提高团聚体稳定性（MWD）（$P > 0.05$），但干湿交替配合添加生物炭显著促进了团聚体的形成（$P < 0.05$）。

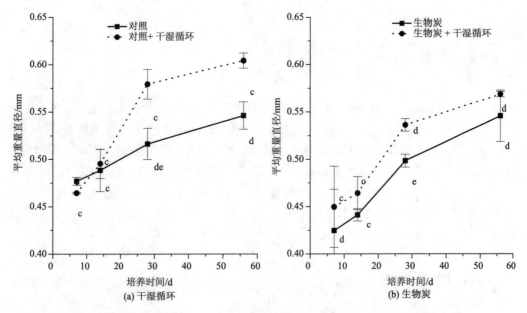

图 10-2　干湿循环和生物炭添加下平均重量直径在培养第 7、14、28 和 56 天时的变化

图中竖线表示三个重复的标准偏差；不同字母表示采样日 6 个处理间在 $P < 0.05$ 水平上差异显著

10.1.3　秸秆灰/渣对土壤物理性质的影响

直剪试验的土壤抗剪强度变化如图 10-3 所示，秸秆灰添加后土壤抗剪强度逐渐增大，与对照相比，随着秸秆灰添加量的增加，土壤抗剪强度分别增大 4.25%、12.55%和 15.44%。添加秸秆渣表现出不同的结果，1%的秸秆渣处理下，抗剪强度减小 8.32%；3%的秸秆渣添加量对土壤抗剪强度影响不大，仅增加了 0.28%；而在 5%的秸秆渣处理下，土壤抗剪强度减小 2.08%。秸秆渣疏松多孔，与土壤结合后仍具有较多的孔隙，在剪切过程中黏聚力减小。此外，秸秆渣属于颗粒形材料，具有一定的磨圆度，当受到剪切作用力时，颗粒间的滑动摩擦变为滚动摩擦，摩擦力也减小。当秸秆灰/渣含量增加后，由于灰渣质量轻、表面积大，颗粒间的大孔隙都被占据，黏聚力增大，导致抗剪强度最终

表现出增加的趋势。

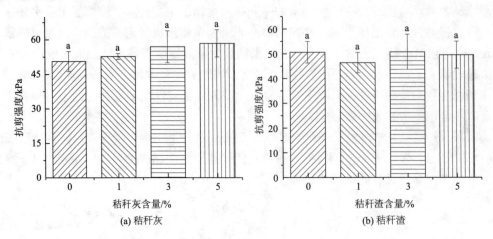

(a) 秸秆灰　　　　　　　　　　　(b) 秸秆渣

图 10-3　秸秆灰/渣对砂姜黑土抗剪强度的影响

相同小写字母表示不同处理间差异不显著($P > 0.05$)

　　图 10-4 是不同改良剂种类和添加比例的土壤压实曲线。压实曲线的陡缓变化反映了土壤被压实的性能强弱,不同改良剂种类在不同添加比例条件下的压实曲线变化各异。添加秸秆灰/渣后土壤初始孔隙比均增大,随着荷载的施加,孔隙比逐渐减小。除 1%的秸秆灰/渣处理,各曲线表现为 5%添加比 3%添加孔隙比大的特点,即 5%添加下土壤压实曲线变化更加平缓,表明增加秸秆灰/渣含量可以减缓土壤被压实的速度。与对照相比,1%含量的秸秆灰/渣添加量的土壤孔隙比最小,且随着施加压力的增大,孔隙比下降速度越快。

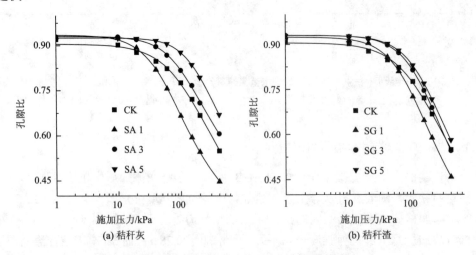

(a) 秸秆灰　　　　　　　　　　　(b) 秸秆渣

图 10-4　秸秆灰/渣对砂姜黑土压实曲线的影响

SA 和 SG 分别代表秸秆灰和秸秆渣;1、3 和 5 分别代表 1%、3%和 5%的含量

　　通过单轴压实试验获取不同处理的抗压强度,如图 10-5 所示。添加秸秆灰/渣处理对砂姜黑土抗压强度影响显著($P < 0.05$),且两种改良剂在不同添加量下均表现出相似的

变化趋势。添加 1%的秸秆灰/渣后抗压强度分别降低了 62.65%、63.24%；添加 3%的秸秆灰/渣后，砂姜黑土抗压强度分别提高了 12.24%、6.21%；添加 5%的秸秆灰/渣显著增大了抗压强度，增幅分别为 16.21%、17.65%。这些结果表明，少量秸秆灰/渣的添加能够降低土壤抗压强度，有利于根系打破土壤硬度限制，从而充分吸收养分与水分。而较高添加量的秸秆灰/渣会增强土壤抗压强度，降低根系的生长速率与伸长范围。

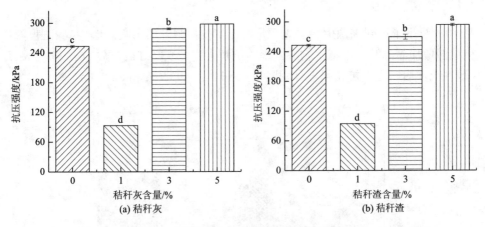

图 10-5　秸秆灰/渣对砂姜黑土抗压强度的影响

不同小写字母表示不同处理间差异显著($P < 0.05$)

10.1.4　不同来源生物炭对土壤物理性质的影响

宗玉统(2013)利用三种不同来源的生物炭，分别为秸秆生物炭(straw biochar, SB)、杂木生物炭(wood chips biochar, WCB)和污泥生物炭(wastewater sludge biochar, WSB)制备了商业化有机物料，研究了有机物料对砂姜黑土胀缩特性和抗拉强度的影响。有机物料对所研究的砂姜黑土的液限、塑限和塑性指数的影响见表 10-3。原始土壤的塑性指数为 17.6%，这使得它成为一种高度可塑性的土壤。不同有机物料添加量对土壤结持性的影响存在差异：当添加 2% SB 时，塑限和液限均较低。与对照相比，添加 WCB 显著降低了土壤液限($P < 0.05$)，但增加了塑限。WSB 也能显著降低液限，但对塑限和塑性指数的影响不显著。有机碳与土壤矿物的相互作用改变了土壤的黏结强度和表面张力，最终影响了塑限和液限值。

表 10-3　有机物料添加对砂姜黑土结持性的影响

处理	液限/%	塑限/%	塑性指数/%
CK	43.1±2.0a	25.5±0.2 a	17.6±2.1 a
2% SB	40.3±1.1 b	22.6±0.9 b	17.7±1.8 a
4% SB	42.9±1.7 ab	24.1±2.0 ab	18.8±3.1 a
6% SB	43.4±2.0 a	24.9±1.1 a	18.5±2.6 a
2% WCB	39.4±0.5 b	31.2±0.9 a	8.2±0.4 a
4% WCB	40.1±0.3 b	31.9±2.2 a	8.2±2.4 a
6% WCB	41.0±0.9 b	30.5±3.4 a	10.6±4.1 a

续表

处理	液限/%	塑限/%	塑性指数/%
2% WSB	38.9±0.7 b	25.7±0.4 a	13.3±1.1 a
4% WSB	40.3±1.0 b	24.3±0.9 c	16.0±1.9 b
6% WSB	40.8±1.4 b	24.7±0.7b c	16.1±0.7 ab

注：不同小写字母表示不同处理间差异显著（$P < 0.05$）。

　　图 10-6 显示了不同来源生物炭施用量对土壤抗拉强度的影响。土壤抗拉强度随生物炭施用量的增加而降低。不施生物炭处理的抗拉强度为 937 kPa。添加 6% SB、WCB 和 WCB 改性土壤后，土壤抗拉强度分别降至 458 kPa、495 kPa 和 659 kPa。

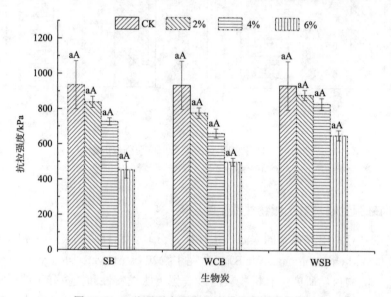

图 10-6　三种不同来源生物炭对抗拉强度的影响

垂直误差条表示标准差；不同小写字母表示同一生物炭处理下不同添加量之间的差异（$P < 0.05$），不同大写字母表示同一添加量下不同生物炭处理下的差异（$P < 0.05$）

10.2　不同改良剂对土壤养分状况的影响

　　砂姜黑土养分状况的主要特点是有机质含量不足，一般只有 10～15 g/kg（薛豫宛等，2013），黑土层仅 10 g/kg 左右，往下层逐渐减少。此外，砂姜黑土严重缺磷少氮（高学振等，2016）。因此，合理添加改良剂可以改善砂姜黑土不良养分性状，提高土壤肥力及生产力水平。

10.2.1　粉煤灰对土壤养分状况的影响

　　郑学博等（2012）设置对照（CK）、常规施肥（CG）、推荐施肥（TG）和推荐施肥+粉煤灰（FTJ）4 个处理，研究了不同施肥措施对氮素累积量与氮肥利用率的影响。由表 10-4

可知，各施肥处理冬小麦季、夏玉米季及周年内作物地上部分氮素累积量的变幅分别为 145.3～180.0 kg/hm²、150.1～159.4 kg/hm² 和 298.8～339.4 kg/hm²，大小顺序为 FTJ＞TG ＞CG、FTJ＞CG＞TG 和 FTJ＞TG＞CG，其中冬小麦季 FTJ 处理较 CG 处理增加 23.9%，两者间差异显著；周年内 FTJ 处理显著高于 CG 处理，较 CG 处理提高 13.6%。就氮肥利用效率而言，冬小麦季和夏玉米季 FTJ 处理的氮肥利用效率显著高于 CG 处理，分别为 42.1%、32%。可见，FTJ 处理明显提高了冬小麦和夏玉米植株对氮肥的吸收。

表 10-4 不同施肥处理冬小麦–夏玉米氮素累积量与氮肥利用率

处理	氮素累积量/(kg/hm²)			氮肥利用效率/%	
	冬小麦	夏玉米	周年	冬小麦	夏玉米
CK	89.5 c	73.1 b	162.6 c	—	
CG	145.3 b	153.5 a	298.8 b	29.7 b	23.8 b
TG	167.3 a	150.1 a	317.3 ab	36.4 ab	28.5 ab
FTJ	180.0 a	159.4 a	339.4 a	42.1 a	32 a

注：不同小写字母表示不同处理间差异显著（$P<0.05$）。

王小纯等（2002）对砂姜黑土施入粉煤灰后的安全性问题进行了研究，结果表明：随粉煤灰用量的增加，土壤中 Cd 含量从 0.024 mg/kg 下降至 0.014 mg/kg（表 10-5）。随用灰量的增加，砂姜黑土中 Cr 的含量略有增加。粉煤灰具有降低砂姜黑土中 Pb 含量的作用，随用灰量的增加，土壤中 Pb 含量由 1.872 mg/kg 降至 1.353 mg/kg。在砂姜黑土中掺入粉煤灰后，有提高土壤中 Hg 含量的趋势，但降低了土壤中 As 的含量。

表 10-5 粉煤灰施入砂姜黑土对麦田重金属的影响 （单位：mg/kg）

处理	Cd	Cr	Pb	Hg	As
CK	0.024	0.880	1.872	2.44	0.127
T1	0.022	0.857	1.851	4.85	0.046
T2	0.016	0.996	1.708	4.68	0.089
T3	0.014	0.965	1.353	3.25	0.066

注：处理 CK、T1、T2 和 T3 分别代表不施粉煤灰（对照）及施用粉煤灰量 120 t/hm²、240 t/hm² 和 360 t/hm²。

10.2.2 生物炭对土壤养分状况的影响

生物炭本身 pH 高，呈碱性，施入土壤可缓解土壤酸性。Glaser 等（1998）的研究表明，生物炭含有丰富的 K、Ca、Mg 等盐基离子，施入土壤后进入土壤溶液，提高了土壤 pH。生物炭进入土壤中其表面可能会被氧化，形成羧基、酚基、醌基，提高了土壤阳离子交换量。Atkinson 等（2010）认为，阳离子交换量的增加是有机质表面阳离子单位面积上交换量的增加，相当于更大程度的氧化，或者增加表面阳离子的吸附，或二者的结合。与其他土壤有机质相比，生物炭对阳离子的单位吸附能力更强。王文军等（2021）研究了小麦种植过程中施用生物炭下化肥减施的潜力，结果（表 10-6）表明，2018～2020 年，与对照处理相比，单施化肥、化肥与生物炭配施处理显著提高了吸氮量（$P < 0.05$），单施生物炭处理对氮素养分吸收无显著影响（$P < 0.05$）。

表 10-6   配施生物炭对氮素养分吸收的影响　　　　　　（单位：kg/hm²）

处理	2018 年	2019 年	2020 年
对照（CK）	105.1 b	119.1 b	44.0 c
生物炭（B）	115.9 b	129.2 b	70.0 b
化肥（NPK）	171.4 a	230.2 a	154.9 a
化肥+生物炭（NPKB）	171.5 a	229.0 a	151.5 a

注：不同小写字母代表不同施肥处理之间差异显著（$P < 0.05$），下同。

与对照处理相比，生物炭对微生物生物量碳（MBC）没有产生显著影响（图 10-7）。MBC 在土壤水分恒定的处理中呈现下降趋势。与对照处理相比，添加生物炭增加了 MBC 随时间的变化，总体上随着时间的延长，MBC 呈现出逐渐下降的趋势。干湿循环在前两周显著增加了 MBC（$P < 0.05$），但在培养 4 周后显著降低了 MBC（$P < 0.001$），且在第 3 周后 MBC 趋于稳定。

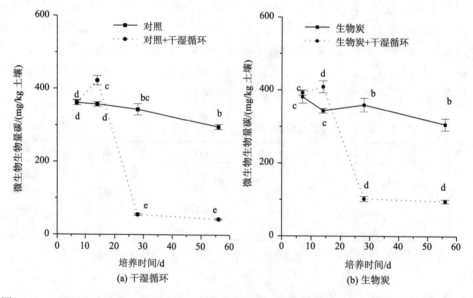

图 10-7　干湿循环和生物炭添加影响下微生物生物量碳在培养第 7、14、28 和 56 天时的变化

不同字母表示采样日 6 个处理间在 $P < 0.05$ 水平上差异显著

10.2.3　不同有机物料对土壤养分性质的影响

砂姜黑土小麦季全氮含量在 1.0～1.3 g/kg［图 10-8（a）］，玉米季全氮含量在 1.3～1.7 g/kg［图 10-8（b）］，玉米季全氮含量显著高于小麦季。小麦季、玉米季土壤全氮含量变化趋势均表现为：添加生物炭处理（C、CS、CM 及 CSM）土壤全氮含量均高于对照，其中玉米季 CS、CM 和 CSM 处理达到显著水平（$P < 0.05$）；而不添加生物炭处理（M、S 及

SM)与对照无显著差异，其中单施有机肥处理(M)全氮含量最低，小麦季和玉米季全氮含量分别为 1.0 g/kg 和 1.3 g/kg。总之，添加生物炭可有效提高砂姜黑土全氮含量，其中玉米季更加显著；而单施有机肥处理对提高土壤含氮含量无明显作用。

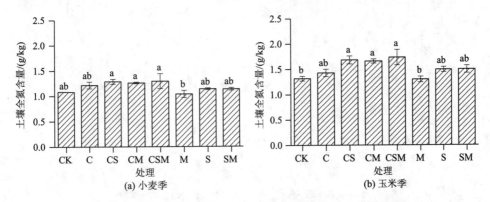

图 10-8　小麦和玉米收获后不同处理下砂姜黑土全氮含量的变化

CK 为对照，不施有机物料；S 为秸秆；M 为有机肥；SM 为秸秆+有机肥；C 为生物炭；CS 为生物炭+秸秆；CM 为生物炭+有机肥；CSM 为生物炭+有机肥+秸秆；不同小写字母代表不同处理之间差异显著(P<0.05)，下同

从图 10-9(a)可以看出，砂姜黑土小麦季土壤全磷含量为 0.91～1.20 g/kg。与对照(CK)相比，各处理小麦季土壤全磷含量有所提高，其中单施生物炭处理(C)土壤全磷含量显著提高，比 CK 增加了 30.77%。由图 10-9(b)可以看出，玉米季全磷含量在 2.11～2.83 g/kg，与 CK 相比，C 和 CS 处理的全磷含量显著增加，从 CK 的 2.64 g/kg 分别增加到 2.83 g/kg 和 2.80 g/kg，而其他处理土壤全磷含量与 CK 的差异未达显著水平。

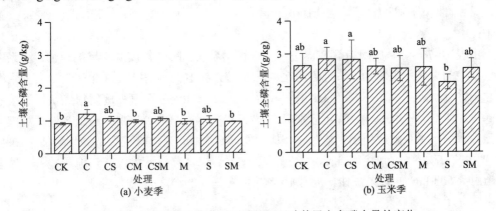

图 10-9　小麦和玉米收获后不同处理下砂姜黑土全磷含量的变化

从图 10-10 可以看出，无论是小麦季还是玉米季，土壤全钾含量在各处理间均未表现出显著性差异。但玉米季各处理土壤全钾含量比小麦季高，小麦季全钾含量在 15.47～16.27 g/kg，玉米季全钾含量在 17.93～18.54 g/kg。这与全氮测定结果相同，即随着种植时间的延长，土壤养分积累量越大。

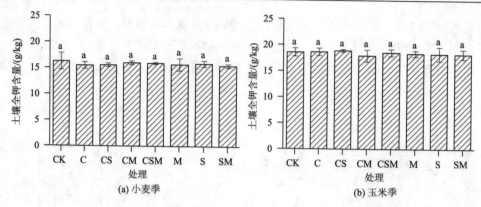

图 10-10　小麦和玉米收获后不同处理下砂姜黑土全钾含量的变化

10.3　不同改良剂对作物生长的影响

砂姜黑土是我国主要的土壤类型之一，由于其结构性差、养分匮乏等障碍因子的存在，严重制约了作物的正常生长，导致土壤生产率低下(赵占辉等，2015)。本节通过施加不同种类及不同剂量的改良剂，研究各处理对作物生物量和产量性状的影响，以期为砂姜黑土农田地力提升及区域增产增收提供理论依据。

10.3.1　粉煤灰对作物生长的影响

马新明等(1998)研究了粉煤灰对砂姜黑土作物生长的影响，粉煤灰用量设置了 4 个水平：不施为对照(CK)，施用 30 t/hm²、60 t/hm² 和 90 t/hm² 分别代表处理 I、II 和 III。

由表 10-7 可知，施用粉煤灰促进了玉米根系生长，随着粉煤灰用量的增加，根系在各层次中的总干重也增加。与对照相比，处理 I、II 和 III 在 0～20 cm 深度土层内玉米根系总干重分别提高了 16.8%、33.4% 和 36.8%；在 20～40 cm 深度，施用粉煤灰促进根系生长更加明显，处理 I、II 和 III 分别提高了 13.9%、43.5% 和 95.5%。粉煤灰处理对玉米产量性状均产生正效应作用。与对照相比，处理 I、II 和 III 单株穗粒数分别增加 16.3%、27.5% 和 27.7%，分别增产 5.1%、16.2% 和 16.1%。综合分析认为，在当地条件下，处理 II 施用量 60 t/hm² 的效果最佳，处理 III 次之，处理 I 的增产效果不明显。

表 10-7　粉煤灰处理对玉米根系和产量性状的影响

处理	0～20 cm 根系/g	20～40 cm 根系/g	单株穗粒数/个	穗粒重/g	产量/(t/hm²)
CK	0.935	0.375	327.4	86.3	4.249
I	1.092	0.427	380.7	90.7	4.467
II	1.247	0.538	417.3	100.4	4.939
III	1.279	0.733	418.0	100.3	4.935

10.3.2　生物炭对作物生长的影响

针对生物炭提高土壤肥力、增加作物产量的原因、途径和方式，不同的研究结论不同。Sohi 等(2009)认为，生物炭能长期维持土壤中的氮、磷、钾，对作物生长具有促进作用，并且生物炭中不稳定化合物及 C/N 高的成分通过一定的方式将植物可利用的氮固定起来以及生物炭庞大的表面积能增加土壤含水量和阳离子交换量。Zhu 等(2014)的研究表明，在不同高度风化的红壤上，生物炭与化肥配施能促进玉米生长，主要原因是生物炭提高了 pH，降低了铝毒和提高了有效磷含量，有利于作物生长。Steiner 等(2008)经田间试验也表明，生物炭能作为吸附剂减少氮的渗漏，并提高氮利用率。生物炭对 NH_4^+、NO_3^- 也有相当强的吸附特性，可有效降低农田土壤氨的挥发，显著减少土壤养分淋失，提高作物产量。另外，生物炭本身含大量的 N、P、K、Ca、Mg 等可利用养分，进入土壤后可显著增加土壤总氮、有机碳及可提取态 P、K、Mg、Ca，提高土壤肥力。综上所述，生物炭对恢复土壤肥力，提高土壤生产力有积极作用。但是，生物炭应用于砂姜黑土的研究主要集中在改善土壤结构，而对作物生长的影响研究较少。高学振等(2016)利用盆栽实验，在砂姜黑土上施用小麦/玉米秸秆与花生壳混合制成的生物炭，发现生物炭对玉米和小麦生长无显著影响(图 10-11)。

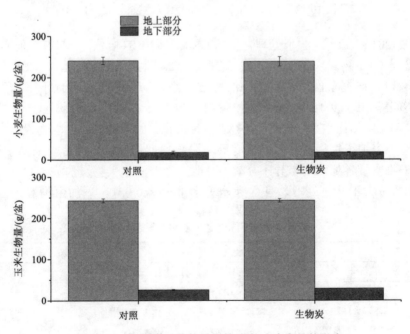

图 10-11　生物炭对砂姜黑土的玉米/小麦生长的影响

10.3.3　不同有机物料对作物生长的影响

利用 5 种不同的土壤改良剂——微生物菌剂 2 种(MA1、MA2)、生物炭(BC)、粉煤灰(FMH)、贝壳粉(BKF)，每种改良剂分设 3 个梯度来探究它们对玉米早期生长状况的影响。由图 10-12 可知，与对照相比，中量微生物菌剂、生物炭、粉煤灰和贝壳粉对总生物量没有显著影响($P < 0.05$)，高、低量粉煤灰添加一定程度能够增加玉米生物量，而不同添加量的微生物菌剂和贝壳粉均会减小玉米总生物量。

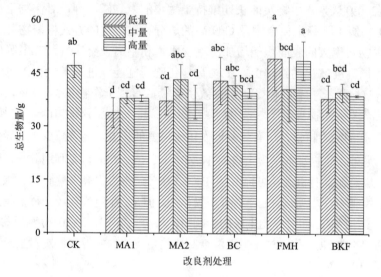

图 10-12　不同添加剂处理对玉米总生物量的影响

高学振(2015)设计了 8 个处理，包括 CK(对照)、S(秸秆)、M(有机肥)、SM(秸秆+有机肥)、C(生物炭)、CS(生物炭+秸秆)、CM(生物炭+有机肥)、CSM(生物炭+有机肥+秸秆)，研究它们对作物生长的影响。小麦和玉米地上及地下干物质量列于表 10-8。砂姜黑土小麦地上生物量在 238.38～266.22 g/盆，其中处理 CSM 的小麦生物量最大。与 CK 相比，CM、CS、CSM 处理下显著增加了小麦地上生物量($P < 0.05$)。不同处理对小麦地下生物量的影响没有显著差异。就增产效果而言，玉米小于小麦，玉米地上干物质量各处理间差异不显著，而地下部分添加生物炭的处理(C、CS、CM、CSM)干物质量大于其他处理，且达到显著水平($P < 0.05$)。添加生物炭的四个处理

表 10-8　砂姜黑土冬小麦和夏玉米生物量　　　　　　　　(单位：g/盆)

处理	小麦		玉米	
	地上	地下	地上	地下
CK	240.51±9.03 a	17.43±3.14 a	242.77±4.84 a	25.93±0.90 a
C	238.38±11.29 a	17.61±0.88 a	242.86±4.06 a	29.09±0.26 b
CS	265.03±6.53 b	17.36±1.76 a	243.47±1.41 a	28.57±0.35 b
CM	260.46±7.83 b	17.00±0.30 a	245.08±4.11 a	28.85±0.69 b
CSM	266.22±4.68 b	17.67±3.33 a	241.44±3.39 a	28.94±0.89 b
M	245.20±1.76 a	17.18±1.72 a	238.23±2.76 a	25.89±0.36 a
S	244.58±5.64 a	17.36±2.60 a	238.41±0.90 a	25.13±0.41 a
SM	244.77±9.95 a	17.45±2.23 a	240.85±1.37 a	26.72±0.17 a

（C、CS、CM、CSM）玉米地下生物量显著高于 CK 处理的地下部分，可能由于生物炭能显著减小硬质土壤的抗拉阻力，减小根系生长的机械阻抗，从而有利于根系生长。作物成熟之后，根系易断，且小麦根较细，因此收获时损失较大，结果差异不明显；玉米根相对较粗，损失较少，差异更显著。

C、S 和 M 处理玉米产量范围为 281.94～420.37 g/盆，比 CK 处理提高 36%～103%，CS 和 CSM 处理能显著提高玉米产量（图 10-13）。总体上，3 种有机物料都能明显提高玉米年产量，且均达显著水平。生物炭配合秸秆、有机肥混合施入增产幅度最大，效果最为明显。单一秸秆还田、施用有机肥能提升作物产量，而在此基础上配合施入生物炭能大幅提高产量，其原因在于生物炭主要影响土壤 pH，促进作物对养分的吸收，达到增产效果；秸秆、有机肥则以自身矿化释放碳、氮，同时改善土壤透气、保水、保肥能力，最终达到增产效果。

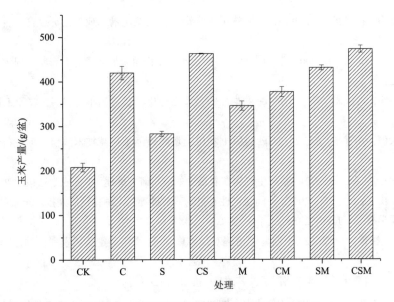

图 10-13　不同有机物料处理对玉米产量的影响

10.4　小　　结

在土壤的物理性质方面，粉煤灰具有降低土壤容重、增加土壤孔隙度、提高土壤温度和保持土壤水分的作用；生物炭添加对促进团聚体形成无显著作用；有机物料改性后土壤的机械强度降低，使粉碎成细块所需的能量减少；秸秆渣能够在一定范围内降低土壤抗剪强度，少量 1%的秸秆灰/渣添加对抗压强度有减小作用。

在土壤肥力方面，施用粉煤灰能够提高冬小麦-夏玉米氮素累积量和氮肥利用率。配施生物炭可以有效地增加土壤全氮、全磷和速效钾含量，减少氮磷钾肥的使用量，保障小麦增产稳产。

在作物产量方面，生物炭对提高土壤生产力有积极作用，但对玉米和小麦作物生长影响不大。单施不同稳定性外源碳(生物炭、有机肥、秸秆)能在一定程度上提高作物产量，三种外源碳配施对玉米产量的提高较为显著。

参 考 文 献

高学振. 2015. 生物炭、秸秆和有机肥对砂姜黑土和砂质潮土改良效果的对比研究. 南京: 中国科学院南京土壤研究所.

高学振, 张丛志, 张佳宝, 等. 2016. 生物炭、秸秆和有机肥对砂姜黑土改性效果的对比研究. 土壤, 48: 468-474.

侯晓娜, 李慧, 朱刘兵, 等. 2015. 生物炭与秸秆添加对砂姜黑土团聚体组成和有机碳分布的影响. 中国农业科学, 48: 705-712.

马新明, 高尔明, 杨青华, 等. 1998. 粉煤灰改良砂姜黑土与玉米生长关系的研究. 河南农业大学学报, 4: 2-6.

王文军, 王道中, 花可可, 等. 2021. 小麦施用生物炭下化肥减施潜力研究. 安徽农业科学, 49(20): 185-188.

王小纯, 马新明, 郑谨, 等. 2002. 粉煤灰施入砂姜黑土对麦田重金属元素分布影响的研究. 土壤通报, 21: 226-229.

谢迎新, 靳海洋, 孟庆阳, 等. 2015. 深耕改善砂姜黑土理化性状提高小麦产量. 农业工程学报, 31: 167-173.

薛豫宛, 李太魁, 张玉亭, 等. 2013. 砂姜黑土农田土壤障碍因子消减技术浅析. 河南农业科学, 42: 66-69.

张美芝, 耿煜函, 张薇, 等. 2021. 秸秆生物炭在农田中的应用研究综述. 中国农学通报, 37: 59-65.

赵占辉, 张丛志, 蔡太义, 等. 2015. 不同稳定性有机物料对砂姜黑土理化性质及玉米产量的影响. 中国生态农业学报, 23: 1228-1235.

郑学博, 周静, 崔键, 等. 2012. 不同施肥措施对沿淮区麦-玉周年产量及氮素利用的影响. 土壤, 44: 402-407.

宗玉统. 2013. 砂姜黑土的物理障碍因子及其改良. 杭州: 浙江大学.

Atkinson C J, Fitzgerald J D, Hipps N A. 2010. Potential mechanisms for achieving agricultural benefits form biochar application to temperate soil: A review. Plant and Soil, 337(1-2): 1-18.

Blanco-Canqui H. 2017. Biochar and soil physical properties. Soil Science Society of America Journal, 81: 687-711.

Glaser B, Haumaier L, Guggenberger G, et al. 1998. Black carbon in soils: The use of benzenecarboxylic acids as specific markers. Organic Geochemistry, 29(4): 811- 819.

Lu S G, Sun F F, Zong Y T, et al. 2014. Effect of rice husk biochar and coal fly ash on some physical properties of expansive clayey soil (Vertisol). CATENA, 114: 37-44.

Oguntunde P G, Abiodun B J, Ajayi A E, et al. 2008. Effects of charcoal production on soil physical properties in Ghana. Journal of Plant Nutrient and Soil Science, 171(4): 591-596.

Rahman M T, Guo Z C, Zhang Z B, et al. 2018. Wetting and drying cycles improving aggregation and associated C stabilization differently after straw or biochar incorporated into a Vertisol. Soil & Tillage Research, 175: 28-36.

Sohi S, Lopez-Capel E, Krull E, et al. 2009. Biochar, climate change and soil: A review to guide future research. CSIRO Land and Water Science Report series ISSN, 5(9): 17-31.

Steiner C, Glaser B, Teixeira W G, et al. 2008. Nitrogen retention and plant uptake on a highly weathered central Amazonian Ferraisol amended with compost and charcoal. Soil Science and Plant Nutrition, 171(6): 893- 899.

Zhu Q H, Peng X, Xie Z B, et al. 2014. Biochar effects on maize growth and nitrogen use efficiency in acidic red soils. Pedosphere, 24(6): 699-708.

第 11 章　砂姜黑土物理质量的评价及应用

作物生长受土壤强度、土壤水分和土壤通气性等土壤物理性质影响显著，比如土壤含水量过高导致通气性下降，氧气缺乏，或者土壤含水量过低导致土壤强度过高和水分供应缺乏，这些土壤物理状况会单独地或交互联合影响作物生长。如何综合评价适宜作物生长的土壤物理状况一直是土壤物理学者研究的重点。目前，国际上广泛应用 S 指数（Dexter，2004a）和最小限制水分范围（least limit water range，LLWR；da Silva et al.，1994）等简单的土壤物理参数来综合表达这些土壤物理性质，但这些土壤物理质量指标的区域适用性及阈值范围尚不清楚（Fenton et al.，2017；Benjamin et al.，2003；Lapen et al.，2004）。

砂姜黑土主要结构障碍问题是土壤干时僵硬，湿时泥泞，易旱易涝。目前综合评价我国土壤物理质量与作物生长的研究鲜有报道。本章将系统评价耕作和有机培肥等改良措施对砂姜黑土土壤物理质量的影响，并分析土壤物理质量与作物生长之间的关系，以期为砂姜黑土地区结构改良和丰产增效提供理论指导。

11.1　土壤物理质量评价参数

11.1.1　土壤 S 指数

为了综合表达土壤物理性质，Dexter（2004a）提出了一个简单的土壤物理质量指标——S 指数（S index），目前得到国际上广泛的认可。S 指数是土壤质量含水量（θ_g，g/g）与土壤水吸力自然对数转换值（ln h）拟合得到的土壤水分特征曲线拐点处的斜率（图 11-1），反映土壤质地衍生的孔隙与土壤结构性孔隙之间的转换关系，与土壤容重、有机质、养分含量、非饱和导水率、有效水分库容、适耕性等理化性质及根系生长之间均具有良好的相关性（Dexter，2004a，2004b，2004c；Dexter and Czyż，2007；Keller et al.，2007）。较大的 S 值通常与较优的土壤结构相联系，并具有一系列划分土壤物理质量的参考阈值：$S > 0.05$，土壤质量非常好；$0.035 < S < 0.05$，土壤质量较好；$0.02 < S < 0.035$，土壤质量较差；$S < 0.02$，土壤质量非常差。对于大多数土壤而言，$S > 0.035$ 具有广泛的应用与评价意义（Dexter and Czyz，2007）。但是一些研究也指出，$S > 0.035$ 不能有效反映土壤物理质量状况。Fenton 等（2017）认为，S 指数不适宜评价有机碳含量> 6%或者容重 < 1.0 g/cm^3 的土壤。Reynolds 等（2009）的研究发现，在砂质土中 S 指数虽大于 0.035，但各物理性质指标并未达到适宜作物生长的范围。Andrade 和 Stone（2008）以及 de Jong van Lier 和 Wendroth（2016）也有相似的发现，并提出适宜作物生长的土壤 S 指数应高于 0.035。S 值的评价标准通过土壤传递函数（pedotransfer function）方法，经各适宜作物生长的土壤物理性质推算得到（Dexter and Czyz，2007）。Pulido-Moncada 等（2015）发现，根据不同的土壤物理指标推算得到的适宜作物生长的 S 值有所不同，范围为 0.030～0.047，并提

出对于不同土壤类型，应重新建立评价土壤物理质量的 S 指数值。

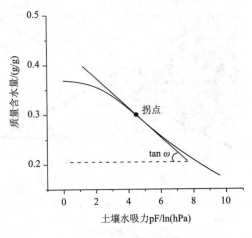

图 11-1　土壤 S 指数

$\tan \omega$ 表示拐点斜线的斜率，即 S 值

此外，很多学者发现，S 指数在数值上与水分特征曲线参数 θ_s、α 及多种物理性质间具有极显著的相关关系(Shekofteh and Masoudi，2019；Xu et al.，2017)。在进行土壤物理质量评价时，S 指数较土壤容重未表现出明显优势(de Jong van Lier and Wendroth，2016)。这就使学者们考虑是否有测定水分特征曲线的必要。Xu 等(2017)分析发现，通过有机碳、容重、全氮及速效氮含量能够有效预测土壤 S 指数，决定系数(R^2)达到 0.807。相似地，Shekofteh 和 Masoudi(2019)报道，容重是影响 S 指数变化的最主要土壤因子，容重较 S 指数更能够反映土壤物理质量的空间变化。因此，对于特定的土壤生态系统，寻求一种更便捷而稳定的土壤物理质量参数对区域内土壤物理质量进行监测具有重要意义。

11.1.2　土壤最小限制水分范围(LLWR)

da Silva 等(1994)综合考虑不同土壤容重条件下土壤强度、土壤通气性、土壤有效水分等作物生长限制因素，提出了最小限制水分范围(least limting water range, LLWR)的概念。LLWR 被定义为受基质势、10%通气孔隙度和 2 MPa 机械阻力制约的植物生长的水分最小限定范围(图 11-2)。LLWR 越大，表明作物在该土壤中抵御水分胁迫、通气胁迫和机械阻力的能力越强。LLWR 边际限制条件通过土壤水分、容重与土壤吸力(Ross et al.，1991)以及与土壤抗穿透阻力的土壤传递方程确定(Busscher，1990)。若考虑其他因素，如土壤有机碳含量(SOC)、黏粒含量等的影响，传递函数可采用多元回归方程(da Silva and Kay，1997；Ruan et al.，2022)。

LLWR 作为评价土壤物理质量的重要表征参数，目前在不同的农业管理系统中得到了应用(陈学文，2012；Benjamin and Karlen，2014；Safadoust et al.，2014)。很多学者研究发现，不同农业管理措施通过影响土壤容重、土壤有机碳含量及黏粒含量间接地对 LLWR 产生影响，而与土壤阳离子交换量(CEC)、$CaCO_3$ 含量等土壤性质无明显关系(da Silva and Kay，1997；Safadoust et al.，2014)。根据 LLWR 的限制条件，不同土壤类型

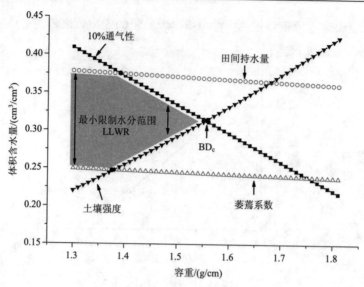

图 11-2　土壤最小限制水分范围(LLWR)

BD$_c$ 表示作物可利用水分为零时的土壤容量

中作物受到的土壤物理胁迫因子也不尽相同(表 11-1)。在粗质地土壤中,田间持水量通常为限制作物水分利用的上限,作物生长几乎不会受到土壤通气性的影响,或造成通气胁迫的容重值普遍高于 1.55 g/cm^3。当容重(BD$_c$)超过 1.65 g/cm^3,甚至超过 1.80 g/cm^{3}时,作物可利用的水分范围才降低至零。这说明,在孔隙较大的粗质地土壤中,提高土壤持水能力是保证农业生产力的关键。在中质地土壤中,当容重增大到某一程度时,土壤通气性和土壤强度均会对作物产生胁迫。Benjamin 和 Karlen(2014)发现,SOC 的提升通常促进土粒团聚,提高大孔隙含量,使得低容重下土壤 LLWR 增大;但同时团聚体的内聚力增强,随容重的增加 LLWR 迅速减小,使 LLWR 的关键容重值(LLWR=0 时)变小,我们也总结发现了相似的规律。而在细质地土壤中,土壤颗粒间紧密排列、内聚力增强,无论是通气胁迫容重值、土壤强度胁迫容重值还是关键容重值(BD$_c$)均较小,作物受到土壤通气及强度的严重胁迫。当黏粒含量超过 80%时,BD$_c$ 小于 1.3 g/cm^3。因此,对于细质地的黏性土壤而言,如何营造良好的土壤孔隙结构对农业生产更有意义。

此外,土壤性质通常具有动态变化的特点,作物不同生长阶段可能对土壤物理性质要求不一样(Reynolds et al.,2002)。Benjamin 等(2003)报道,玉米生长与某一时期土壤的 LLWR 没有关系,而与生育期内土壤含水量处于 LLWR 内的时间成正比。Ferreira 等(2017)和 de Oliveira 等(2019)在对马铃薯、花生、高粱等作物的研究中也发现了相似的规律。Lapen 等(2004)通过监测土壤水分和氧气动态变化发现,玉米产量受到土壤累积有效通气含量的制约。此外,在不同地区,LLWR 与作物生长之间的关系也存在不一致的结论:半干旱气候条件或具有严重水分胁迫地区,作物关键生育期内 LLWR 能够有效反映作物长势(Guedes Filho et al.,2013);但是在气候湿润区(>1850 mm/a),则无法有效反映作物生长状况(Cecagno et al.,2016)。

表 11-1　不同质地土壤中 LLWR 容重限制值

质地分类	土壤质地			PR 阈值/MPa	SOC /(g/kg)	BD$_{fa}$ /(g/cm³)	BD$_{wp}$ /(g/cm³)	BD$_c$ /(g/cm³)	数据来源
USDA	砂粒/%	粉粒/%	黏粒/%						
粗质地	93.8	3.9	2.3	2	7.9	NS/FC	1.30	1.65	Ferreira et al.，2017
	78	16	6	2	22	NS/FC	1.44	1.78	da Silva et al.，1994
	71.3	10.7	18	2	0.51	1.65	1.42	1.80	Safadoust et al.，2014
	69.3	12.7	18	2	0.86	1.65	1.60	1.90	Safadoust et al.，2014
	69~73	9.7~11.1	16.4~19.5	2	—	1.57	NS/PR	1.80	de Oliveira et al.，2019
	69.9	20.6	9.41	2	6.3	NS/FC	1.4	1.65	de Lima et al.，2020
中质地	39.6	23.7	36.7	2	26.6	1.34	1.15	1.23	Gonçalves et al.，2014
	30	52	18	2	38	1.35	1.37	1.56	da Silva et al.，1994
	20	47.2	32.7	2	11.7	1.43	1.60	1.7	Safadoust et al.，2014
	22	41.3	36.7	2	12.4	1.36	1.42	1.65	Safadoust et al.，2014
	16	22	62	3	23	1.36	1.1	1.38	Beulter et al.，2007
	8.2	60.1	31.7	2	27.4	1.20	NS/PR	1.37	Wilson et al.，2013
	6.3	66.3	27.4	2	26.5	1.27	1.1	1.44	Wilson et al.，2013
细质地	21.7	17.6	60.7	2	—	1.32	1.05	1.41	Kaiser et al.，2009
	18	21.9	60.1	2	—	1.27	1.32	1.37	Pereira et al.，2015
	5	15	80	2	—	1.27	1.13	1.26	Tormena et al.，1999
	5	15	80	2	—	1.26	1.06	1.28	Tormena et al.，1999
	3.3	14.8	81.9	3	21	1.10	1.14	1.30	Silva et al.，2015

注：PR 为土壤强度；BD$_{fa}$ 为产生通气胁迫的容重值；BD$_{wp}$ 为产生土壤强度胁迫的容重值；BD$_c$ 为 LLWR 为 0 时的容重值。NS/FC 表示无土壤通气胁迫，作物水分胁迫上限始终为田间持水量；NS/PR 表示无土壤干旱胁迫，作物水分胁迫下限始终为土壤强度。

除 S 指数和 LLWR 外，很多学者还提出了其他评价土壤物理质量的参数。Reynolds 等(2009)认为，良好的土壤物理质量总是与适宜的土壤孔隙分布相联系，孔隙密度和分布的微小改变会引起土壤结构和水力过程的较大差异；并根据作物生长适宜的各物理性质范围提出了适宜作物生长的孔隙分布特征值(d_{mode}、d_{mean}、d_{median} 等)。但也同时发现在砂性土中适宜的孔隙分布特征并不能有效反映出土壤物理质量。Minasny 和 McBratney(2003)、Asgarzadeh 等(2011)、Armindo 和 Wendroth(2016, 2019)从土壤持水能量概念出发，发现不同处理下土壤水分特征曲线各特征点含水量虽一致，但特征点之间曲线变化不同，致使作物利用水分时所消耗的能量具有很大差异。由此基于特定土壤含水量区间内的积分面积，分别提出了不同的土壤水分积分能量参数(soil hydraulic energy indices)来评价土壤物理质量。但是，目前该方法还存在以下缺陷：首先，不同研究者之间的积分计算过程有很大的差异；其次，该方法只考虑了土壤水力性质而忽略了土壤力学性质对作物生长的影响；此外，该方法与农业生产之间的联系较少，而缺乏一定的生产意义，故该参数目前受到的关注度较少。

目前，综合评价我国土壤物理质量的研究鲜有报道，适宜于砂姜黑土地区作物生长的土壤物理状况也不得而知，因此结合砂姜黑土物理性障碍特征，筛选适宜于该地区的物理质量评价参数，并提出适宜该地区作物生长的土壤物理状况参数对砂姜黑土地区结构改良和丰产增效具有重要意义。

11.2　不同培肥措施对土壤物理质量的影响

有机培肥是提高土壤有机碳含量(SOC)、促进土壤团粒结构形成、提升土壤保水能力的有效措施。但也有研究指出，过量的有机肥添加可能在一定条件下造成分散性离子(Na^+)的积累(Guo et al.，2019)，对土壤团聚产生负面影响，增加土壤容重或穿透阻力。这些性质的变化都与土壤物理质量息息相关。因此，本节旨在系统评价长期施肥对砂姜黑土物理质量的影响(Ruan et al.，2022)。

本节选取安徽蒙城农业生态试验站长期定位施肥试验地($33°13′$ N，$116°35′$ E)。土壤样品采自 6 个长期施肥处理 $0\sim15$ cm 深度土层，包括：不施肥(对照)、化肥(NPK)、化肥加低量秸秆(NPKLS，3750 kg/hm²)、化肥加高量秸秆(NPKHS，7500 kg/hm²)、化肥配施猪粪(NPKPM，15000 kg/hm²)和化肥配施牛粪(NPKCM，30000 kg/hm²)。采集的土壤样品于室内测定水分特征曲线、穿透阻力及土壤团聚体稳定性等指标。利用 van Genuchten 模型(1980)拟合土壤水分特征曲线，得到土壤有效水分库容(AWC)和 S 指数；利用多元土壤传递方程得到 LLWR。

11.2.1　不同培肥措施对土壤 S 指数、AWC 及 LLWR 的影响

与对照和单施化肥处理相比(表 11-2)，配施有机肥处理(NPKPM 和 NPKCM)和添加秸秆的处理(NPKHS 和 NPKLS)均显著提高了土壤有机碳含量，降低了土壤容重。但与添加秸秆处理相比，配施有机肥处理显著提高了 SOC 含量，而 $WSA_{0.25}$ 却显著降低($P < 0.05$)。这可能与施用有机肥引入大量的可交换性 Na^+ 等分散剂有关(Guo et al.，2018，2019)。

除对照处理($S=0.0340$)外，其余各处理土壤 S 指数均大于 0.035，说明长期培肥条件下土壤物理质量较优，但各施肥处理间无显著差异。与对照和单施化肥处理相比(表 11-2)，配施有机肥处理(NPKPM 和 NPKCM)显著提高了土壤有效水分库容(AWC)，而添加秸秆处理(NPKHS 和 NPKLS)显著扩大了土壤最小限制水分范围(LLWR)。

11.2.2　不同培肥措施下各土壤物理指标间相关性

在所有处理中，NPKPM 和 NPKCM 处理的 LLWR 和 $WSA_{0.25}$ 均低于 NPKLS 和 NPKHS 处理(表 11-2)，LLWR 与 $WSA_{0.25}$ 间呈极显著正相关性(表 11-3)。S 指数与 SOC 间呈显著正相关关系。在本节中，S 指数只表现出施用有机肥料对土壤物理质量的积极效应，但未反映出其负面影响；而 LLWR 则反映出施用有机肥料对土壤物理质量的双面效应(表 11-3)，是表征土壤结构稳定性的良好指标。

表 11-2　不同培肥处理下 0～15 cm 深度土层土壤物理性质及 LLWR、AWC、S 指数

处理	SOC /(g/kg)	BD /(g/cm³)	WSA$_{0.25}$ /%	LLWR /(cm³/cm³)	AWC /(cm³/cm³)	S 指数
对照	7.00 (0.1) f	1.30 (0.02) a	54.9 (1.6) c	0.0732 (0.0046) b	0.106 (0.001) b	0.0340 (0.0040) b
NPK	8.33 (0.1) e	1.33 (0.02) a	49.0 (1.9) d	0.0679 (0.0050) b	0.108 (0.001) b	0.0351 (0.0036) ab
NPKLS	10.4 (0.1) d	1.24 (0.02) b	65.8 (1.2) ab	0.0884 (0.0040) a	0.107 (0.001) ab	0.0350 (0.0036) ab
NPKHS	11.1 (0.1) c	1.23 (0.01) b	68.2 (2.4) a	0.0939 (0.0024) a	0.107 (0.001) ab	0.0387 (0.0014) ab
NPKPM	14.6 (0.1) b	1.24 (0.03) b	55.4 (1.8) c	0.0810 (0.0056) ab	0.109 (0.001) a	0.0373 (0.0084) ab
NPKCM	21.7 (0.1) a	1.20 (0.01) b	61.4 (1.2) b	0.0804 (0.0045) ab	0.109 (0.001) a	0.0438 (0.0036) a
LSD	0.33	0.05	5.21	0.0127	0.002	0.0103
P	**	**	**	**	*	ns

注：不同字母表示处理间存在显著性差异（$P < 0.05$），采用 LSD 检验（$n = 12$）。括号中的数字表示每个处理平均值的标准误差。**、*和 ns 表明置信度分别为 0.01、0.05 和无显著性影响。SOC，土壤有机碳含量；BD，土壤容重；WSA$_{0.25}$，大于 0.25 mm 团聚体的质量分数；LLWR，最小限制水分范围；AWC，有效水分库容；S 指数，土壤特征曲线在拐点处的斜率。

表 11-3　土壤物理性质与 LLWR、AWC、S 指数间相关性

处理	θ_{AFP}	θ_{FC}	θ_{PWP}	θ_{PR}	LLWR	AWC	S 指数
Clay	ns	ns	ns	ns	ns	ns	ns
SOC	0.826*	0.978**	0.984**	0.812*	ns	ns	0.934**
BD	−0.997**	ns	ns	ns	ns	ns	ns
WSA$_{0.25}$	ns	ns	ns	ns	0.951**	ns	ns
θ_{AFP}		ns	ns	ns	ns	ns	0.813*
θ_{FC}			0.999**	0.867*	ns	0.817**	0.885*
θ_{PWP}				0.858*	ns	ns	0.894*
θ_{PR}					ns	0.861*	ns
LLWR						ns	ns
AWC							ns

注：SOC，土壤有机碳含量；BD，土壤容重；WSA$_{0.25}$，大于 0.25 mm 团聚体的质量分数；LLWR，最小限制水分范围；AWC，有效水分库容；S 指数，土壤特征曲线在拐点处的斜率。**、*和 ns 表明置信度分别为 0.01、0.05 和无显著性影响。

11.3　不同耕作方式对土壤物理质量的影响

　　机械耕作能够改善耕层结构，协调土壤水、肥、气、热等的供给能力，是改良土壤物理性质的最直接有效的措施。但是现有的研究大多针对耕作处理下的单一土壤物理过程，缺乏对土壤物理质量的综合分析。因此，本节选取位于安徽省龙亢农场的耕作定位试验（图 5-1），对不同耕作处理下（免耕、旋耕、深松、深翻）土壤物理质量进行综合分析，并筛选适宜于砂姜黑土的土壤物理质量评价参数。

　　本试验于 2019 年 3 月 6 日采集不同耕作处理下 0～10 cm 和 10～20 cm 深度土层的环刀样品，在室内测定水分特征曲线及土壤穿透阻力。利用 van Genuchten 模型（1980）

拟合土壤水分特征曲线，得到土壤 S 指数；通过土壤传递方程拟合得到土壤 LLWR。对强度较大的土壤，通常将限制作物根系生长的土壤强度阈值设定为 3 MPa(Horn and Baumgartl，2002)，因此本节中将 3 MPa 作为限制作物水分利用的土壤强度阈值。

11.3.1 不同耕作方式对土壤 S 指数的影响

在 0~10 cm 深度土层，深松较免耕和深翻处理显著降低了土壤容重($P < 0.05$)。耕作处理对有效水分库容无明显影响($P > 0.05$)，处于 0.16~0.18 cm^3/cm^3。深翻土壤通气容量(0.08 cm^3/cm^3)较其他耕作处理显著降低($P < 0.05$)(表 11-4)。

在 10~20 cm 深度土层，深松和深翻处理下容重较免耕和旋耕处理降低($P < 0.05$)，土壤通气容量显著提高，但仍处于通气胁迫状态(< 0.10 cm^3/cm^3)。与 0~10 cm 深度土层相似，各耕作处理对有效水分库容没有影响($P > 0.05$)(表 11-4)。

根据 Dexter(2004a)提出的土壤质量划分标准，0~10 cm 深度土层各耕作处理下 S 指数在 0.024~0.033，土壤物理质量较差(0.02 < S 指数< 0.035)。深翻反而降低了该土层的 S 指数。在 10~20 cm 深度土层各处理 S 指数均小于 0.02，处理间无显著差异，土壤物理质量很差。

表 11-4 不同耕作处理下 0~20 cm 深度土层土壤物理质量

深度 /cm	处理	容重 /(g/cm³)	有效水分库容 /(cm³/cm³)	土壤通气容量 /(cm³/cm³)	S 指数
0~10	免耕	1.36±0.1 a	0.17±0.03 a	0.10±0.01 ab	0.028±0.002 ab
	旋耕	1.34±0.09 ab	0.16±0.02 a	0.11±0.03 a	0.029±0.003 ab
	深松	1.26±0.05 b	0.18±0.03 a	0.12±0.02 a	0.033±0.005 a
	深翻	1.39±0.07 a	0.18±0.02 a	0.08±0.03 b	0.024±0.004 b
10~20	免耕	1.58±0.04 a	0.14±0.02 a	0.05±0.01 b	0.017±0.003 a
	旋耕	1.53±0.08 ab	0.13±0.02 a	0.05±0.01 b	0.017±0.001 a
	深松	1.44±0.1 b	0.13±0.02 a	0.08±0.01 a	0.019±0.002 a
	深翻	1.47±0.07 b	0.14±0.01 a	0.07±0.02 a	0.019±0.001 a

注：不同小写字母表示同一土壤深度不同耕作处理间差异显著 ($P < 0.05$)。

11.3.2 不同耕作方式对土壤 LLWR 的影响

在 0~10 cm 深度土层(图 11-3)，当土壤容重增加到 1.36~1.38 g/cm^3 时，土壤通气孔隙是 LLWR 的上限。当容重增加到 1.42~1.47 g/cm^3 时，LLWR 的下限为土壤强度(3 MPa)。当 LLWR 降至零时，土壤容重约为 1.54 g/cm^3。根据不同处理下作物可利用的水分范围(阴影区域)，深松处理下 LLWR 显著大于其他耕作处理($P < 0.05$)。

免耕和旋耕处理下 10~20 cm 深度土层土壤容重较大(1.5~1.8 g/cm^3)，不存在作物可利用的水分范围(图 11-4)。深松和深翻处理的土壤通气容重限制阈值为 1.40 g/cm^3。当 LLWR 为零时，深松和深翻处理的容重限制值为 1.56 g/cm^3。在 10~20 cm 深度土层内，作物可利用的水分范围表现为深松>深翻>旋耕=免耕。

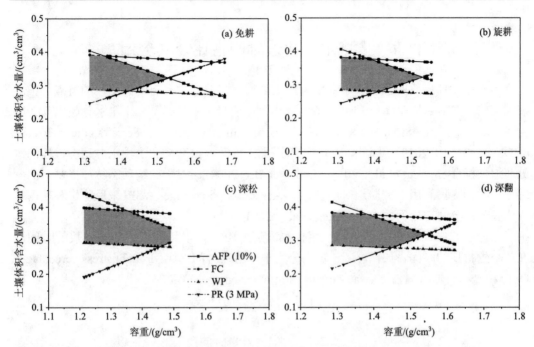

图 11-3　不同耕作处理下 0～10 cm 深度土层土壤可利用水分范围

AFP（10%）表示通气孔隙度为 10% 时的土壤含水量；FC 表示田间持水量；WP 表示萎蔫系数；

PR（3 MPa）表示土壤强度为 3 MPa 时的土壤含水量；下同

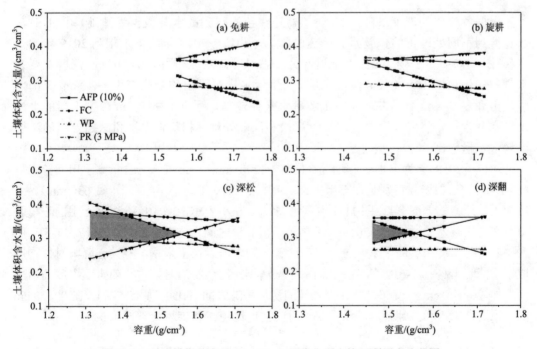

图 11-4　不同耕作处理下 10～20 cm 深度土层土壤可利用水分范围

11.4　土壤水分胁迫时间占比及其应用

受土壤物理性质间耦合关系的影响,土壤物理状况通常具有动态变化的特点。很多研究指出,作物生长往往与 LLWR 值的大小没有明显关系,但是受土壤水分超出 LLWR频率的显著影响(da Silva and Kay,1997；Benjamin et al.,2003；Ferreira et al.,2017；de Oliveira et al.,2019)。因此,很多研究者提出了基于 LLWR 和土壤水分动态过程的水分胁迫指标(Benjamin et al.,2003；Lapen er al.,2004)。对于结构动态特征更复杂的变性土,我们提出利用水分胁迫时间占比(water stress percentage, WSP)来反映生育期内作物生长与水分胁迫之间的关系(Wang et al.,2021)。

水分胁迫时间占比(WSP)为土壤含水量超过田间持水量和低于萎蔫系数的时间段在整个生育期的时间占比,可进一步细分为干旱胁迫时间占比(drought stress percentage,DSP)和涝渍胁迫时间占比(waterlogging stress percentage,WLP)。

$$\text{DSP}(\%) = \frac{\text{低于萎蔫系数时间段}}{\text{生育期}} \times 100 \qquad (11\text{-}1)$$

$$\text{WLP}(\%) = \frac{\text{高于田间持水量时间段}}{\text{生育期}} \times 100 \qquad (11\text{-}2)$$

11.4.1　不同耕作处理下土壤水分胁迫时间占比

根据各耕作处理下 5TE 水分传感器连续监测得到的水分数据为基础(图 11-5),计算得到不同处理下的作物水分胁迫时间。从 2017～2018 年的丰水年到 2019 年的干旱年(图 11-5),0～40 cm 深度土壤水分动态对降雨响应较好。0～10 cm 深度土层含水量的变化大于 10～40 cm 深度土层。土壤含水量对降雨的响应在 10～40 cm 范围内呈现出许多“高台”形态,表明土壤排水条件较差。根据 0～10 cm 深度土层的平均土壤水分含量,免耕和旋耕处理高于深松和深翻处理。相反,深松和深翻处理的深层土壤含水量较高。

2017～2018 年为丰水年(降水量 1113～1290 mm),土壤水分含量高于田间持水量(图 11-5 红色虚线),特别是在玉米季(6～9 月)。2019 年为干旱年(降水量 630 mm),土壤含水量经常低于萎蔫点(图 11-5 中蓝色虚线)。在小麦季,0～10 cm 深度土层的干旱胁迫时间占比普遍超过 50%,2019 年干旱年干旱胁迫时间占比甚至超过 80%(表 11-5),而10～40 cm 深度土层的土壤水分始终在适宜范围之内。在玉米季,持续强降雨对作物造成了涝渍胁迫(表 11-6)。特别是 2018 年湿润年,涝渍胁迫时间占比随土壤深度的增加而增加,20～40 cm 深度深松和深翻处理的涝渍胁迫时间占比达到 85%以上,在 0～10 cm深度土层,深松和深翻处理的涝渍胁迫时间占比比免耕和旋耕处理低 12%～14%。

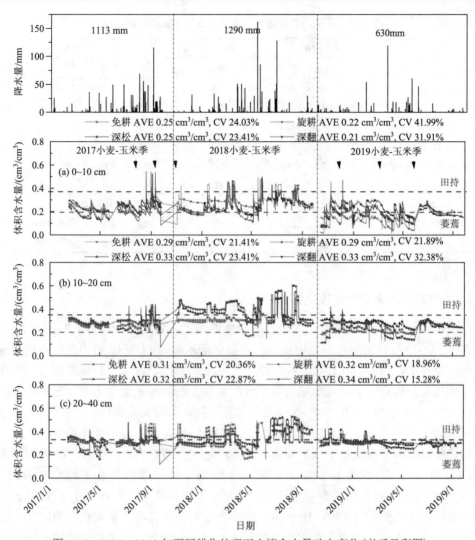

图 11-5　2017～2019 年不同耕作处理下土壤含水量动态变化(书后见彩图)

表 11-5　不同耕作处理下小麦季土壤水分胁迫时间占比

深度 /cm	指标	2017 年小麦季/%				2018 年小麦季/%				2019 年小麦季/%			
		免耕	旋耕	深松	深翻	免耕	旋耕	深松	深翻	免耕	旋耕	深松	深翻
0～10	DSP	26.9	77.3	59.7	82.3	0.0	74.2	45.2	66.3	86.5	100.1	36.5	86.1
	WLP	0.0	0.0	0.0	0.0	10.2	6.5	2.8		7.2	0.0	0.0	0.0
	WSP	26.9	77.3	59.7	82.3	0.0	84.4	51.7	69.1	93.7	100.1	36.5	86.1
10～20	DSP	0.0	0.0	0.0	0.0	9.1	0.0	0.0	0.0	23.4	83.7	0.0	47.8
	WLP	0.0	0.0	0.0	0.0	0.7	0.0	57.0	92.2	0.0	0.0	0.0	0.0
	WSP	0.0	0.0	0.0	0.0	9.8	0.0	57.0	92.2	23.4	83.7	0.0	47.8
20～40	DSP	1.6	0.0	28.3	0.0	12.1	1.7	10.1	0.0	26.5	0.0	0.0	0.0
	WLP	0.0	3.8	0.0	0.3	23.4	19.7	9.9	7.2	7.6	0.0	7.1	4.5
	WSP	1.6	3.8	28.3	0.3	35.5	21.4	20.0	7.2	34.1	0.0	7.1	4.5

注：DSP，干旱胁迫时间占比；WLP，涝渍胁迫时间占比；WSP，水分胁迫时间占比，下同。

表 11-6 不同耕作处理下玉米季土壤水分胁迫时间占比

深度/cm	指标	2017 年玉米季/%				2018 年玉米季/%				2019 年玉米季/%			
		免耕	旋耕	深松	深翻	免耕	旋耕	深松	深翻	免耕	旋耕	深松	深翻
0~10	DSP	46.1	9.1	0.0	79.5	0.0	0.0	0.0	0.0	74.7	77.6	77.5	72.6
	WLP	2.1	3.0	21.4	2.4	21.4	16.5	4.7	7.5	0.0	0.0	0.0	0.0
	WSP	48.2	12.1	21.4	81.9	21.4	16.5	4.7	17.5	74.7	77.6	77.5	72.6
10~20	DSP	0.0	0.0	0.0	0.0	0.0	0.0	0.0	0.0	0.0	0.0	0.0	0.0
	WLP	6.8	7.0	37.3	0.0	37.3	27.3	26.6	29.8	0.0	0.0	0.0	0.0
	WSP	6.8	7.0	37.3	0.0	37.3	27.3	26.6	29.8	0.0	0.0	0.0	0.0
20~40	DSP	0.0	0.0	0.0	0.0	0.0	0.0	0.0	0.0	0.0	0.0	0.0	0.0
	WLP	18.7	16.6	73.7	22.8	73.7	45.0	89.2	85.4	0.0	0.0	0.0	0.0
	WSP	18.7	16.6	0.3	22.8	73.7	45.0	89.2	85.4	0.0	0.0	0.0	0.0

11.4.2 土壤物理质量指标与作物生长的关系

在 2018 年玉米收获期进行了水分特征曲线的测定, 得到玉米季土壤 S 指数; 同时根据 LLWR 拟合方程和测定容重值即可以计算得到玉米季的 LLWR。将小麦返青期和玉米收获期土壤容重、S 指数、LLWR 以及 2017~2018 年生育期内水分胁迫时间占比与作物产量进行相关分析(表 11-7): 土壤有效水分库容和 S 指数与各土层小麦和玉米产量均无显著相关性。小麦产量与 10~20 cm 深度土壤容重具有负相关关系($r = -0.61^*$, $P < 0.05$), 与 LLWR 呈正相关关系($r = 0.49^{**}$, $P < 0.05$), 说明 LLWR 可以作为反映小麦产量的关键土壤物理质量指标。但是对于玉米而言, 玉米产量与土壤容重、S 指数、LLWR 间均无明显的关系, 而与各深度涝渍胁迫时间占比间均呈极显著的负相关性($r = -0.85^{**} \sim -0.94^{***}$, $P < 0.001$), 说明玉米对生育期内涝渍胁迫更加敏感。当 0~10 cm 深度土层涝渍胁迫时间占比达到 16.5% 时, 10~20 cm 和 20~40 cm 深度土层涝渍胁迫时间占比分别达到 32% 和 85% 时, 玉米产量将显著降低 50% 左右。因此, 土壤涝渍胁迫时间占比可以作为反映砂姜黑土玉米产量的关键土壤物理质量指标。

表 11-7 土壤物理质量指标(SPQI)与小麦和玉米产量间相关性

深度/cm	SPQI	小麦产量	玉米产量
0~10	BD	0.28	−0.24
	AWC	0.38	0.34
	S	0.11	0.18
	LLWR	−0.06	0.15
	DSP	0.04	0.85^{**}
	WLP	−0.59	-0.94^{***}
	WSP	0.25	0.80^{**}

续表

深度/cm	SPQI	小麦产量	玉米产量
	BD	−0.61[*]	−0.04
	AWC	0.10	0.22
	S	0.27	0.28
10~20	LLWR	0.49[*]	0.12
	DSP	0.17	0.04
	WLP	−0.44	−0.89[***]
	WSP	−0.24	−0.81[**]
	DSP	−0.19	0.06
20~40	WLP	−0.74[**]	−0.85[***]
	WSP	−0.58[*]	−0.78[**]

注: BD, 土壤容重 (cm³/cm³); AWC, 土壤有效水分库容 (cm³/cm³); S, S 指数; LLWR, 最小限制水分范围 (cm³/cm³); DSP, 干旱胁迫时间占比(%); WLP, 涝渍胁迫时间占比(%); WSP, 水分胁迫时间占比(%)。

11.5 小 结

(1)长期施肥能够显著改善土壤物理质量。与施用有机粪肥相比,长期秸秆还田更有助于提高土壤物理质量。与 S 指数相比,LLWR 能够更全面、更敏感地反映土壤物理质量对施肥管理的响应。

(2)深耕耕作能够明显改善砂姜黑土物理质量。与免耕和旋耕处理相比,深松和深翻处理增大了土壤通气容量,降低了土壤强度,显著扩大了作物可利用水分范围。

(3)S 指数与小麦和玉米产量间均无明显的关系。LLWR 与小麦产量呈负相关关系,可以作为评价小麦产量的关键物理质量指标。本章提出了土壤物理质量新指标——土壤水分胁迫时间占比(WSP),发现玉米产量与其生育期涝渍胁迫时间占比(WLP)间呈显著的负相关性。涝渍胁迫时间占比(WLP)可以作为评价影响该地区玉米产量的土壤物理质量指标。

参 考 文 献

陈学文. 2012. 基于最小限制水分范围评价不同耕作方式下农田黑土有机碳固定. 长春: 中国科学院研究生院(东北地理与农业生态研究所).

Andrade R S, Stone L F, 2009. Índice S como indicador da qualidade física de solos do cerrado brasileiro. Revista Brasileira de Engenharia Agrícola e Ambiental, 13: 382-388.

Armindo R A, Wendroth O. 2016. Physical soil structure evaluation based on hydraulic energy functions. Soil Science Society of America Journal, 80(5): 1167-1180.

Armindo R A, Wendroth O. 2019. Alternative approach to calculate soil hydraulic-energy-indices and-functions. Geoderma, 355: 113903.

Asgarzadeh H, Mosaddeghi M R, Mahboubi A A, et al. 2011. Integral energy of conventional available water, least limiting water range and integral water capacity for better characterization of water availability and soil physical quality. Geoderma, 166(1): 34-42.

Benjamin J G, Karlen D L. 2014. LLWR techniques for quantifying potential soil compaction consequences of crop residue removal. Bioenergy Research, 7(2): 468-480.

Benjamin J G, Nielsen D C, Vigil M F. 2003. Quantifying effects of soil conditions on plant growth and crop production. Geoderma, 116(1-2): 137-148.

Beutler A N, Centurion J F, Centurion M, et al. 2007. Least limiting water range to evaluate soil compaction and physical quality of an oxisol cultivated with soybean. Revista Brasileira de Ciência do Solo, 31(6): 1223-1232.

Busscher W J. 1990. Adjustment of flat-tipped penetrometer resistance data to a common water content. Transactions of the ASAE, 33(2): 519-524.

Cecagno D, de Andrade S E V G, Anghinoni I, e0t al. 2016. Least limiting water range and soybean yield in a long-term, no-till, integrated crop-livestock system under different grazing intensities. Soil and Tillage Research, 156: 54-62.

da Silva A P, Kay B D. 1997. Estimating the least limiting water range of soils from properties and management. Soil Science Society of America Journal, 61(3): 877-883.

da Silva A P, Kay B D, Perfect E. 1994. Characterization of the least limiting water range of soils. Soil Science Society of America Journal, 58(6): 1775-1781.

De Jong van Lier Q, Wendroth O. 2016. Reexamination of the field capacity concept in a Brazilian Oxisol. Soil Science Society of America Journal, 80(2): 264-274.

De Lima C L R, Dupont P B, Pillon C N, et al. 2020. Least limiting water range, S-index and compressibility of a Udalf under different management systems. Scientia Agricola, 77(1).

De Oliveira I N, de Souza Z M, Lovera L H, et al. 2019. Least limiting water range as influenced by tillage and cover crop. Agricultural Water Management, 225: 105777.

Dexter A R. 2004a. Soil physical quality: Part I. Theory, effects of soil texture, density, and organic matter, and effects on root growth. Geoderma, 120(3-4): 201-214.

Dexter A R. 2004b. Soil physical quality: Part II. Friability, tillage, tilth and hard-setting. Geoderma, 120(3-4): 215-225.

Dexter A R. 2004c. Soil physical quality: Part III. Unsaturated hydraulic conductivity and general conclusions about S-theory. Geoderma, 120(3-4): 227-239.

Dexter A R, Czyż E A. 2007. Applications of s-theory in the study of soil physical degradation and its consequences. Land Degradation & Development, 18(4): 369-381.

Fenton O, Vero S, Schulte R P O. 2017. Application of Dexter's soil physical quality index: An Irish case study. Irish Journal of Agricultural and Food Research, 56(1): 45-53.

Ferreira C J B, Zotarelli L, Tormena C A, et al. 2017. Effects of water table management on least limiting water range and potato root growth. Agricultural Water Management, 186: 1-11.

Gonçalves W G, Severiano E, Silva F G, et al. 2014. Least limiting water range in assessing compaction in a Brazilian Cerrado latosol growing sugarcane. Revista Brasileira de Ciência do Solo, 38(2): 432-443.

Guedes Filho O, Blanco-Canqui H, da Silva A P. 2013. Least limiting water range of the soil seedbed for long-term tillage and cropping systems in the central Great Plains, USA. Geoderma, 207-208: 99-110.

Guo Z C, Zhang J, Fan J, et al. 2019. Does animal manure application improve soil aggregation? Insights from nine long-term fertilization experiments. Science of the Total Environment, 660: 1029-1037.

Guo Z C, Zhang Z B, Zhou H, et al. 2018. Long-term animal manure application promoted biological binding agents but not soil aggregation in a Vertisol. Soil & Tillage Research, 180: 232-237.

Horn R, Baumgartl T. 2002. Dynamic properties of soils. Soil Physics Companion: 389.

Kaiser D R, Reinert D J, Reichert J M, et al. 2009. Intervalo hídrico ótimo no perfil explorado pelas raízes de feijoeiro em um latossolo sob diferentes níveis de compactao. Revista Brasileira De Ciência Do Solo, 33(4): 845-855.

Keller T, Arvidsson J, Dexter A R. 2007. Soil structures produced by tillage as affected by soil water content and the physical quality of soil. Soil and Tillage Research, 92(1-2): 45-52.

Lapen D R, Topp G C, Gregorich E G, et al. 2004. Least limiting water range indicators of soil quality and corn production, eastern Ontario, Canada. Soil and Tillage Research, 78(2): 151-170.

Minasny B, McBratney A B. 2003. Integral energy as a measure of soil-water availability. Plant and Soil, 249(2): 253-262.

Pereira A H F, Vitorino A C T, Ferreira do Prado E A, et al. 2015. Least limiting water range and load bearing capacity of soil under types of tractor-trailers for mechanical harvesting of green sugarcane. Revista Brasileira De Ciencia Do Solo, 39: 1603-1610

Pulido-Moncada M, Ball B C, Gabriels D, et al. 2015. Evaluation of soil physical quality index S for some tropical and temperate medium-textured soils. Soil Science Society of America Journal, 79(1): 9-19.

Reynolds W D, Bowman B T, Drury C F, et al. 2002. Indicators of good soil physical quality: Density and storage parameters. Geoderma, 110(1-2): 131-146.

Reynolds W D, Drury C F, Tan C S, et al. 2009. Use of indicators and pore volume-function characteristics to quantify soil physical quality. Geoderma, 152(3-4): 252-263.

Ross P J, Williams J, Bristow K L. 1991. Equation for extending water-retention curves to dryness. Soil Science Society of America Journal, 55(4): 923-927.

Ruan R J, Zhang Z B, Wang Y K, et al. 2022. Long-term straw rather than manure additions improved least limiting water range in a Vertisol. Agricultural Water Management, 261: 107356.

Safadoust A, Feizee P, Mahboubi A A, et al. 2014. Least limiting water range as affected by soil texture and cropping system. Agricultural Water Management, 136: 34-41.

Shekofteh H, Masoudi A. 2019. Determining the features influencing the-S soil quality index in a semiarid region of Iran using a hybrid GA-ANN algorithm. Geoderma, 355: 113908.

Silva B M, Oliveira G C, Serafim M E, et al. 2015. Critical soil moisture range for a coffee crop in an oxidic Latosol as affected by soil management. Soil and Tillage Research, 154: 103-113.

Tormena C A, da Silva A P, Libardi P L. 1999. Soil physical quality of a Brazilian Oxisol under two tillage systems using the least limiting water range approach. Soil & Tillage Research, 52: 223-232.

Van Genuchten M T. 1980. A closed-form equation for predicting the hydraulic conductivity of unsaturated soils. Soil Science Society of America Journal, 44(5): 892-898.

Wang Y K, Zhang Z B, Jiang F H, et al. 2021. Evaluating soil physical quality indicators of a Vertisol as affected by different tillage practices under wheat-maize system in the North China Plain. Soil and Tillage Research, 209: 104970.

Wilson M G, Sasal M C, Caviglia O P. 2013. Critical bulk density for a Mollisol and a Vertisol using least limiting water range: Effect on early wheat growth. Geoderma, 192: 354-361.

Xu C, Xu X, Liu M, et al. 2017. Developing pedotransfer functions to estimate the S-index for indicating soil quality. Ecological Indicators, 83: 338-345.

附 录

团队近几年发表的砂姜黑土研究领域的文章列表

SCI 论文（*为通信作者）

1. Bottinelli1 N, Zhou H, Capowiez Y, Zhang Z B, Qiu J, Jouquet P, Peng X H*. 2017. Earthworm burrowing activity of two non-Lumbricidae earthworm species incubated in soils with contrasting organic carbon content（Vertisol vs. Ultisol）. Biology and Fertility of Soils, 53: 951-955.

2. Rahman M T, Zhu Q H, Zhang Z B, Zhou H, Peng X H*. 2017. The roles of organic amendments and microbial community in the improvement of soil structure of a Vertisol. Applied Soil Ecology, 111: 84-93.

3. Rahman M T, Guo Z C, Zhang Z B, Zhou H, Peng X H*. 2018. Wetting and drying cycles improving aggregation and associated C stabilization differently after straw or biochar incorporated into a Vertisol. Soil and Tillage Research, 175: 28-36.

4. Guo Z C, Zhang Z B, Zhou H, Rahman M T, Wang D Z, Guo X S, Li L J, Peng X H*. 2018. Long-term animal manure application promoted biological binding agents but not soil aggregation in a Vertisol. Soil and Tillage Research, 180: 232-237.

5. Guo Z C, Zhang J B, Fan J, Yang X Y, Yi Y L, Han X R, Wang D Z, Zhu P, Peng X H*. 2019. Does animal manure application improve soil aggregation? Insights from nine long-term fertilization experiments. Science of the Total Environment, 660: 1029-1037.

6. Guo Z C, Zhang Z B, Zhou H, Wang D Z, Peng X H*. 2019. The effect of 34-year continuous fertilization on the SOC physical fractions and its chemical composition in a Vertisol. Scientific Reports, 9(1): 2505.

7. Rahman M T, Liu S, Guo Z C, Zhang Z B, Peng X H*. 2019. Impacts of residue quality and N input on aggregate turnover using the combined ^{13}C natural abundance and rare earth oxides as tracers. Soil and Tillage Research, 189: 110-122.

8. Zhou H*, Chen C*, Wang D Z, Arthur E, Zhang Z B, Guo Z C, Peng X H, Mooney S J. 2020. Effect of long-term organic amendments on the full-range soil water retention characteristics of a Vertisol. Soil and Tillage Research, 202: 104663.

9. Xiong P, Zhang Z B*, Hallett P D, Peng X H. 2020. Variable responses of maize root architecture in elite cultivars due to soil compaction and moisture. Plant and Soil, 455: 79-91.

10. Zhang Z B, Peng X H*. 2021. Bio-tillage: A new perspective for sustainable agriculture. Soil and Tillage Research, 206: 104844.

11. Wang Y K, Zhang Z B, Jiang F H, Guo Z C, Peng X H*. 2021. Evaluating soil physical quality indicators of a Vertisol as affected by different tillage practices under wheat-maize system in the North China Plain. Soil and Tillage Research, 209: 104970.

12. Ruan R J, Zhang Z B*, Tu R F, Wang Y K, Xiong P, Li W, Chen H. 2021. Variable responses of soil pore structure to organic and inorganic fertilization in a Vertisol. International Agrophysics, 35: 221-228.

13. Ruan R J, Zhang Z B*, Wang Y K, Guo Z C, Zhou H, Tu R F, Hua K K, Wang D Z, Peng X H. 2022. Long-term straw rather than manure additions improved least limiting water range in a Vertisol. Agricultural Water Management, 261: 107356.

14. Guo Z C, Li W, Islam M, Wang Y K, Zhang Z B, Peng X H*. 2022. Nitrogen fertilization degrades soil aggregation by increasing ammonium ions and decreasing biological binding agents on a Vertisol after 12 years. Pedosphere, 32(4): 629-636.

15. Chen Y M, Zhang Z B, Guo Z C, Gao L, Peng X H*. 2022. Impact of calcareous concretions on soil shrinkage of a Vertisol and their relation model development. Geoderma, 420: 115892.

16. Xiong P, Zhang Z B*, Guo Z C, Peng X H*. 2022. Macropores in a compacted soil impact maize growth at the seedling stage: Effects of pore diameter and density. Soil and Tillage Research, 220: 105370.

17. Xiong P, Zhang Z B*, Wang Y K, Peng X H. 2022. Variable responses of maize roots at the seedling stage to artificial biopores in noncompacted and compacted soil. Journal of Soils and Sediments, 22: 1155-1164.

18. Zhang Z B, Yan L, Wang Y K, Ruan R J, Xiong P, Peng X H*. 2022. Bio-tillage improves soil physical properties and maize growth in a compacted Vertisol by cover crops. Soil Science Society of America Journal, 86(2): 324-337.

19. Xiong P, Zhang Z B*, Peng X H. 2022. Root and root-derived biopore interactions in soils: A review. Journal of Plant Nutrition and Soil Science, 185(5): 643-655.

20. Wang Y K, Zhang Z B, Tian Z C, Lu Y L, Ren T S, Peng X H*. 2022. Determination of soil bulk density dynamic in a Vertisol during wetting and drying cycles using combined soil water content and thermal property sensors. Geoderma, 428: 116149.

21. Wang Y K, Zhang Z B*, Guo Z C, Xiong P, Peng X H. 2022. The dynamic changes of soil air-filled porosity associated with soil shrinkage in a Vertisol. European Journal of Soil Science, 73(5): e13313.

CSCD 论文

1. 王玥凯, 郭自春, 张中彬, 周虎, 洪亮, 王永玖, 李录久, 彭新华*. 2019. 不同耕作方式对砂姜黑土物理性质和玉米生长的影响. 土壤学报, 56(6): 1370-1380.

2. 陈月明, 高磊, 张中彬, 郭自春, 邵芳荣, 彭新华*. 2022. 淮北平原砂姜黑土区砂姜的空间分布及其驱动因素. 土壤学报, 59(1): 148-160.

3. 熊鹏, 郭自春, 李玮, 张中彬, 王玥凯, 周虎, 曹承富, 彭新华*. 2021. 淮北平原砂姜黑土玉米产量与土壤性质的区域分析. 土壤, 53(2): 391-397.

4. 严磊, 张中彬*, 丁英志, 王玥凯, 王永玖, 甘磊*, 彭新华. 2021. 覆盖作物根系对砂姜黑土压实的响应. 土壤学报, 58(1): 140-150.

5. 蒋发辉, 王玥凯, 郭自春, 张中彬, 彭新华*. 2021. "旋松一体"耕作对潮土和砂姜黑土物理性质及作物生长的影响. 土壤通报, 52(4): 801-810.

6. 张红霞, 彭新华*, 郭自春, 高磊, 陈月明, 邵芳荣. 2022. 土壤含水量和容重对砂姜黑土抗剪强度的影响及其传递函数构建. 土壤通报, 53(3): 524-531.

7. 钱泳其, 熊鹏, 王玥凯, 张中彬, 郭自春, 邵芳荣, 彭新华*. 2022. 不同耕作方式对砂姜黑土孔隙结构特征的影响. 土壤学报: 1-14. DOI: 10.11766/trxb202201190027.

团队近几年在砂姜黑土改良领域培养的学生

博士

1. Mohammed Touhidur Rahman（导师：彭新华）. Effects of residue quality and wetting/drying cycles on soil aggregation of a Vertisol. 2019 年毕业.

2. 郭自春（导师：彭新华）. 不同培肥措施对砂姜黑土团聚体形成稳定的影响机制. 2019 年毕业.

3. 熊鹏（导师：彭新华）. 砂姜黑土压实状况下生物孔隙促进玉米生长的机制. 2022 年毕业.

硕士

1. 王玥凯（导师：彭新华）. 不同耕作方式对砂姜黑土物理性质和作物生长的影响. 2020 年毕业.

2. 严磊（联合培养导师：张中彬）. 覆盖作物根系对砂姜黑土压实的响应及缓解研究. 2020 年毕业.

3. 蒋发辉（导师：彭新华）. "旋松一体"耕作对华北平原典型土壤理化性质与作物生长的影响. 2021 年毕业.

4. 阮仁杰（联合培养导师：张中彬）. 土壤孔隙特征对氧化亚氮排放和硝态氮释放的影响. 2021 年毕业.

5. 张红霞（导师：彭新华）. 容重和水分对砂姜黑土强度的影响及添加秸秆灰/渣的改良效果. 2022 年毕业.

彩　　图

图 1-1　砂姜(白色)在砂姜黑土剖面的分布(左)和土壤表层的砂姜(右)

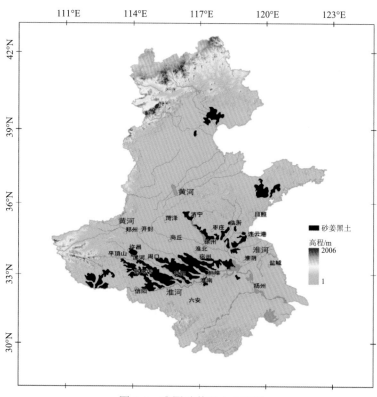

图 1-2　我国砂姜黑土分布图

灰度图像   三维图像

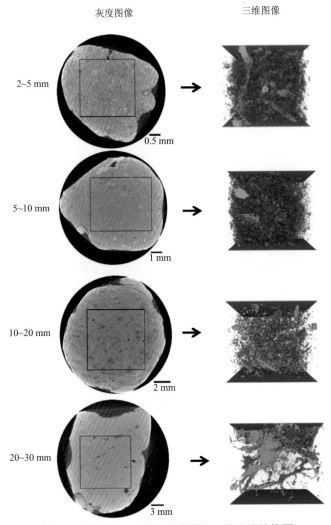

2~5 mm   0.5 mm

5~10 mm   1 mm

10~20 mm   2 mm

20~30 mm   3 mm

图 4-8 不同粒径砂姜的灰度图和三维孔隙结构图

图 5-1 安徽省龙亢农场耕作培肥定位试验区(始于 2015 年)

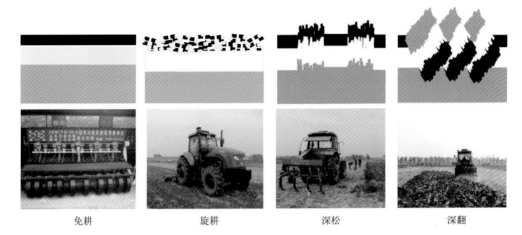

图 5-2　不同耕作措施作业原理及使用的农机具

图中黑色条带表示表层土壤；白色条带表示亚表层土壤；灰色条带表示下层土壤

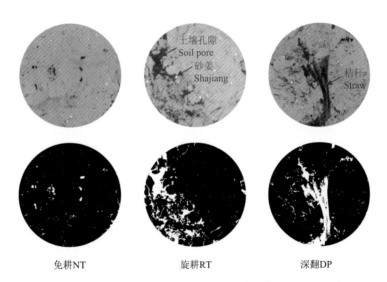

图 5-5　不同耕作处理下土壤孔隙的二维图像(9 cm × 9 cm)

图中所标秸秆处表示在秸秆腐解过程中形成的大孔隙

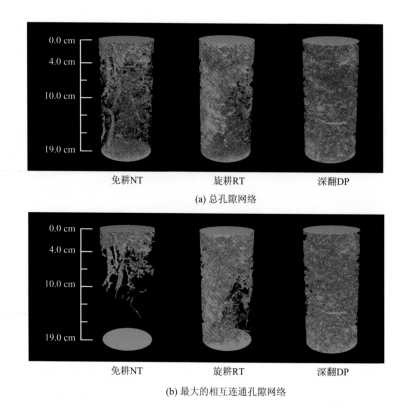

(a) 总孔隙网络

(b) 最大的相互连通孔隙网络

图 5-6　不同耕作处理下土壤大孔隙网络的三维图像(高 19 cm，直径 9 cm)

(b)中所示最大的相互连通孔隙网络由(a)中的总孔隙网络去除较小的和不连通的孔隙之后得到

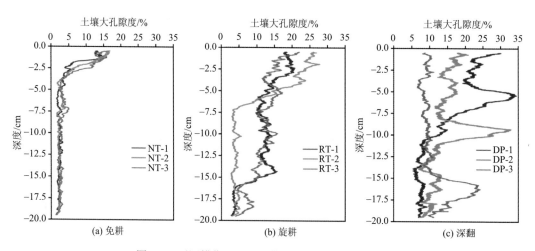

图 5-7　不同耕作处理下土壤大孔隙度随深度的分布

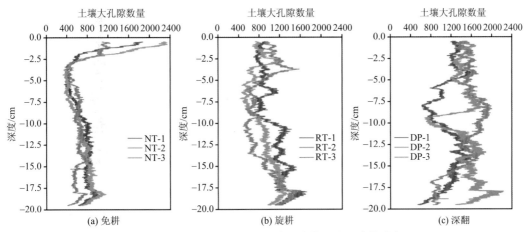

图 5-8　不同耕作处理下土壤大孔隙数量随深度的分布

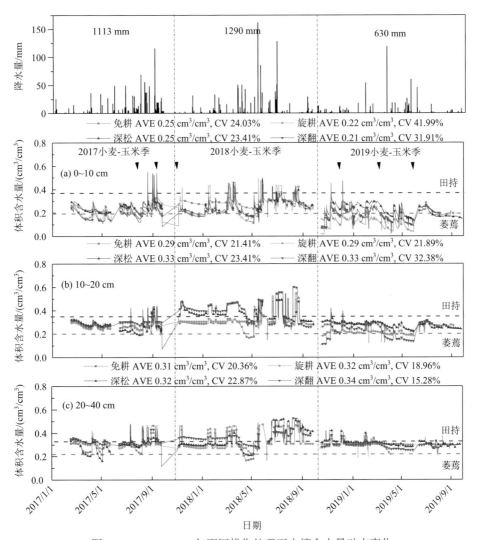

图 5-12　2017~2019 年不同耕作处理下土壤含水量动态变化

图 6-9　小麦盆栽试验照片

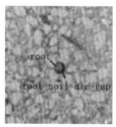

(a) 根系进入未压实土壤的
生物孔隙横截面视图

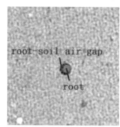

(b) 根系进入压实土壤的
生物孔隙横截面视图

　2 mm

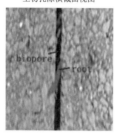

(c) 根系穿过生物孔隙侧面图

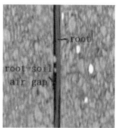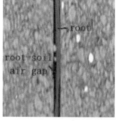

(d) 根系占领生物孔隙侧面图

2 mm

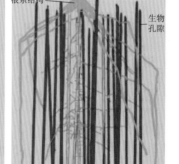

(e) 根系穿过未压实土壤中的生物孔隙

(f) 根系在压实土壤中占领生物孔隙

20 mm

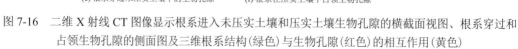

图 7-16　二维 X 射线 CT 图像显示根系进入未压实土壤和压实土壤生物孔隙的横截面视图、根系穿过和
占领生物孔隙的侧面图及三维根系结构(绿色)与生物孔隙(红色)的相互作用(黄色)

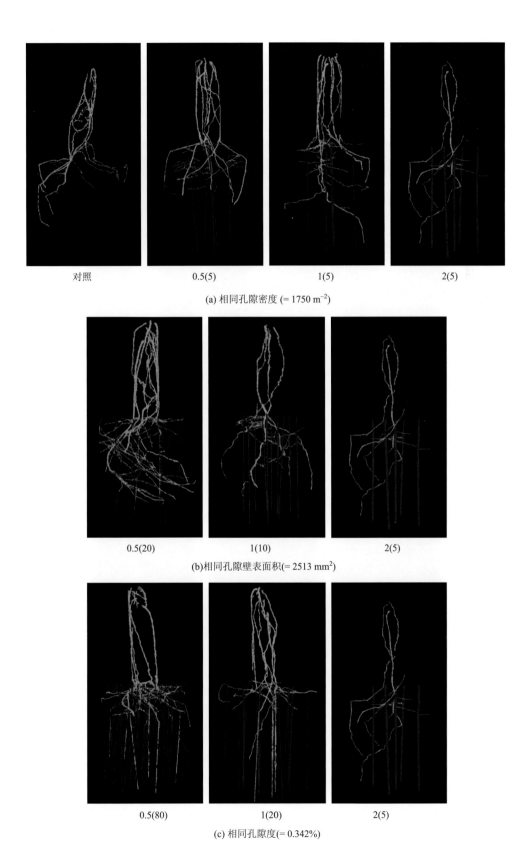

| 对照 | 0.5(5) | 1(5) | 2(5) |

(a) 相同孔隙密度 (= 1750 m^{-2})

| 0.5(20) | 1(10) | 2(5) |

(b)相同孔隙壁表面积(= 2513 mm^2)

| 0.5(80) | 1(20) | 2(5) |

(c) 相同孔隙度(= 0.342%)

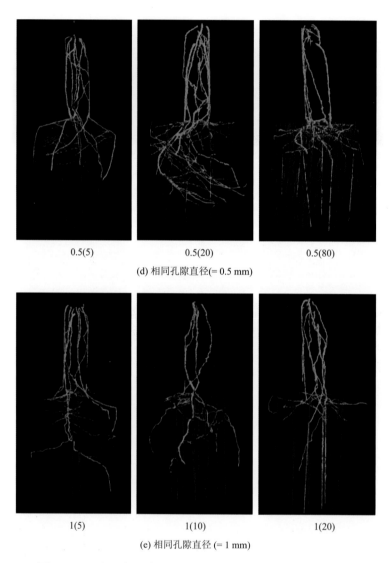

0.5(5)　　　　　　　0.5(20)　　　　　　　0.5(80)

(d) 相同孔隙直径(= 0.5 mm)

1(5)　　　　　　　1(10)　　　　　　　1(20)

(e) 相同孔隙直径 (= 1 mm)

图 7-22　玉米三维根系结构对不同生物孔隙直径和密度的响应

拍摄时间：2021年1月9日

拍摄时间：2021年2月24日

拍摄时间：2021年4月28日

图 9-20　施用促腐剂秸秆还田后与对照相比的促腐效果

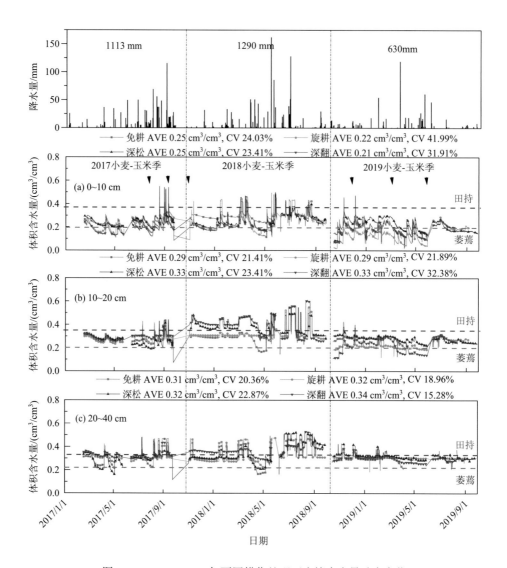

图 11-5　2017～2019 年不同耕作处理下土壤含水量动态变化